核桃油加工技术

主　编　张四红　张跃进　何东平
　　　　高　盼　章景志

中国轻工业出版社

图书在版编目（CIP）数据

核桃油加工技术/张四红等主编．—北京：中国轻工业出版社，2019.11

ISBN 978-7-5184-2611-9

Ⅰ.①核…　Ⅱ.①张…　Ⅲ.①核桃油—油料加工　Ⅳ.①TS225.1

中国版本图书馆CIP数据核字（2019）第178848号

责任编辑：张　靓　　责任终审：张乃柬　　封面设计：锋尚设计
版式设计：王超男　　责任校对：吴大鹏　　责任监印：张　可

出版发行：中国轻工业出版社（北京东长安街6号，邮编：100740）
印　　刷：三河市国英印务有限公司
经　　销：各地新华书店
版　　次：2019年11月第1版第1次印刷
开　　本：720×1000　1/16　印张：17.5
字　　数：340千字
书　　号：ISBN 978-7-5184-2611-9　定价：78.00元
邮购电话：010-65241695
发行电话：010-85119835　传真：85113293
网　　址：http：//www.chlip.com.cn
Email：club@chlip.com.cn
如发现图书残缺请与我社邮购联系调换
190340K1X101ZBW

本书编委会

主　编

张四红　武汉轻工大学

张跃进　云南摩尔农庄生物科技开发有限公司

何东平　武汉轻工大学

高　盼　武汉轻工大学

章景志　湖北圭萃园农林股份有限公司

参　编

胡传荣　武汉轻工大学

雷芬芬　武汉轻工大学

潘　坤　益海嘉里金龙鱼粮油股份有限公司

涂梦婕　武汉轻工大学

刘家伟　武汉轻工大学

曹　灿　武汉轻工大学

杜蕾蕾　丰益（上海）生物技术研发中心有限公司

前　言

核桃（*Juglans regia* L.）又名胡桃、羌桃，属胡桃科胡桃属植物，原产于欧洲东南部、东亚和北美洲，核桃是人类栽培和收获的最古老的坚果类型。像许多植物产品一样，在16世纪，核桃在中国和欧洲被作为药头用于治疗头部创伤，由于核桃仁长相与人类大脑相似，希腊人认为吃核桃可以减轻头部损伤。据《本草纲目》记载，核桃仁，味甘性温，具有补气养血、润肺止咳、健脾胃、补脑宜智、延缓衰老等功效。核桃因为其良好的风味和营养价值，已经成为消费最广泛的坚果之一。目前，中国和美国是核桃产量最高的两个国家。中国核桃品种繁多，资源丰富，其中较为有名的品种有云南的漾濞核桃、山西香玲核桃、新疆纸皮核桃、长白山核桃楸、浙江山核桃等。核桃含有丰富的蛋白质和脂质，还含有大量的硫胺素、核黄素、烟酸、维生素 B_6、叶酸、铁、镁、钾和磷等对人体健康有益的成分。

本书编著人员：武汉轻工大学雷芬芬、涂梦婕（第一章），武汉轻工大学何东平、刘家伟（第二章），武汉轻工大学张四红（第三章），武汉轻工大学胡传荣（第四章），武汉轻工大学曹灿、丰益（上海）生物技术研发中心有限公司杜蕾蕾（第五章），武汉轻工大学张四红（第六章），云南摩尔农庄生物科技开发有限公司张跃进（第七章），湖北圭萃园农林股份有限公司章景志（第八章），武汉轻工大学高盼（第九章），益海嘉里金龙鱼粮油股份有限公司潘坤、武汉轻工大学何东平（第十章）。本书由张四红、张跃进、何东平、高盼、章景志主编。

感谢中国粮油学会首席专家、中国粮油学会油脂分会名誉会长王瑞元教授级高工，江南大学王兴国教授、金青哲教授、刘元法教授，河南工业大学刘玉兰教授、谷克仁教授，中国粮油学会油脂分会周丽凤研究员等专家对本书的支持和帮助。

感谢武汉轻工大学油脂及植物蛋白创新团队的郑竟成教授、田华老师，林源峰、郭雄、杨威、耿鹏飞、袁博、陈玉、魏学鼎和周张涛等研究生对本书的贡献。

本书的出版得到了云南省核桃加工关键技术工程研究中心和云南摩尔农庄生物科技开发有限公司资助，特表谢意。

由于编著者水平有限，书中不妥或疏漏之处恐难避免，敬请读者指正。

更多相关内容可登录 http://www.oils.net.cn（中国油脂科技网）查询。

编　者

目录

第一章　核桃和核桃油

核桃（*Juglans regia* L.），别名胡桃、羌桃、万岁子，为胡桃科（Juglandaceae）核桃属（*Juglans*）多年生木本油料植物。我国核桃资源丰富，主要产区在云南、重庆、四川、陕西、山西、河北、甘肃、新疆、浙江、安徽等地。

核桃树是落叶灌木或小乔木，一般高达3~5m，枝繁叶茂，喜肥沃湿润的沙质壤土，寿命可达数十年至数百年。幼枝先端具细柔毛（2年生枝常无毛），叶草质。花药黄色或赤红色，雄花有雄蕊6~30个，萼3裂，长5~10cm，雌花1~3朵，雌花的总苞被极短腺毛，柱头浅绿色。果实近于球状，直径约5cm，灰绿色。幼时具腺毛，老时无毛，内部坚果球形，黄褐色，表面有不规则槽纹。果序短，杞俯垂，具1~3果实。果核稍具皱曲，有2条纵棱，顶端具短尖头。核桃壳是内果皮，外果皮和内果皮在未成熟时为青色，成熟后脱落。花期5月，果期秋季。核桃植株图如图1-1所示。

图1-1　核桃植株图

第一节　核桃和核桃油概述

一、核桃

核桃是核桃树的果实。核桃的青皮中含有绿原酸、短叶苏木酚羧酸等多种抗氧化物质，研究发现其对多种细菌有抑制作用，具有重要的研究利用价值和发展空间。核桃外壳经加工后吸附性能良好，对多种物质具有较好的吸附作用，是吸附剂的优质加工原料。核桃的分心木中含有多达 11 种活性物质，对细菌有抑制作用，具有药用价值。

根据核桃品种的不同，核桃仁中含有 60%左右的油脂，20%左右的蛋白质，还含有维生素 E、植物甾醇等活性物质及钙、镁、铁、磷、锌等对人体有益的无机盐，营养价值丰富。核桃中最主要的营养成分是蛋白质，核桃蛋白的氨基酸含量非常丰富。我国是目前世界上最大的核桃生产国和消费国，核桃加工现状仍以榨油为主。由于核桃蛋白与动物蛋白的营养价值相近，核桃被认为是一种优质的植物蛋白来源，但是因为目前的食品加工行业对于核桃这一品种的重视程度不够，造成了其蛋白资源还未被完全开发。

在我国，核桃榨油的主要方式为压榨，压榨所得饼粕基本用作饲料，仅有少部分会用于蛋白粉等初级产品的生产，造成了核桃蛋白资源的严重浪费。此外，核桃蛋白本身溶解度较差，必须明确核桃蛋白的结构和组成，研究核桃蛋白的最佳制备工艺，改善核桃蛋白在水溶液中的溶解性，才能充分利用核桃蛋白资源，提高其经济价值。近年来，不少相关研究发现，人类并不是以氨基酸的形式消化、吸收、摄取蛋白质的，而是要经过消化酶酶解后，以小分子肽的形式吸收，部分肽不仅能提供人体生长、发育所需要的营养物质，同时还具备多种生理活性功能，所以，研究并制备生物活性肽已经成为生物学、医学和食品科学研究的新趋势。

二、核桃油

核桃油源自可食用的核桃仁，是一种安全优质的食用油脂。核桃油中的不饱和脂肪酸含量高达 90%以上，其中油酸占总脂肪酸的含量为 11.5%~25%，亚油酸占总脂肪酸的含量为 50%~69%。超市中最常见的食用油脂为菜籽油、玉米油、花生油和大豆油，菜籽油中的不饱和脂肪酸含量为 79%，其中油酸占总脂肪酸的含量为 51.0%~70.0%，亚油酸占总脂肪酸的含量为 15.0%~30.0%；玉米油中的不饱和脂肪酸含量为 74%，油酸占总脂肪酸的含量为 31%，亚油酸占总脂肪酸的含量为 43%；花生油中的不饱和脂肪酸含量为 80%，油酸占总脂肪酸的含量为 40%，亚油酸占总脂肪酸的含量为 40%；大豆油中不饱和脂肪酸含量为 79%，油酸占总脂肪酸的含量为 35%，亚油酸占总脂肪酸的含量为 41%。与以上几种常见的植物油相比，核桃油不饱和脂肪酸含量和亚油酸与油酸的比值较高，而 Costa 等研究发现，亚油酸与油酸的比值越高，油脂阻止低密度脂蛋白胆固醇形成的能力越强，因此，核桃油也是一种健康的食用油。核桃油中含有维生素 E、植物甾醇等活性物质，具有抗氧化功能，这不仅有利于提高油脂的营养价值，更有利于延长油脂的货架期。11 种核桃仁及核桃油指标测定结果见表 1-1。

表 1-1　　11 种核桃仁及核桃油指标测定结果

不同产地	X_1	X_2	X_3	X_4	X_5	X_6	X_7	X_8	X_9	X_{10}	X_{11}	X_{12}	X_{13}	X_{14}	X_{15}	X_{16}	X_{17}	X_{18}	X_{19}	X_{20}
1	17.92	58.12	5.13	1.4765	0.37	2.49	170.09	190.33	2.837	0.899	17.663	66.564	11.620	0.262	3.736	17.925	78.184	376.95	1988.73	1.21
2	14.51	60.65	4.79	1.4785	0.39	2.33	169.15	189.85	2.847	0.816	17.448	67.753	10.764	0.266	3.663	17.714	78.449	419.31	1879.26	1.19
3	13.80	60.36	6.35	1.4785	0.41	2.12	167.86	191.99	2.778	0.931	20.227	66.747	8.887	0.316	3.709	20.543	75.624	547.06	1796.83	1.33
4	14.89	58.83	5.32	1.4769	0.38	3.21	153.21	192.11	5.332	2.166	26.725	57.370	7.799	0.304	7.498	27.029	65.169	659.23	2213.21	1.89
5	24.44	61.94	5.77	1.4758	0.41	3.20	149.89	190.73	6.002	2.985	26.051	57.389	7.300	0.190	8.987	26.241	64.689	479.55	2012.11	1.99
6	21.84	64.68	6.03	1.4762	0.39	3.24	152.17	191.89	5.889	2.569	31.576	52.032	7.290	0.289	8.458	31.865	59.322	474.00	2237.98	2.15
7	30.49	64.05	4.25	1.4768	0.44	3.41	148.74	189.79	5.184	2.503	30.534	53.056	8.367	0.216	7.687	30.750	61.423	456.70	2221.28	2.01
8	23.38	66.55	4.21	1.4762	0.38	2.82	150.61	190.63	6.284	2.484	27.087	56.539	7.238	0.214	8.768	27.301	63.777	479.70	2319.34	2.10
9	21.66	61.05	4.00	1.4762	0.42	3.12	148.34	190.36	5.556	2.691	24.068	59.902	7.338	0.230	8.247	24.298	67.290	406.24	2231.27	1.80
10	13.56	56.76	5.61	1.4788	0.47	3.32	156.99	190.03	3.103	0.946	23.156	61.223	11.169	0.290	4.049	23.446	72.392	377.97	2288.28	1.67
11	17.32	57.78	4.63	1.4776	0.51	3.29	153.78	189.93	3.326	1.029	24.936	60.893	9.056	0.210	4.335	25.146	69.949	429.66	1998.78	1.98

注：1—东北 1 号；2—东北 2 号；3—东北 3 号；4—云南 1 号；5—云南 2 号；6—云南 3 号；7—云南 4 号；8—云南 5 号；9—川藏 1 号；10—川藏 2 号；11—川藏 3 号。

X_1—含仁率/%；X_2—含油率/%；X_3—水分及挥发物含量/%；X_4—折射率 n^{20}；X_5—酸价/(mg/g)；X_6—过氧化值/(mmol/kg)；X_7—碘值/(10g/kg)；X_8—皂化值/（mg/g)；X_9—棕榈酸含量/%；X_{10}—硬脂酸含量/%；X_{11}—油酸含量/%；X_{12}—亚油酸含量/%；X_{13}—亚麻酸含量/%；X_{14}—二十碳一烯酸含量/%；X_{15}—饱和脂肪酸含量/%；X_{16}—单不饱和脂肪酸含量/%；X_{17}—多不饱和脂肪酸含量/%；X_{18}—维生素 E 含量/(mg/kg)；X_{19}—植物甾醇含量/（mg/kg)；X_{20}—氧化诱导时间/h（120℃）。

第二节 核桃油的营养价值和核桃的经济价值

一、核桃油的营养价值

核桃油属不干性油，色清味香。核桃油中油酸和亚油酸的含量达90%以上，对防止血管硬化和高血压都很有好处，还可延缓皮肤衰老，用于洗发剂可使头发光滑柔软，长期使用有生发、黑发功效，甚至可与皂荚、何首乌等媲美。在我国大多食用，受到广大消费者的青睐。

二、核桃的经济价值

核桃在我国种植广泛，是我国华北、西北、西南、华中、华南和华东等地区的重要经济作物之一。近几年来，我国核桃生产年产量排在前10位的省份为云南、陕西、四川、山西、河北、甘肃、新疆、河南、辽宁和山东。核桃主要用于以下几方面。

（1）食品原料　除直接食用外，核桃作为食品原料由来已久。以核桃为主辅原料的食品种类很多，主要产品有核桃乳、核桃露、核桃粉、核桃糖、核桃罐头、核桃麦片等，而家庭制作的传统食品有核桃仁月饼、核桃糕点、核桃饼等。

（2）保健品原料　核桃有补气养血、润燥化痰、温肺润肠之功效。现代医学研究表明，核桃仁具有补肾固精、乌发健脑、通润血脉的显著作用，可以辅助治疗腹泻、便秘、积食、神经衰弱、支气管炎、久咳不止、头晕、失眠、胃及十二指肠溃疡等多种疾病。核桃对各种年龄的人都有较好的保健作用。孕妇常食核桃，可以促进婴儿发育良好，头顶囟门提早健康闭合；少年儿童每天吃2~3颗核桃，可以促进生长发育，健脑益智；中年人常食核桃，能促进皮肤光润；老年人坚持常食核桃，有助于减少疾病，延缓衰老，增强记忆。

（3）供榨油　核桃含油量丰富，脂肪酸组成合理，含有维生素E、植物甾醇等活性物质。核桃油色泽清亮，是一种优质健康油脂。核桃油的用途除了食用以外，由于含有大量油酸，被医学上用来辅助治疗高血压、肥胖病。由于它的碘值较低，具有比其他液体油脂稳定的特点，可用于食品工业，以提高食品的营养价值、货架期和风味。用核桃油来煎炸食品，比用其他食用油有更佳的效果，颜色鲜黄，香酥可口。因此，核桃广泛用于制取油脂。

（4）作饲料　榨油后饼的营养价值较高。核桃饼与几种饲料的营养价值对照见表1-2，从中可以看出，它的能量很高，适于作饲料。

（5）其他利用　核桃仁饼粕除作饲料使用外，还可用作农田肥料。

表 1-2　　核桃饼与几种饲料的营养价值对照表

饲料名称	干物质/%	能量/(kJ/kg)	消化能（猪）/(kJ/kg)	代谢能（鸡）/(kJ/kg)	粗蛋白质/%	可消化蛋白质/(g/kg)	粗纤维/%
核桃饼	89. 9	19633	6511	6260	12. 4	58. 5	20. 3
荞麦	87. 9	15865	12310	11029	12. 5	84. 0	12. 3
燕麦	89. 4	16861	11858	10606	12. 5	93. 0	9. 8
蚕豆	83. 3	16911	12624	9978	15. 2	189. 0	6. 8
米糠	89. 0	18108	13474	11389	12. 2	90. 0	8. 5

第二章　核桃低温压榨制油技术

第一节　液压冷榨制取核桃油工艺

提取核桃油可以采用液压榨油机，也可以采用螺旋榨油机。螺旋榨油机压榨过程中榨料在榨膛中的动态压榨形式易造成榨膛温度升高，致使榨料中蛋白质变性；而液压榨油机压榨过程中对榨料的静态压榨形式有利于保持压榨过程的低温，可保护油中热敏性营养物质不被破坏，蛋白质不易变性，从而得到高品质的冷榨核桃油，同时可生产低变性核桃蛋白，提高核桃的综合利用率。利用冷榨法生产核桃油，既可保证比较高的出油效率，又可保留核桃油中的微量营养物质，得到高品质的保健核桃油。

核桃仁表面有一层紧密的褐色薄皮衣，单宁含量高，单宁的存在会影响核桃油的口感和色泽，也影响核桃蛋白的后续加工及蛋白质的稳定性，必须对核桃进行较完善的脱皮。以脱皮核桃仁为原料，通过研究液压榨油机压榨的工艺条件，并确定最优工艺条件，对核桃冷榨工业化生产有很好的指导作用。

一、材料与方法

（一）材料

核桃：市售，贵州省六盘水核桃（含粗脂肪 67.9%，粗蛋白质 17.9%，水分 3.8%，灰分 2.5%，碳水化合物 7.9%）；石油醚（沸程 30~60℃）、氢氧化钠、三氯甲烷、冰乙酸、硫代硫酸钠、碘化钾、可溶性淀粉，均为分析纯。

（二）仪器与设备

小型液压压榨机：德州市恒翔机械制造厂；FW-100 高速万能粉碎机：天津市泰斯特仪器有限公司；HH-S 型数显恒温水浴锅：上海正基仪器有限公司；索氏抽提仪：北京赛福莱科技有限公司；101-1A 型数显恒温干燥箱：上海东美建材试剂设备有限公司；FA-1004 型电子分析天平：上海良平仪器仪表有限公司；GC-2014 型气相色谱分析仪：日本岛津公司。

（三）试验方法

1. 工艺流程

核桃→去壳→核桃仁→碱液去皮→水洗→ 50℃烘烤→
粉碎→液压榨油→核桃油

2. 操作要点

核桃仁脱皮：选用干燥、无病虫害、无霉变的贵州省六盘水核桃，去壳得到核桃仁，利用一定浓度的 NaOH 溶液 65℃浸泡处理后立即用清水漂洗干净。

核桃仁冷榨：脱皮后的核桃仁送入电热恒温烘箱，在 50℃鼓风干燥，处理至试验所需水分含量，粉碎，采用小型液压压榨机常温榨油。

核桃仁热榨：脱皮烘干核桃仁，粉碎，130℃烘焙后即用小型液压压榨机常温榨油。

（四）测定方法

按照国家标准规定的方法进行测定分析。

1. 核桃仁基本成分的测定

粗脂肪：依据 GB 5009.6—2016 测定；粗蛋白质：依据 GB 5009.5—2016 测定；水分：依据 GB 5009.236—2016 测定；灰分：依据 GB 5009.4—2016 测定；碳水化合物含量=100%-（水分含量+粗蛋白质含量+粗脂肪含量+灰分含量）。

2. 核桃油的品质分析

酸价：依据 GB 5009.229—2016 测定；过氧化值：依据 GB 5009.227—2016 测定；碘值：依据 GB/T 5532—2008 测定；色泽：依据 GB/T 22460—2008 测定；脂肪酸组成：依据 GB 5009.168—2016 测定。

二、结果与分析

（一）核桃仁脱皮最佳工艺条件

在 NaOH 溶液 65℃处理条件下，考察 NaOH 浓度和浸泡时间对核桃仁脱皮的影响，核桃仁脱皮试验结果见表 2-1。

表 2-1　核桃仁脱皮试验结果

NaOH 处理	指标	NaOH 浓度			
		0.4%	0.6%	0.8%	1.0%
浸泡 10min	脱皮效果	+	+	+	++
	质地	脆	脆	脆	脆
	色泽	乳白色	乳白色	乳白色	略黄
浸泡 15min	脱皮效果	+	++	++	+++
	质地	脆	脆	脆	较脆
	色泽	乳白色	乳白色	略黄	略黄
浸泡 20min	脱皮效果	+	++	++	+++
	质地	脆	脆	较脆	较脆
	色泽	乳白色	略黄	略黄	黄褐色

注：+脱皮不完全；++能完全脱皮；+++容易完全脱皮。

从表 2-1 可以看出，随着 NaOH 浓度和浸泡时间的增长，脱皮效果也逐渐提高，相反，脱皮核桃仁的质地和色泽逐渐下降。NaOH 浓度越高则碱性越强，在脱除种皮的同时，还腐蚀到果肉，导致核桃仁质地变软，同时造成颜色加深，质量损失。浸泡时间过短，溶液未完全润湿核桃仁表皮，脱皮效果不佳，但长时间浸泡又会腐蚀核桃仁使其质地变差，颜色加深，不利于后续加工利用。综合考虑脱皮效果和脱皮核桃仁的质地色泽，最终确定脱皮条件为 NaOH 浓度 0.6%，浸泡时间 15min。

（二）冷榨单因素试验

1. 压榨压力对出油率的影响

在压榨时间 30min，入榨水分含量 2%的条件下分别选取 10MPa、20MPa、30MPa、40MPa、50MPa 进行压榨，计算脱皮核桃仁冷榨油的提取率。压榨压力对出油率的影响如图 2-1 所示。

由图 2-1 可知，随着压力的升高，压力小于 30MPa 时核桃油提取率显著增加，当压力大于 30MPa 后，增长趋势缓慢。综合考虑能耗和动力等因素，30MPa 为较优压榨压力。

2. 压榨时间对出油率的影响

在压榨压力 30MPa，入榨水分含量 2%的条件下，分别选取压榨时间 10min、20min、30min、40min、50min 进行压榨，计算核桃仁冷榨油的提取率。压榨时间对出油率的影响如图 2-2 所示。

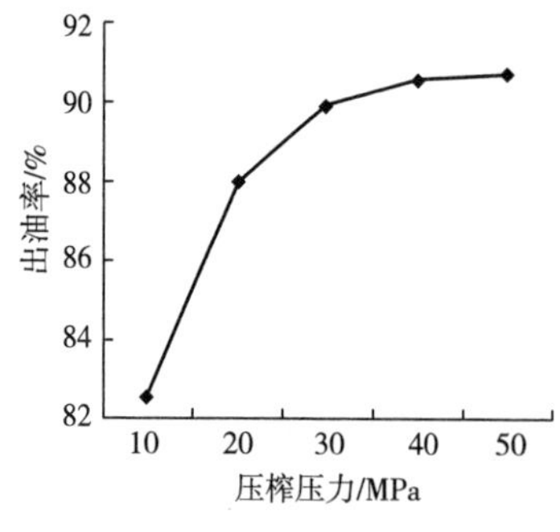

图 2-1　压榨压力对出油率的影响

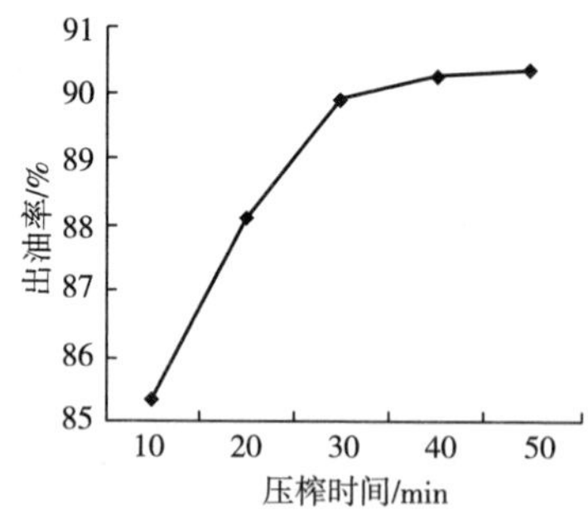

图 2-2　压榨时间对出油率的影响

由图 2-2 可知，压榨时间小于 30min 时，提取率增加较明显，时间大于 30min 后增加趋势缓慢。通常压榨时间长，提取率高，但是当压榨时间达到一定的值后，出油率随时间变化缓慢，最后将不随时间变化而改变。此外，压榨时间过长，降低了设备的生产效率。综合考虑以上因素，30min 为较优压榨时间。

3. 入榨水分对出油率的影响

在压榨压力 30MPa，压榨时间 30min 条件下，分别采用入榨水分为 1%、2%、3%、4%、5%进行压榨，计算核桃仁冷榨油提取率。入榨水分对出油率的影响如图 2-3 所示。

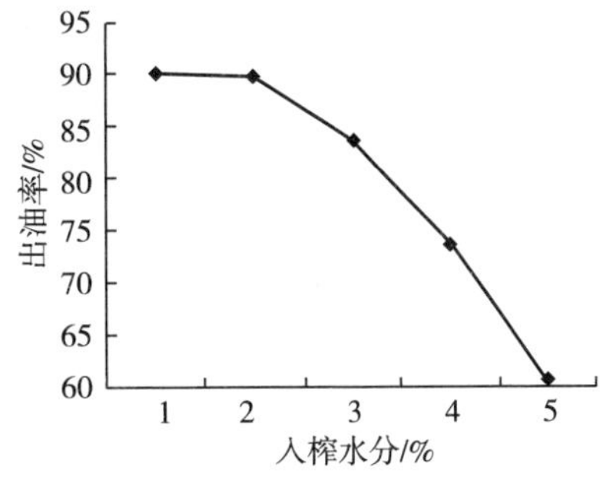

图 2-3　入榨水分对出油率的影响

由图 2-3 可知，当水分含量在 1%～2%时，出油率缓慢降低，之后随着水分含量的增加，出油率显著下降。这是因为，水分对油料的弹性、塑性、机械强度、导热性、组织结构等物理性质产生影响，随着水分含量的增加，可塑性也逐渐增加。所以，选择水分含量 2%为入榨较优水分。

（三）冷榨优化正交试验结果

在单因素试验的基础上，选取压榨压力、压榨时间、入榨水分为试验因素，以出油率为试验指标，设置 3 因素 3 水平试验，选用 L_9（3^4）正交表安排试验。结果表明，压榨压力对出油率的影响最为显著，其次是水分和时间。最佳工艺条件为压榨压力 30MPa、压榨时间 40min、入榨水分 1.5%，通过验证试验，在此条件下油脂提取率为 93.19%。

（四）核桃油理化性质

将冷榨核桃油与热榨核桃油、国家压榨核桃油质量标准进行比较，核桃油理化特性见表 2-2。

表 2-2　　核桃油理化特性

项目	国家标准	冷榨油样	热榨油样
酸价（以 KOH 计）/(mg/g)	≤3.0	0.3306	0.5879
过氧化值/(mmol/kg)	≤6.0	0.2452	1.6393
水分挥发物/%	≤0.10	0.039	0.031
气味、滋味	正常、无异味	正常、无异味	正常、无异味
透明度	澄清、透明	澄清、透明	澄清、透明
色泽（罗维朋 25.4mm）	$Y≤30$，$R≤2.0$	$Y=20$，$R=1.0$	$Y=50$，$R=1.0$

由表 2-2 可知，液压冷榨提取的核桃油品质好，冷榨核桃油在原料处理和液压压榨过程中都保持较低温度，所测试核桃油的酸价、过氧化值、色泽都明显优于热榨油样及国家标准。

（五）冷、热榨核桃油的脂肪酸组成与含量比较

将冷榨核桃油脂肪酸、热榨核桃油脂肪酸分别经甲酯化后采用气相色谱分析，根据峰面积大小，分别计算出冷、热核桃油中各类脂肪酸的相对含量，冷榨核桃油与热榨核桃油的脂肪酸组成及其相对含量见表 2-3。

表 2-3　冷榨核桃油与热榨核桃油的脂肪酸组成及其相对含量　单位：%

脂肪酸组成	冷榨核桃油	热榨核桃油	脂肪酸组成	冷榨核桃油	热榨核桃油
豆蔻酸（$C_{14:0}$）	0.00804	0.0085	亚油酸（$C_{18:2}$）	52.44539	52.27004
棕榈酸（$C_{16:0}$）	4.55097	4.66429	亚麻酸（$C_{18:3}$）	5.68058	5.50250
硬脂酸（$C_{18:0}$）	2.34532	2.38945	花生烯酸（$C_{20:1}$）	0.15962	0.15745
花生酸（$C_{20:0}$）	0.06622	0.06813	饱和脂肪酸	6.97055	7.13039
棕榈油酸（$C_{16:1}$）	0.07677	0.07827	不饱和脂肪酸	93.02945	92.86961
油酸（$C_{18:1}$）	34.66709	34.86135			

由表 2-3 可知，核桃油中主要含有的是不饱和脂肪酸，其中亚油酸含量最高，其次是油酸和亚麻酸。冷、热榨核桃油脂肪酸组成基本相同，冷榨核桃油的不饱和脂肪酸含量，特别是多不饱和脂肪酸含量高于热榨油，而热榨核桃油的饱和脂肪酸和低不饱和脂肪酸比冷榨油高，这是由于在核桃热榨高温处理过程中，核桃油中的不饱和脂肪酸被部分氧化。此外，试验结果还显示，冷榨核桃油亚麻酸、亚油酸含量均高于热榨核桃油，且其总含量高于一般食用性植物油。亚麻酸（ALA）和亚油酸（LA）是人体必需脂肪酸，是人体合成前列腺素的前驱物质，可调节血压、促进新陈代谢。核桃油中亚麻酸与亚油酸的组成与比例较为平衡，更符合人体的营养需求。与其他植物油脂所不同的是，核桃油脂还同时富含 ω-3 和 ω-6 脂肪酸，在营养价值上优于一般植物油，是极具营养的高级保健油。

三、结论

核桃仁碱法脱皮最佳工艺条件为：NaOH 浓度 0.6%，浸泡温度 65℃，浸泡时间 15min，在此脱皮条件下得到的核桃仁质地良好。通过单因素试验和正交试验，得到核桃油液压冷榨最佳工艺条件为：压榨压力 30MPa、压榨时间 40min、入榨水分 1.5%，在此条件下油脂提取率为 93.19%，得到的核桃油品质高，酸价为 0.33mg/g，过氧化值为 0.25（mmol/kg），色泽为 *Y*20、*R*1.0，各项理化指标均达到国家标准。液压冷榨核桃油的不饱和脂肪酸含量达到 93.03%，高于传统热榨油，具有较高的营养，对其保健作用可进行深层次的开发利用。

第二节　核桃压榨制油机械的选择

以核桃仁为原料，考察多种榨油机对核桃制油过程中饼残油和饼食用价值的影响，通过对比分析，选择适合核桃制油的设备。

一、原料特性

陕南某植物油厂提供的核桃仁，原料的基本成分见表 2-4。

表 2-4　原料的基本成分

成分	水分	灰分	粗脂肪（干基）	粗蛋白质
含量/%	3.8	1.5	66.7	18.7

二、核桃榨油设备的比较

（一）螺旋榨油机

1. ZX10 螺旋榨油机

ZX10 型动力螺旋榨油机适合于压榨颗粒型油料，对于粉末状油料的压榨也可取得良好的效果。其具有高速、饼薄、出油率高等特点，料胚在榨膛内停留时间短，仅 45~50s，蛋白质变性很小。周伯川等人曾以该种榨油机对核桃仁进行压榨制油，在压榨过程中加入了 30%左右的壳，这种工艺出油率高，还最大限度地保留了核桃油中的生物活性成分，并延长了核桃油的货架寿命，但是加入壳限制了核桃饼在食品行业的应用。本试验将榨油机预热到 70℃，加入 60℃的核桃仁直接压榨，榨条缝隙有饼屑被挤出，调整出饼圈后榨膛压力不足，出现“滑膛”现象，不能很好地成饼，压榨饼进行第 2 次压榨时，饼能够成型，但是流油仍然不畅，油从榨条间隙喷出，并夹带大量的饼屑，出来的饼含油量仍然较高。又进行第 3 次压榨，压榨效果与普通油料没有什么区别，但是饼的色泽较深，不具有食用价值。将第 3 次压榨出来的饼与核桃仁按照 1∶1 的比例混合后进行压榨，流油和出饼均顺畅，但是饼的颜色较深，出油率不高。这种方法一直有饼回榨，降低了设备的实际生产能力。

2. SSYZ 双螺旋冷榨机

SSYZ 双螺旋榨油机采用双螺杆螺旋结构，利用啮合和非啮合式相结合的原理，在榨膛内实行多级压缩与张弛及薄料层压榨。与传统的单螺旋榨油机相比，双螺旋榨油机具有如下特点。

（1）双螺旋的设计提供了极高的压缩比，其理论压缩比可达 23∶1，强大的径向压缩力给油料极大的机械压榨力。

（2）双螺旋榨油机显著增加了长径比，延长了压榨时间，使压榨更加彻底。

（3）在同一榨笼壳内双螺旋逆向输送压榨，建立强大的自清功能，从根本上解决了高油分油料摩擦力小、易“滑膛”的难题。

（4）双螺旋的设计实现了较长距离的薄料层压榨，极大地缩短了流油距离，给油料在高压段以充分的压榨时间，实际高压榨油可达到 80s 以上，使压榨油得率更高。

原料进榨机前先在蒸炒锅内调质至含水 5.5%~6.0%，出料温度 50℃左右，以使蛋白质不变性为度，保持该温度立即向榨机中进料；榨机在进料前先用油菜籽预热到一定的温度，螺旋轴转速为 8r/min。流油主要集中在进料口后方 1~2 个格内，复榨时略向后移，这也说明当原料含油高时出油主要集中在低压段，在复榨时低压已不能将油挤出，需要进一步加压才能流油，所以出油段移到中压段的前端。中间段对油料进行放松，在榨螺末端继续加压，形成高压段，在此段有轻微的喷油现象，从榨条间隙有少量饼屑挤出，在高压段也有少量细小油滴滴下，这可能与中间段放松后又加压有关；流油较混浊但从油池中倒油时发现油渣并不多，滤网上面油渣也较少，估计是油中含水的缘故，可能有细小的饼屑需要长时间的重力沉降或其他过滤方式。在复榨时仅有少量的油呈细小的油滴流出。压榨饼厚 3~4mm，颜色也没有因受热明显加深，这与中间段没有加压、高压段经受时间较短有关。从出料的情况看（饼呈瓦片状，出花），入料水分还可再提高些。若要进行复榨，头道压榨饼需要经过粉碎、调质（加水），并且投料不能太快，第 2 次压榨后饼的色泽略有加深。对压榨饼进行检测，SSYZ 系列螺旋榨油机第 1 次压榨后饼中残油 9.3%，第 2 次压榨后饼中残油 6.7%。

3. 德国 KEK 螺旋冷榨机

物料在烘箱中加热调质，加热温度 60℃左右，冷榨机在试验前也进行了加热圈预热，当压榨第 2 次时就能很好地成饼，多次压榨后压榨饼颜色略有加深，但不太明显，压榨对饼残油及饼状态的影响见表 2-5。

表 2-5　　压榨对饼残油及饼状态的影响

压榨次数	饼残油/%	饼状态
1 次	36.6	呈粉碎状
2 次	19.9	呈条状，略显疏松，颜色无明显变化
3 次	7.1	呈条状，结构紧密，颜色较深

从表 2-5 可知，压榨 1 次后能够把饼中残油降到 36.6%左右，压榨 3 次就能够把饼中残油降到 7.1%，而且压榨毛油和饼的颜色都能够满足要求。从整个试

验过程和检测结果看：该榨油机能够实现核桃仁的压榨制油，毛油质量也较正常，且榨油机榨螺较短，物料不可能升温太高，蛋白变性不明显。

国内也出现了 KEK 螺旋冷榨机的仿制机，通过试验发现效果不太理想；从新疆某厂应用的国外进口螺旋榨油机的实际生产来看，榨油机的升温也没有得到很好控制，因此在试验中没有进行研究。

（二）液压榨油机

液压榨油机具有结构简单、油饼质量好、消耗动力小等特点，但也存在着饼残油较高、生产能力低、间歇性生产、压榨周期长、操作麻烦、劳动强度大等缺点，就机械性能而言，液压榨油机最终将被螺旋榨油机所取代，但就其对特殊油料榨油工艺的效果而言，又有其他榨油设备不可替代的优势，尤其是油橄榄、可可仁和核桃仁的制油。试验选择了国内普遍应用的两种液压榨油机进行研究。

1. 6YY-230 液压榨油机

将破碎后的核桃仁包装成一个个小包（每包 5kg），把包好的核桃仁放入榨筒内，每个料层之间要用铁饼隔开，以利于料层间油的流出，榨机最大压力设定为 28MPa，回压设定为 20MPa，试验开始 2min 后压力达到 28MPa，加压过程自动停止，0.5min 后回压至 20MPa，然后加压系统自动开启，经过 15s 的加压过程从 20MPa 加压到 28MPa。经过 3 次回压到 20MPa，第 4 次回压到 0，加压结束后，继续流油 1min，取出物料，翻动物料后放入榨筒，中间操作 1min 左右，加压，仍有油脂流出，流油清亮。重复压榨 3 次。压力要“少升”“勤升”，不能 1 次升压过高，否则油以浆状喷出或者是油料间流油通道封闭和收缩，出油不理想。从压榨过程看，流出的油较为清亮，压榨饼的颜色也没有加深的迹象，试验还对比了破碎和未破碎核桃仁的压榨效果，可以明显看到经过破碎的压榨饼残油比未破碎的残油要低。对试验所取样品经检测压榨 1 次后饼中残油为 43.7%，比原料 66.7% 的含油有了较大幅度降低，但仍不理想，第 3 次压榨后的残油为 21.1%。

2. QYZ 系列液压榨油机

QYZ 系列液压榨油机在工作原理上与 6YY-230 液压榨油机没有明显不同，但其榨筒直径和工作压力较大，最大型号的榨油机处理量在 2t/d 左右。将物料平均放在 5 块滤布上包裹好，待榨油机预热到 40℃ 开始进料，每放入 1 包物料放入 1 块铁饼，设定榨油机的最大压力为 50MPa，回压为 43MPa，开始加压约 10s，压力不足 10MPa 时即有大量油流出，流油也较为清晰，随着油的流出压力逐渐降低，待流油变小时再进行加压，当又有大量油流出时停止加压，这样反复六七次，流油开始变少，试验进行 23min 后流油已很少（压力从 43～50MPa 升降 3 次，这一阶段是自动控制启闭的），33min 后试验结束，取出物料，整个操作过程中物料不用从榨筒中取出。对所取压榨饼样品进行检测，饼边残油 20.4%，饼中心残油 12.3%，整饼残油 16.1%，饼颜色较浅，蛋白质几乎没有变性。

QYZ 系列液压榨油机能够有效降低压榨饼中的残油，且产量也比其他的液压榨油机大很多，同时压榨过程对蛋白质的破坏较小，操作也较为简单，是核桃冷榨制油的最佳选择。

第三节　野生核桃制油技术

一、野生核桃剥壳技术

野生核桃剥壳是加工的难题。野生核桃具有皮厚、壳硬的特点，因此难以剥壳。剥壳后仁壳分离同样具有一定的难度，如若分离不彻底，将造成外壳吸油，降低油脂出油率，也会使得油脂的色泽加深，使其难以作为一种高级食用油。从另一角度讲，野生核桃壳可加工为活性炭进一步加工利用，因此，实现野生核桃的仁壳分离是对野生核桃综合利用的前提。

（一）材料与方法

1. 材料与仪器

（1）原料　野生核桃由重庆市九重山实业有限公司提供。

（2）主要仪器　锤片式破碎机，分选机。

2. 试验方法

（1）改进前的剥壳工艺　改进前的野生核桃剥壳工艺如图 2-4 所示。

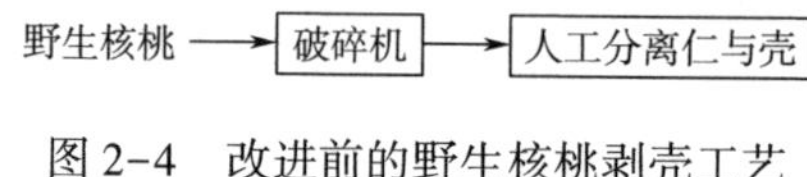

图 2-4　改进前的野生核桃剥壳工艺

（2）改进后的野生核桃剥壳工艺　改进后的野生核桃剥壳工艺如图 2-5 所示。

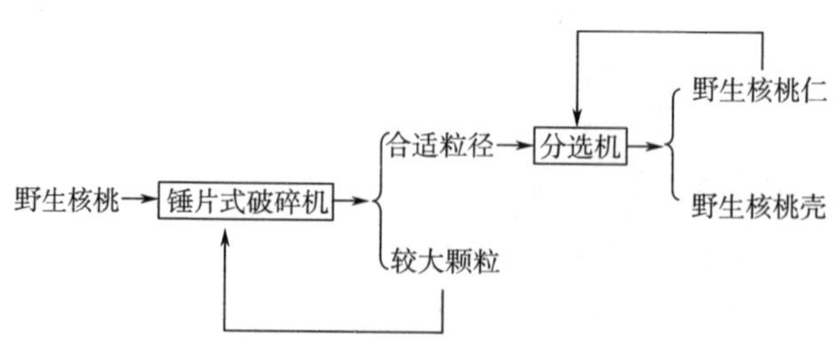

图 2-5　改进后的野生核桃剥壳工艺

（二）结果与分析

1. 改进前的剥壳工艺

改进前的剥壳工艺虽然实现了仁壳的完全分离，但由于是全手工的仁壳分离，难以实现工业化，效率低。改进前的破碎设备如图 2-6 所示，剥壳工具如图 2-7 所示，工人剥壳如图 2-8 所示。

图 2-6 改进前的破碎设备

图 2-7 剥壳工具

图 2-8 人工剥壳

2. 改进后的野生核桃剥壳工艺

经改进后的剥壳工艺基本实现了野生核桃的破碎与分离，经分选机处理后的野生核桃仁中的含壳率<9%，壳中含仁率<1%。破碎后的野生核桃如图 2-9 所示，分选机处理后的核桃仁如图 2-10 所示。

图 2-9 破碎后的野生核桃

图 2-10 分选机处理后的核桃仁

3. 改进前后的剥壳分离效果对比

改进前，破碎机的破碎粒度大，破碎后完全没有出现仁壳分离，需要人工进行仁壳分离，虽分离完全，但人工操作慢，不符合现代生产的需求；改进后的破碎机，破碎粒度小，并且大部分已实现了分离，只需经过筛选机进一步筛选，就达到了仁中含壳率<9%、壳中含仁率<1%的工艺要求，较好地实现了仁壳分离。

（三）小结

（1）改进后的野生核桃剥壳工艺，实现了野生核桃的破碎与仁壳分离，分离后仁中含壳率<9%，壳中含仁率<1%。

（2）与改进前相比，破碎粒度和仁壳分离效果显著提高，有利于提高野生核桃加工效率，促进其产业化发展。

二、低温压榨法制取野生核桃油

我国野生核桃资源丰富，主要产区在重庆、云南、四川、陕西、山西、河北、甘肃、新疆、浙江、安徽等地。野生核桃营养价值高，核桃仁含有丰富的营养素，含蛋白质 15~20g/100g，油脂丰富，并含有人体必需的钙、磷、铁等多种微量元素和矿物质，以及胡萝卜素、核黄素等多种维生素，对人体有益，可强健大脑。野生核桃属纯野生果类，是无任何污染的天然绿色食品，也是众多中国干果中价值最高的品种之一。野生核桃油含有大量的不饱和脂肪酸和多种活性成分，具有发展为保健用油的潜质。

目前行业中制取油脂的方式繁多，低温压榨法是最传统的提油方式，也是保存油脂中活性成分的最佳方式。本研究采用低温压榨法提取野生核桃油，分别对其理化指标及活性成分进行检测，并研究其氧化稳定性。

（一）材料与方法

1. 实验材料

（1）原料　野生核桃由重庆市九重山实业有限公司提供。

（2）主要仪器　气相色谱仪：安捷伦 7890B；高效液相色谱仪：安捷伦 1200；原子吸收光谱仪：北京吉天 AFS-933；Rancimat892 油脂氧化稳定性测定仪：瑞士万通；自动凯氏定氮仪：K9840 等。

2. 方法

（1）低温压榨野生核桃油的提取　用液压榨油机直接压榨剥壳后的野生核桃仁，转速为 20r/min，孔径大小为 5mm，压榨温度为（55±1）℃；在转速为 8000r/min 条件下，离心 20min，去除杂质，得到低温压榨核桃毛油。

（2）野生核桃理化指标检测方法　含仁率：依据 SN/T 0308. 10—1999 测定；水分含量：依据 GB 5009. 3—2016 测定；粗脂肪含量：依据 GB 5009. 6—2016 测

定；粗蛋白质含量：依据 GB 5009.5—2016 测定；粗纤维含量：依据 GB/T 5515—2008 测定；碳水化合物含量按下式计算：

碳水化合物含量=100%-（水分含量+粗蛋白含量+粗脂肪含量+粗纤维含量）

野生核桃仁微量元素的测定如下。

样品前处理过程：称取核桃 1.5g 于石英坩埚中，先炭化，后灰化。灰化后用 1%的硝酸少量多次涮洗坩埚，定容 25mL。

原子吸收光谱仪（火焰部分）条件：以乙炔-空气作为燃气，流量为 1.1L/min，以氘灯为背景灯，空心阴极灯检测样品。用微量元素的标准品绘制标准曲线后测定各样品的微量元素的含量。

（3）野生核桃油理化指标检测方法　折射率：依据 GB/T 5527—2010 测定；相对密度：依据 GB/T 5518—2008 测定；水分及挥发物：依据 GB 5009.236—2016 测定；不溶性杂质：依据 GB/T 15688—2008 测定；酸价：依据 GB 5009.229—2016 测定；过氧化值：依据 GB 5009.227—2016 测定；碘值：依据 GB/T 5532—2008 测定；皂化值：依据 GB/T 5534—2008 测定。

（4）野生核桃油脂肪酸组成分析　甲酯化过程：取 1g 离心后的野生核桃油于玻璃试管中，加入 2mL 正己烷，充分摇匀溶解，再加入 0.3mL 2mol/L KOH 甲醇，摇匀后 40~45℃水浴加热 25min，在加热过程中时时摇动使之充分甲酯化，加蒸馏水静置，取上清液进行气相色谱分析。

气相色谱柱分析条件：色谱柱为 Agilent DB-23 石英毛细管柱（60m×0.25mm×0.25μm）。色谱柱升温条件为：150℃初始温度保持 1min，以 6℃/min 的速率上升至温度为 230℃，保持 20min。载气为高纯度 N_2，流量 2.00mL/min，空气流量为 50mL/min，氢气流量为 50mL/min。检测器氢火焰离子检测器（FID），检测器温度 250℃，进样口温度 230℃。进样量 0.5μL，分流比 1：5。脂肪酸通过与脂肪酸甲酯标准品保留时间比较鉴定，采用面积归一法计算各脂肪酸相对含量。

（5）野生核桃油维生素 E 含量的测定　样品前处理过程：将 0.2g 油样用丙酮溶解后，定容至 50mL，过膜，待用，上高效液相色谱。

色谱柱及色谱条件：色谱柱为 Eclipse XDB-C_{18}（4.6mm×150mm×0.5μm）。紫外检测器，波长 300nm。流动相 70%乙腈，30%甲醇，流速 1.0μL/min。柱温箱 30℃，进样量 20μL。

计算公式：

$$X_i = C_i \times V/m$$

式中　X_i——样品的生育酚含量，μg/kg

C_i——由标准曲线查的生育酚的浓度，μg/mL

V——样品定容的体积，mL

m——样品的质量，g

（6）野生核桃油甾醇含量的测定　样品前处理过程：β-胆甾烷醇 1000μL，氮气吹干，加入 0.3g 野生核桃油，加入 4mL KOH-乙醇溶液，在 55℃烘箱中反应 1h，其中每隔 20min 震摇一次，共 3 次。反应结束后，加入 1mL 蒸馏水，再加入 5mL 正己烷，离心（3500r/min，1min），氮气吹干，加入 2mL 硅烷化试剂，在 105℃烘箱中反应 15min 后，将样品装入样品瓶，准备上柱。

色谱柱及色谱条件：色谱柱型号安捷伦 HP-5（20m×0.18mm×0.18μm）；进样体积 1.0μL，载气：高纯 He；载气原始压力：72.53kPa；分流比 50∶1；进样口温度 300℃；检测器温度 360℃；氢气流量：40mL/min；空气流量：400mL/min；氮气流量：40mL/min；升温程序：200℃保持 0.5min，然后以 2℃/min 升温至 300℃。

（7）野生核桃油 Rancimat 加速氧化试验　核桃油的氧化稳定性通过 Rancimat892 油脂氧化稳定性测定仪测定。具体为 3.0g 核桃油样品置于测试管中，空气流量为 20L/min，在测量池中加入 60mL 超纯水，当温度达到设定温度后开始测定。通过 Rancimat 仪自动评估核桃油的氧化稳定性指数。

将反应温度分别设定为 90℃、100℃、110℃、120℃，测定野生核桃油的氧化诱导时间。并研究 120℃下，不同抗氧化剂对野生核桃油氧化稳定性的影响。

（二）结果与分析

1. 野生核桃及野生核桃仁的理化指标测定

野生核桃及野生核桃仁的理化指标见表 2-6。

表 2-6　野生核桃及野生核桃仁的理化指标　单位：%

项目	含量	项目	含量
含仁率	13.56±0.21	灰分	3.16±0.13
粗蛋白质	25.24±0.16	粗纤维	1.90±0.10
粗脂肪	56.76±0.17	碳水化合物	11.96±0.41
水分	6.04±0.24		

由表 2-6 可知，野生核桃的含仁率低，只占全果的 13.56%。但野生核桃仁的粗蛋白和粗脂肪的含量高，分别占全仁的 25.24%和 56.76%。含油率高于大多数油料作物，且饼粕中的蛋白质含量高，可进一步作为加工野生核桃蛋白和多肽的原料，实现野生核桃的综合利用。综上所述，野生核桃完全可作为一种油料资源，缓解我国植物油紧缺的现状。

2. 野生核桃仁微量元素的测定

野生核桃仁的微量元素的含量见表 2-7。

表 2-7　野生核桃仁的微量元素的含量　单位：mg/kg

元素	Ca	Fe	Cu	Mn	Zn	Mg
含量	57.99±0.11	24.19±0.17	14.75±0.21	21.45±0.19	46.56±0.25	8.59±0.14

由表 2-7 可知，野生核桃仁中 Ca 含量相对较高，钙是骨组织的主要成分，并有助于儿童的牙齿发育，锌、镁等元素，加上少量的必需元素如铁、铜和锰等，使得野生核桃成为一种补充微量元素的健康食源。

3. 野生核桃油的理化指标的测定

野生核桃油的理化指标见表 2-8。

表 2-8　野生核桃油的理化指标

指标	数值	指标	数值
折射率（n^{20}）	1.4788±0.0001	酸价（以 KOH 计）/(mg/g)	0.28±0.02
相对密度 d_{20}^{20}	0.914±0.001	过氧化值/(mmol/kg)	1.02±0.01
水分及挥发物/%	0.07±0.01bc	碘价（以 I 计）/(g/100g)	156.99±0.05
不溶性杂质/%	0.018±0.001	皂化值（以 KOH 计）/(mg/g)	190.03±0.15

4. 野生核桃油的脂肪酸组成分析

野生核桃油的主要脂肪酸气相色谱如图 2-11 所示，采用面积归一法所得的不同脂肪酸的含量见表 2-9。

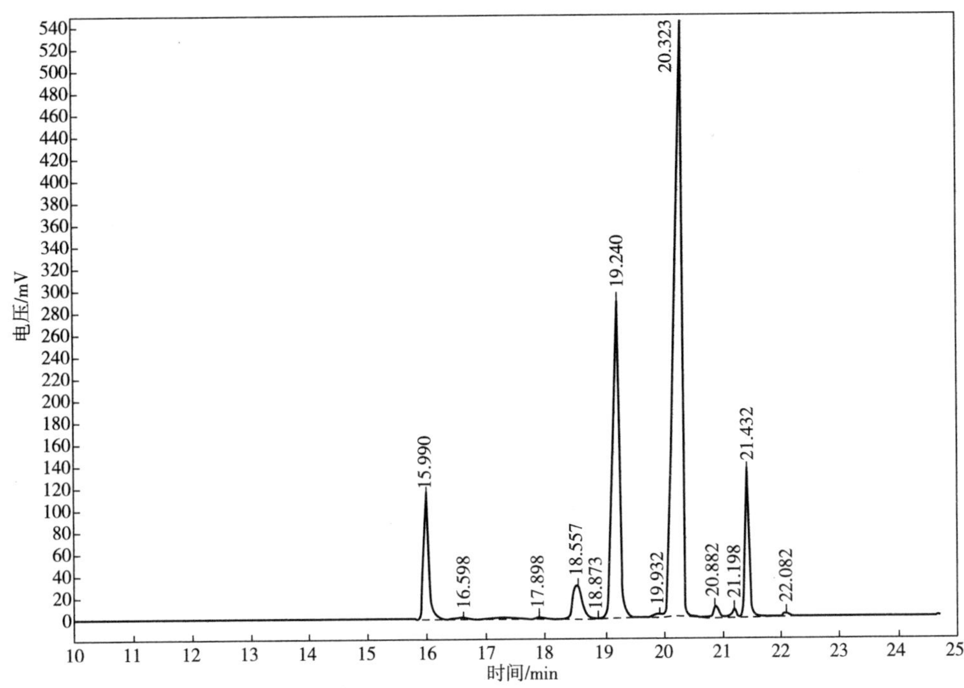

图 2-11　野生核桃油的主要脂肪酸气相色谱图

注：其中保留时间 15.990 为棕榈酸，18.557 为硬脂酸，19.240 为油酸，20.323 为亚油酸，21.432 为亚麻酸，22.082 为二十碳一烯酸。

表 2-9　　野生核桃油的脂肪酸组成　　单位:%

脂肪酸	含量	脂肪酸	含量
棕榈酸	3. 103±0. 012	亚油酸	61. 223±0. 133
硬脂酸	0. 946±0. 108	亚麻酸	11. 169±0. 120
油酸	23. 156±0. 100	二十碳一烯酸	0. 290±0. 001

由表 2-9 可知，野生核桃油的脂肪酸以不饱和脂肪酸为主，占到总脂肪酸含量的 90% 以上，不饱和脂肪酸中又以亚油酸为主，占到总脂肪酸含量的 61. 223%。食用油脂的质量和消化率是由油脂的不饱和脂肪酸的含量和组成决定的。亚油酸是一种重要的脂肪酸，有研究显示，亚油酸比油酸的含量越高，对阻止油脂形成低密度脂蛋白的效果越好。说明野生核桃油是一种优质的油脂，具有一定的保健效果，可以开发为保健用油以提高其市场价值。

5. 野生核桃油维生素 E 组成及含量的测定

高效液相色谱分析野生核桃油中的维生素 E 组成及含量，野生核桃油维生素 E 的高效液相色谱如图 2-12 所示。

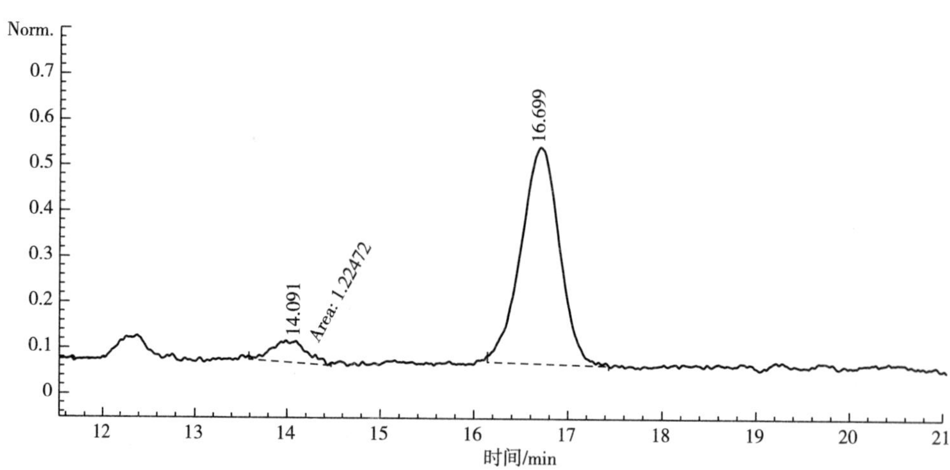

图 2-12　野生核桃油维生素 E 的高效液相色谱图

注：保留时间为 14. 091 的为 γ-维生素 E；保留时间为 16. 699 的为 δ-维生素 E。

野生核桃油的生育酚组成及含量见表 2-10。

表 2-10　　野生核桃油的生育酚组成及含量　　单位：mg/kg

生育酚	γ-生育酚	δ-生育酚	总量
含量	28. 922±0. 105	400. 735±0. 099	429. 657±0. 101

由图 2-12 和表 2-10 可知，野生核桃油的生育酚总量为 429. 657mg/kg，以 δ-生育酚为主要生育酚，含量为 400. 735mg/kg。γ-生育酚含量小，为 28. 922mg/kg。没有检测到 α-生育酚和 β-生育酚，生育酚是天然的抗氧化剂。

6. 野生核桃油甾醇的组成及含量的测定

野生核桃油的甾醇含量色谱如图 2-13 所示。

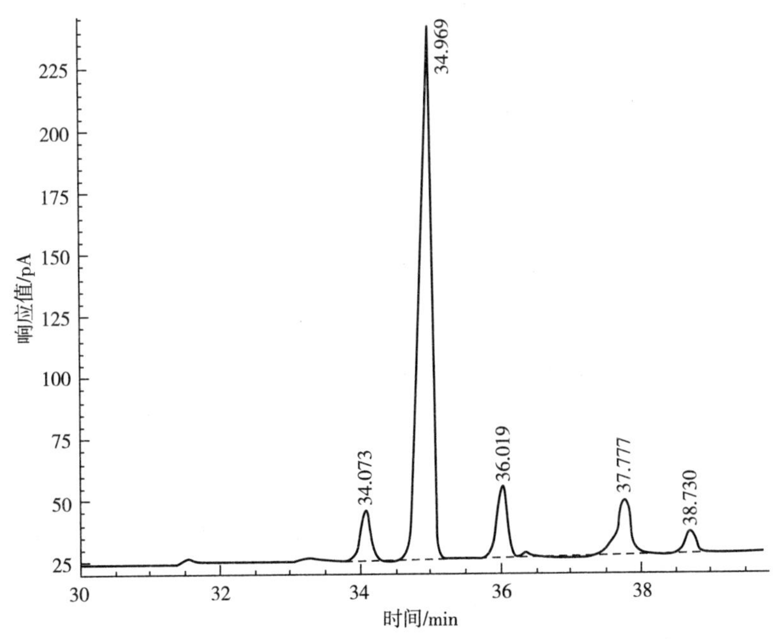

图 2-13 野生核桃油的甾醇含量色谱图

通过气相色谱分析得到野生核桃油中的甾醇含量为 2288. 28mg/kg。和生育酚相同，甾醇也有抗氧化特性，野生核桃油中的不饱和脂肪酸含量高，极易氧化，但甾醇对其有保护作用，起到了天然抗氧化剂的效果。

7. 野生核桃油 Rancimat 加速氧化试验

通过 Rancimat 测定不同温度下低温压榨野生核桃油的诱导期，结果见表 2-11。低温压榨野生核桃油 120℃不添加任何抗氧化剂诱导时间如图 2-14 所示。

表 2-11　　不同温度下低温压榨野生核桃油的诱导期

温度/℃	90	100	110	120
诱导时间/h	13. 11±0. 13	6. 54±0. 21	3. 22±0. 06	1. 66±0. 09

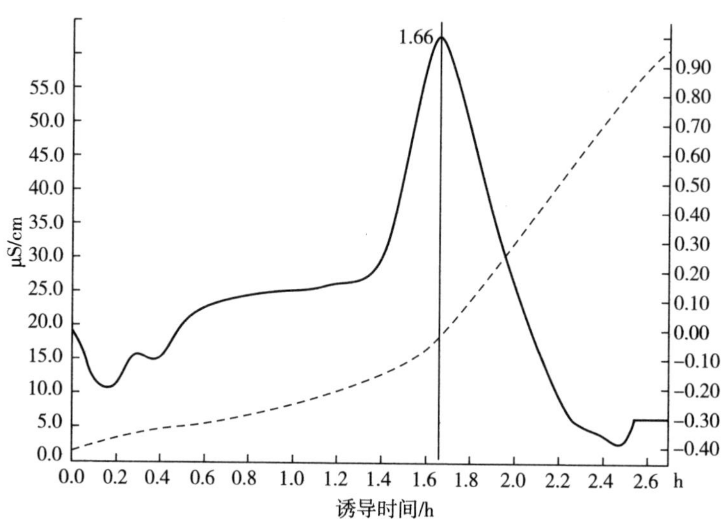

图 2-14　低温压榨野生核桃油 120℃不添加任何抗氧化剂诱导时间

诱导期与温度的关系如图 2-15 所示。

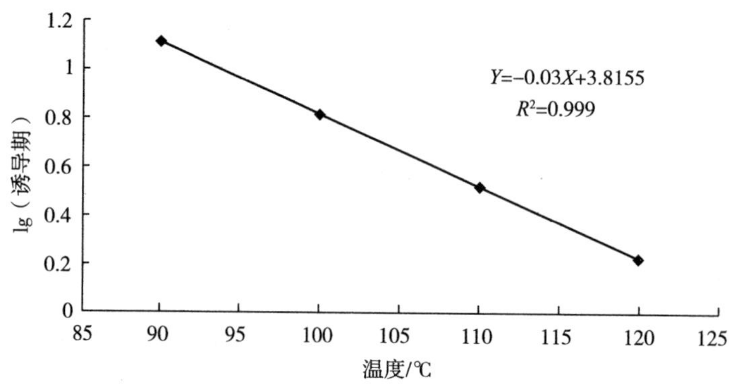

图 2-15　诱导期与温度的关系图

由表 2-11 得出图 2-15 诱导期与温度的关系。由图可知，lg（诱导期）与温度呈线性关系，其中 $R^2=0.9998$，方程式为 $Y=-0.03X+3.8155$。由此方程推导出低温压榨野生核桃油在 20℃下，货架期为 69 天。野生核桃油的货架期短，可能与其不饱和脂肪酸含量高有关。

8. 抗氧化剂对野生核桃油的影响

本次研究抗氧化剂的添加种类和添加量，不同种类抗氧化剂的添加量（mg/kg）及诱导时间（h）见表 2-12。

表 2-12　　不同种类抗氧化剂的添加量及诱导时间

序号	抗氧化剂	最大允许添加量/(mg/kg)	添加量/(mg/kg)	诱导时间/h
1	特丁基对苯二酚（TBHQ）	200	100	4.43
2			200	6.58
3	没食子酸丙酯（PG）	100	100	3.64
4	二丁基羟基甲苯（BHT）	200	100	1.86
5			200	2.07
6	茶多酚	400	200	1.70
7			400	3.78
8	维生素 E	按生产需要适量使用	200	1.34
9			400	1.45

复合抗氧化剂的添加量及诱导时间见表 2-13。

表 2-13　　复合抗氧化剂的添加量及诱导时间

序号	添加量	诱导时间/h
1	100mg/kg TBHQ+100mg/kg PG	5.27
2	100mg/kg TBHQ+100mg/kg BHT	4.00
3	100mg/kg TBHQ+200mg/kg 茶多酚	5.14
4	100mg/kg BHT+200mg/kg 茶多酚	2.58
5	100mg/kg PG+200mg/kg 茶多酚	4.26

本研究的所有抗氧化剂，除维生素 E 外，均在国家标准中有明确的添加限量。由表 2-12 可知，从抗氧化剂的诱导时间来看，在规定的范围内，增大抗氧化剂的添加量，抗氧化效果均有提高；在添加量相同的情况下，TBHQ 抗氧化效果最好，效果次之的分别是 PG>茶多酚>BHT>维生素 E。维生素 E 的添加量从 200mg/kg 增加到 400mg/kg，诱导时间仅从 1.34h 上升 1.45h，效果不显著。

由表 2-13 可知，除 100mg/kg TBHQ+100mg/kg BHT 外，复合抗氧化剂均比单一添加抗氧化剂的效果好。

不同抗氧化剂的电导率曲线示意如图 2-16 所示。

（三）结论

（1）野生核桃仁的粗蛋白含量为 25.24%，粗脂肪的含量为 56.76%，还含有多种微量元素，是一种优良的油脂资源。

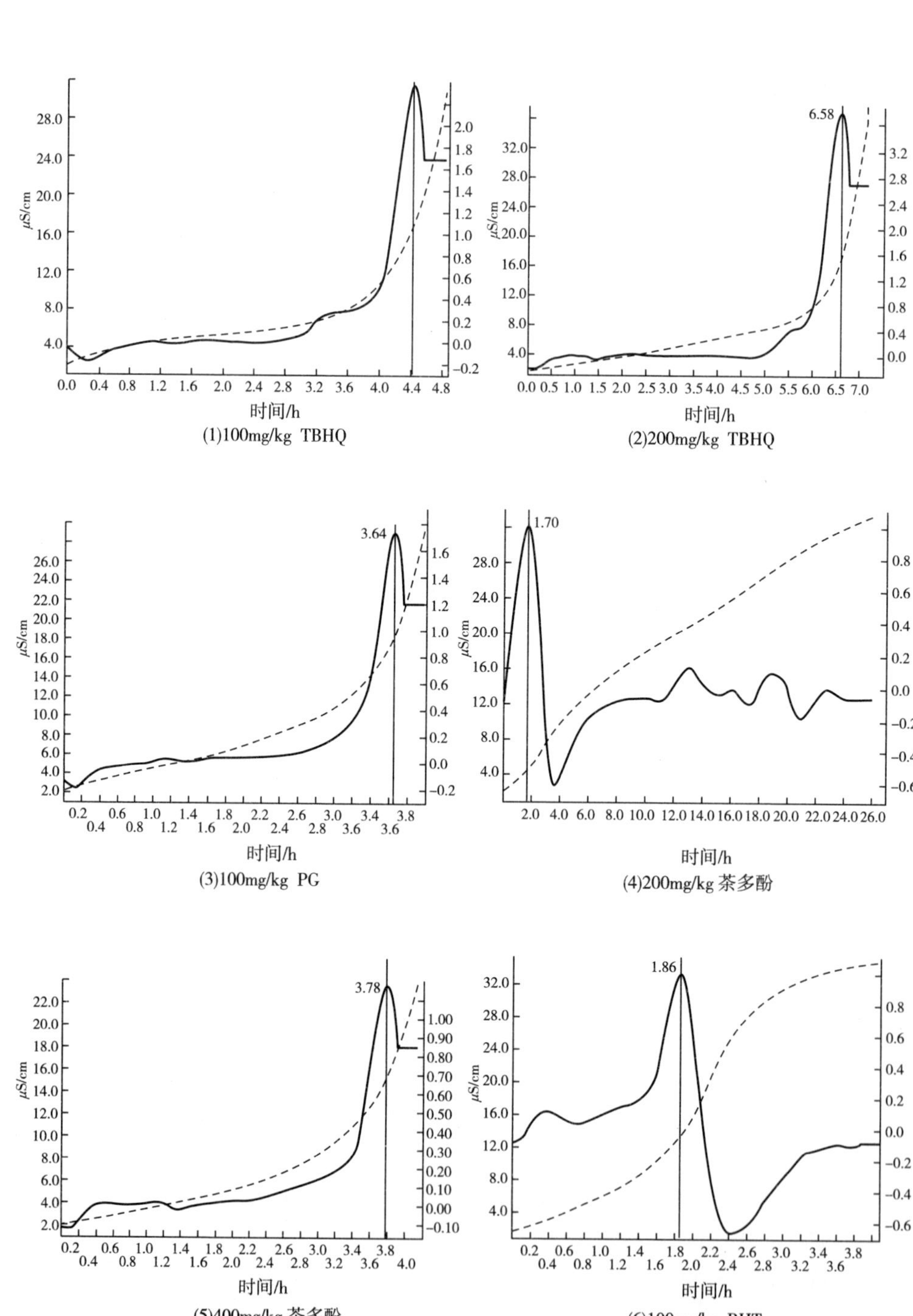

(1)100mg/kg TBHQ
(2)200mg/kg TBHQ
(3)100mg/kg PG
(4)200mg/kg 茶多酚
(5)400mg/kg 茶多酚
(6)100mg/kg BHT

图 2-16

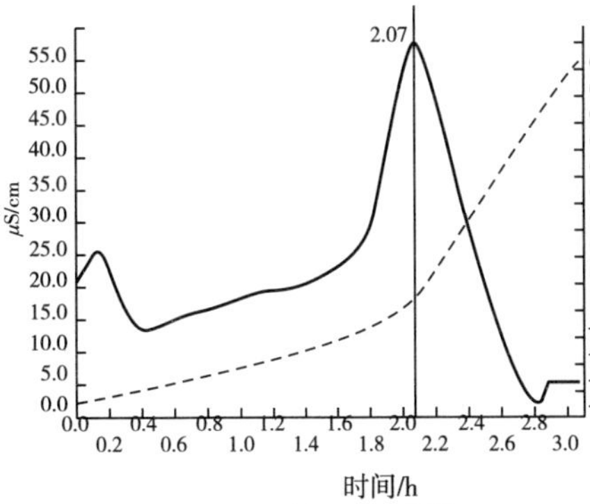

(7)200mg/kg BHT

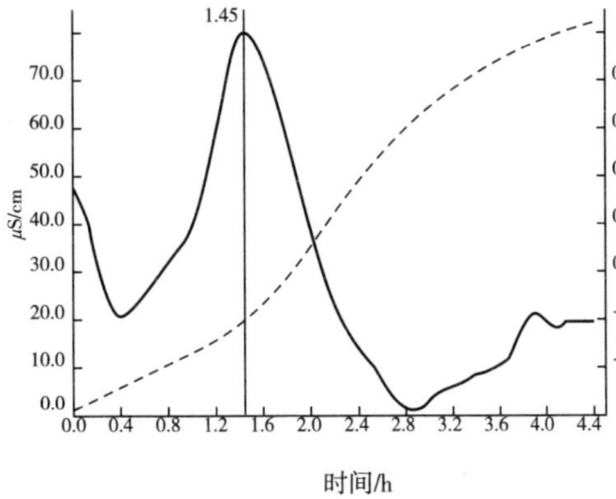

(8) 200mg/kg 维生素E

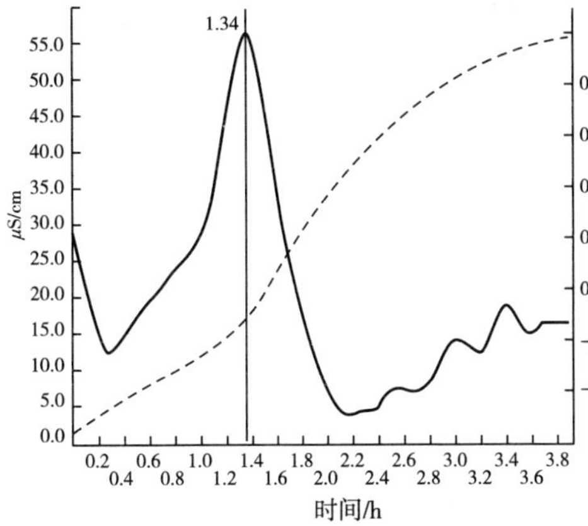

(9)400mg/kg 维生素E

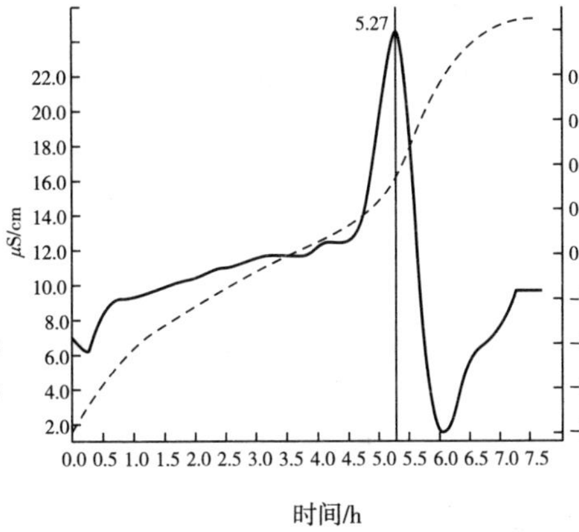

(10)100mg/kg TBHQ+100mg/kg PG

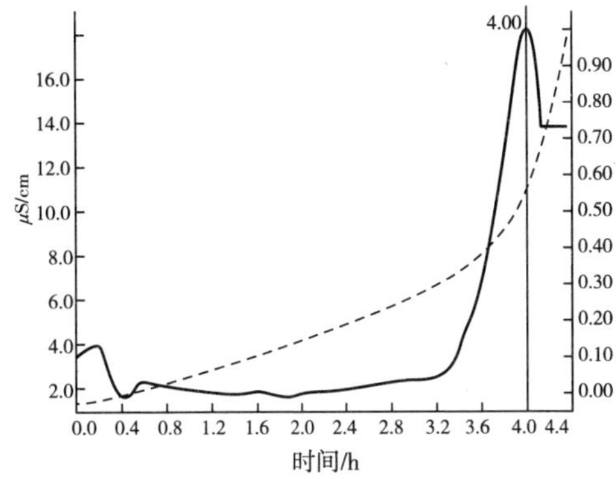

(11)100mg/kg TBHQ+100mg/kg BHT

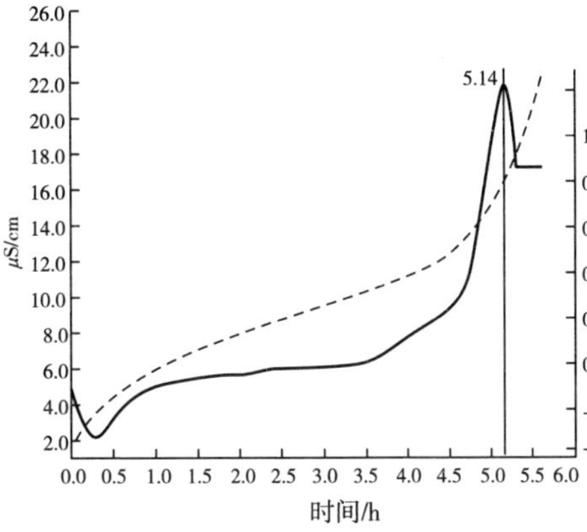

(12)100mg/kg TBHQ+200mg/kg 茶多酚

图 2-16

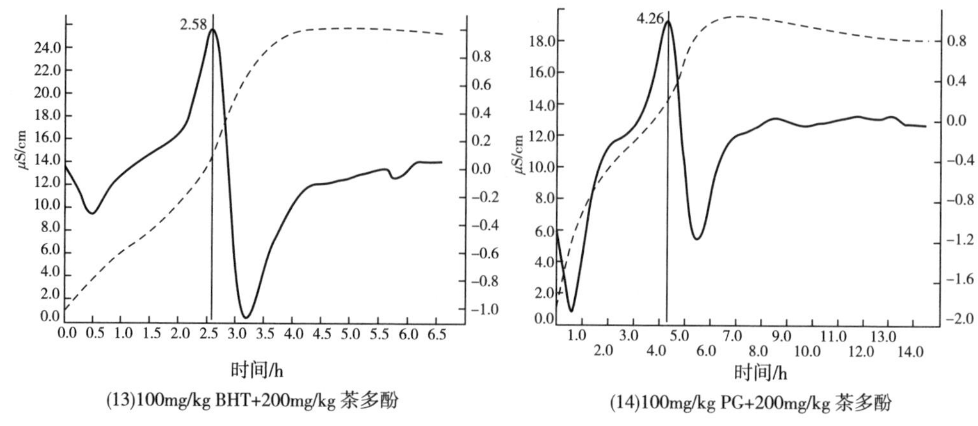

(13)100mg/kg BHT+200mg/kg 茶多酚

(14)100mg/kg PG+200mg/kg 茶多酚

图 2-16　不同抗氧化剂的电导率曲线示意图

（2）野生核桃油质量指标完全符合食用油脂的标准，是一种安全的食用油。野生核桃油的不饱和程度高，以亚油酸含量最高，油酸次之。野生核桃油中还含有维生素 E，生育酚总量为 429. 675mg/kg，其中又以 δ-生育酚为主，含量为 400. 735mg/kg。甾醇总量为 2288. 28mg/kg。

（3）未添加任何抗氧化剂的野生核桃油的货架期为 69 天，在所研究的 5 种单一抗氧化剂中，添加量相同时，以 TBHQ 的抗氧化效果最佳；复合抗氧化剂中，以 100mg/kg TBHQ+100mg/kg PG 的抗氧化效果最佳。

第三章　核桃浸出制油技术

第一节　油脂浸出技术

浸出法制油是采用萃取的原理，选用某种能够溶解油脂的有机溶剂，经过对油料的接触（浸泡或喷淋），使油料中的油脂被浸出的一种制油方法。其基本过程是：把油料胚（或预榨饼）浸于选定的溶剂中，使油脂溶解在溶剂内（组成混合油），然后将混合油与固体残渣（粕）分离，混合油再按不同的沸点进行蒸发、汽提，使溶剂汽化变成蒸气与油分离，从而获得油脂（浸出毛油）。溶剂蒸气则经过冷凝、冷却回收后继续使用。粕中亦含有一定数量的溶剂，经脱溶烘干处理后即得干粕，脱溶烘干过程中挥发出的溶剂蒸气仍经冷凝、冷却回收使用。浸出法制油具有粕中残油率低（出油率高）、劳动强度低、工作环境佳、粕的质量好等优点。浸出法制油目前已普遍使用。

一、溶剂

（一）油脂在不同有机溶剂中的溶解度

浸出法制油的基本原理是油脂能很好地溶解于所用溶剂。众所周知，溶解是相互的，两种液体分子的内聚力（或介电常数）或极性大小越接近，这两种液体的分子越容易互相混合，即彼此间的溶解度越大。

油脂属于非极性物质，所用溶剂的极性也应该很小。一种液体的极性即是构成该液体分子的极性。分子极性的大小，说明分子之间作用力的大小。当油脂分子和某种溶剂分子间作用力相当接近时，油脂和该溶剂就能够互相溶解。二者越相近，互溶的能力就越强。

（二）对浸出溶剂的要求

从理论上说，用于油脂浸出的溶剂应符合以下条件。

（1）来源充足　浸出法制油既然是油脂工业的先进技术，没有充足的溶剂来源便难以普及。

（2）化学性质稳定　即与油脂和粕不起化学反应。

（3）介电常数与油脂相近　能以任何比例溶解油脂，并能在常温或温度不太高的条件下能把油脂从油料中浸出。

（4）只溶解油料中的油脂　对于油料中的非油物质没有溶解性。

(5) 挥发性好　浸出油脂后容易与油脂分离，在较低温度下能从粕中除去。

(6) 对设备没有腐蚀性　以延长设备的使用寿命，降低生产成本。

(7) 安全　溶剂应不易着火和爆炸。

(8) 沸点范围小　沸点范围也称沸程、馏程，即在此沸点范围内能把溶剂蒸馏干净。所用溶剂的沸点范围越窄越好，以便在较小的温度范围内可以从油脂和粕中除去溶剂，便于操作和减少损耗。

(9) 在水中的溶解度要小　回收粕和油脂中的溶剂，是利用水蒸气对粕进行“干燥”，对油脂进行“汽提”，使溶剂蒸气和水蒸气一起逸出，经冷凝后得到的溶剂和水的混合液。

(10) 无毒性　以保证操作人员的身体健康和得到油脂、饼粕的正常品质。

(三) 我国使用的溶剂

目前，我国使用的油脂浸出溶剂主要是 6 号溶剂油和正己烷溶剂。

6 号溶剂油的质量标准如下。

(1) 馏程：初馏点不低于 60℃，98%馏出温度不高于 90℃。

(2) 无水溶性酸或碱。

(3) 含硫量>0.05%。

(4) 无机械杂质和水分。

(5) 油渍试验合格。

食品工业用正己烷是用 6 号溶剂油精馏生产的，正己烷含量高（正己烷含量≥60%），其馏程短，生产能耗大幅降低；浸出效果好，有利于提高油品和粕的质量；具有更好的安全性，可减少对环境的污染，是国际上食用油脂、医药、化工行业广泛使用的专业溶剂。

二、油脂浸出的基本原理

油脂浸出亦称浸出，是用有机溶剂提取油料中油脂的工艺过程。油料的浸出，可视为固-液浸出，它是利用溶剂对不同物质具有不同溶解度的性质，将固体物料中有关组分加以分离的过程。在浸出时，油料用溶剂处理，其中易溶解的组分（主要是油脂）就溶解于溶剂。当油料浸出在静止的情况下进行时，油脂以分子的形式进行转移，属分子扩散。但浸出过程中大多是在溶剂与料粒之间有相对运动的情况下进行的，因此，它除了有分子扩散外，还有取决于溶剂流动情况的对流扩散过程。

(一) 分子扩散

分子扩散是以分子移动形式进行的，当油料与溶剂接触后，油脂分子以不规则的热运动方式从油料中渗透出来并扩散到溶剂中，同时，溶剂分子也不断地渗透到油料中与油脂分子混合，使油料内部及溶剂都形成了溶液（称混合油），这两部分溶液中油脂的浓度相差较大，油脂分子从浓度大的区域向浓度小的区域扩散，直到达到平衡为止。

（二）对流扩散

分子扩散以单个分子为转移单位，而对流扩散是溶液以小体积进行的转移。它是一部分溶液在流动的情况下以一定的速度移向另一处，在流动中带走被溶解的物质，即以流动方式进行的物质扩散过程。实际上，浸出过程是分子扩散和对流扩散的结合过程，在原料与溶剂接触的表面层是分子扩散；而在远离原料表面的液体为对流扩散。对流扩散所传递的原料数量大大超过分子扩散。为了加快浸出速度，就得不断地改变溶液的浓度差和加快流动速度，使溶剂（或混合油）与油料处在相对移动的情况下进行浸出。惯用做法是利用液位差或泵的动力对混合油施加压力，以强化对流扩散作用。

三、浸出法制油工艺

（一）浸出法制油工艺的分类

按操作方式，浸出法制油工艺可分成间歇式浸出和连续式浸出。

1. 按操作方式分类

（1）间歇式浸出　料胚进入浸出器，粕自浸出器中卸出，新鲜溶剂的注入和浓混合油的抽出等工艺操作，都是分批、间断、周期性进行的浸出过程属于这种工艺类型。

（2）连续式浸出　料胚进入浸出器，粕自浸出器中卸出，新鲜溶剂的注入和浓混合油的抽出等工艺操作，都是连续不断进行的浸出过程属于这种工艺类型。

2. 按接触方式分类

按接触方式，浸出法制油工艺可分成浸泡式浸出、喷淋式浸出和混合式浸出。

（1）浸泡式浸出　料胚浸泡在溶剂中完成浸出过程的称为浸泡式浸出。属浸泡式的浸出设备有罐组式浸出器，另外还有弓形、U 形和 Y 形浸出器等。

（2）喷淋式浸出　溶剂呈喷淋状态与料胚接触而完成浸出过程者被称为喷淋式浸出，属喷淋式的浸出设备有履带式浸出器等。

（3）混合式浸出　这是一种喷淋与浸泡相结合的浸出方式。属于混合式的浸出设备有平转式浸出器和环形浸出器等。

3. 按生产方法分类

按生产方法，浸出法制油工艺可分成直接浸出和预榨浸出。

(1) 直接浸出　直接浸出也称一次浸出。它是将油料经预处理后直接进行浸出制油的工艺过程，此工艺适合于加工含油量较低的油料。

(2) 预榨浸出　预榨浸出油料经预榨取出部分油脂，再将含油较高的饼进行浸出的工艺过程，此工艺适用于含油量较高的油料。这种工艺具有预榨油质量高、设备生产能力大、加工成本低等优点。

(二) 浸出工艺的选择依据及基本的工艺流程

1. 浸出系统

常用的浸出器有平转浸出器和环形浸出器。平转浸出工艺流程如图 3-1 所示。平转浸出工艺中，预榨饼由水平埋刮板输送机送至浸出车间，经除铁装置除

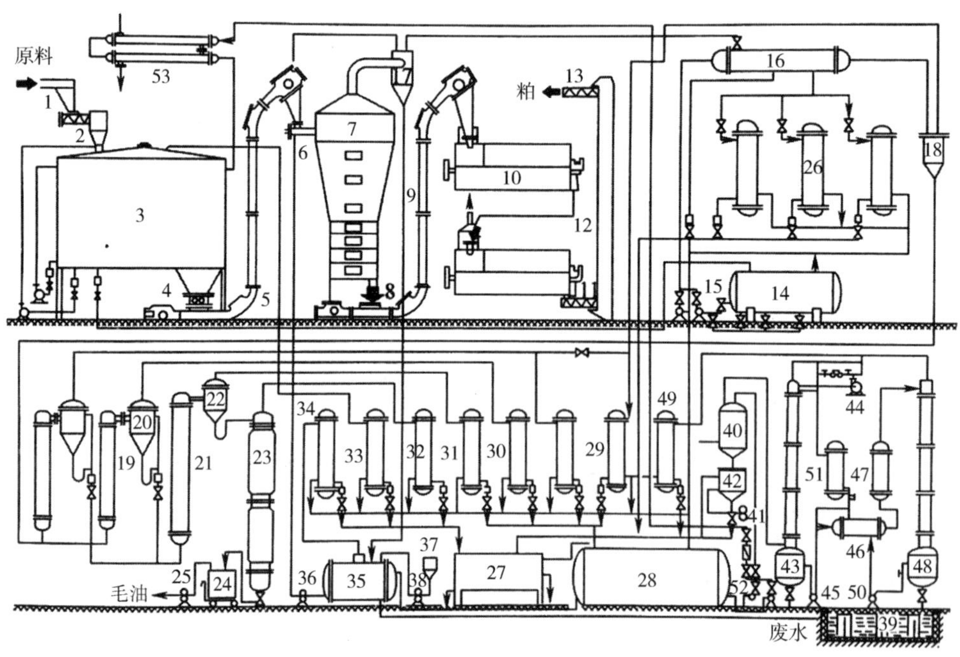

图 3-1　平转浸出工艺流程

1、5、9—埋刮板输送机　2、6、8—封闭绞龙　3—平转式浸出器　4—双绞龙
7—D. T 蒸脱机　10—卧式烘干机　11—地绞龙　12—斗式提升机　13—皮带输送机
14、18—混合油罐　15—混合油泵　16、46—热交换器　17—湿式捕集器
19、21—长管蒸发器　20、22—分水器　23—层碟式汽提塔　24—毛油箱
25—毛油泵　26、29、30、31、32、33、34、49—冷凝器　27、42—分水器
28—溶剂周转库　35—蒸煮罐　36—热水泵　37—进液罐　38—废液泵
39—水封池　40—混合冷凝器　41—水泵　43—吸收塔　44—风机
45—富油泵　47—加热器　48—解吸塔　50—贫油泵　51—冷却器
52—溶剂泵　53—新鲜溶剂加热器

去铁杂质后落入存料箱内，再用埋刮板输送机送至绞龙，然后进入平转式浸出器进行浸出，浸出器一般有 18 个浸出格，采用“喷淋-沥干-喷淋”的间歇大喷淋方式，并有帐篷式过滤器进行混合油过滤。

环形浸出工艺流程如图 3-2 所示。环形浸出工艺中，原料经闭风器进入循环浸出器，经过预喷淋浸出段、流态浸出段（下弯曲段）、水平喷淋浸泡段、逆流浸出段（上段弯曲段）和上部翻转喷淋段（新鲜溶剂喷淋）进行浸出。新鲜溶剂由溶剂周转罐用泵经溶剂预热器送入。浸出粕经沥干段后落入湿粕绞龙送至高料层蒸烘机。

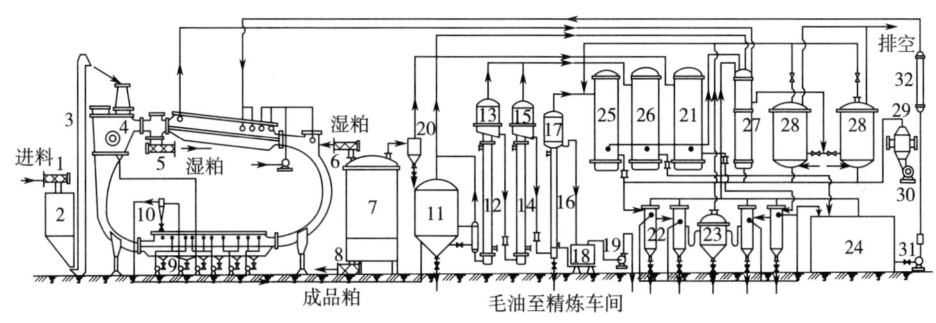

图 3-2　环形浸出工艺流程

1、8—绞龙　2—存料箱　3—斗式提升机　4—浸出器　5—湿粕绞龙　6—封闭阀　7—高料层蒸脱机　9—混合油泵　10—旋液分离器　11—混合油罐　12、14—长管蒸发器　13、15、17—分离器　16—管式汽提塔　18—毛油箱　19—毛油泵　20—粕末分离器　21、25、26—冷凝器　22—分水器　23—蒸水罐　24—溶剂周转库　27—平衡冷凝器　28—活性炭吸附罐　29—加热冷却器　30—风机　31—溶剂泵　32—新鲜溶剂加热器

2. 湿粕脱溶（烘干）系统

浸出后湿粕用埋刮板输送机送至封闭绞龙，然后进入 D. T 蒸脱机，蒸脱溶剂后经卧式烘干机蒸干后，成品粕（干粕）用埋刮板输送机及出粕绞龙送至成品粕库。

3. 混合油蒸发和汽提系统

浸出器内经帐篷式过滤器过滤后的混合油，自流到混合油罐，再由混合油泵打入经热交换器设备到另一个混合油罐，经如此预处理后的混合油送至混合油预热蒸发器，浓度达到要求的混合油进入第一、二长管蒸发器蒸发后，进入层碟式汽提塔进行汽提，浸出毛油自塔底流入毛油箱，再泵至炼油车间。

4. 溶剂回收系统

混合油预热蒸发器蒸发的溶剂蒸气进预热器冷凝器冷凝，冷凝后流至循环溶剂罐，第一长管蒸发器蒸发出的溶剂蒸气进入第一长管冷凝器冷凝后流入循环溶剂罐，第二长管蒸发器蒸发出的溶剂蒸气进入溶剂预热器，用来加热泵入浸出器间歇大喷淋装置的新鲜溶剂，溶剂蒸气的部分冷凝液流至循环溶剂罐，未凝结的溶剂蒸气再经过第二长管冷凝器冷凝后流向循环溶剂罐，蒸烘机的二次蒸汽经过混合油预热蒸发器后，一部分冷凝下来，经混合液冷却器进一步冷却，然后进入分水箱，分离水后溢流入循环溶剂罐。另一部分未凝结的二次蒸汽则进入蒸烘机冷凝器冷凝后流至分水箱分离，溶剂仍溢流回循环溶剂罐。层碟式汽提塔的混合气体进入汽提塔冷凝器冷凝后，再进入分水箱分离出的溶剂溢流至循环溶剂罐，废水则通过水封池排出。

5. 自由气体中的溶剂回收系统

该工艺流程的特点是二次蒸汽的热能利用较好，但应注意到蒸脱机二次蒸汽中所夹带的粕屑对换热设备使用效果及寿命的影响。

四、油脂浸出

（一）工艺流程

溶剂
↓
料胚（或预榨饼）⟶ 存料箱 ⟶ 封闭绞龙 ⟶ 浸出器 ⟶ 混合油
↓
湿粕

油料经过预处理后所成的料胚或预榨饼，由输送设备送入浸出器，经溶剂浸出后得到浓混合油和湿粕。

（二）浸出设备

浸出系统的重要设备是浸出器，其形式很多。间歇式浸出器有浸出罐。连续式浸出器有平转式浸出器、环形浸出器、卫星式浸出器、履带式浸出器等。

1. 平转浸出器

活络假底平转浸出器结构如图 3-3 所示。

平转式浸出器的浸出格和混合油集油格展开图如图 3-4 所示。由图中可以看到，新鲜溶剂由溶剂泵进入喷管，喷淋料层渗透后滴入Ⅶ号油斗，再由 6 号泵抽出进入喷管 e。喷淋料层渗透后滴入Ⅵ号油斗，经 5 号泵抽出喷淋滴入 Ⅴ 号油斗，4 号泵抽出喷淋滴入Ⅳ号油斗，3 号泵抽出喷淋滴入Ⅲ号油斗。1 号泵抽出的混合油喷入进料管，由进料管直立段与进入的料胚混合滴入Ⅰ号油斗。由于开始段混合油中含粕粉多，因而由 2 号泵抽出经过料层进行自滤喷淋下滴，通过与水平面呈 30°角的帐篷过滤器筛网的过滤进入Ⅱ号油斗。这样的浓混合油含粕粉少，然后再由 n 号油斗抽出送往蒸发系统。

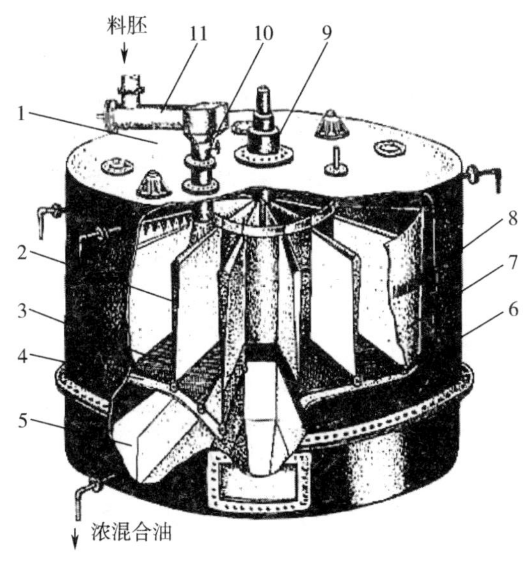

图 3-3 活络假底平转浸出器的结构

1—顶盖 2—隔板 3—活动假底 4—轨道 5—混合油收集格 6—轮子 7—转动体 8—套筒滚子链 9—转动轴 10—溶剂预喷管 11—料封绞龙

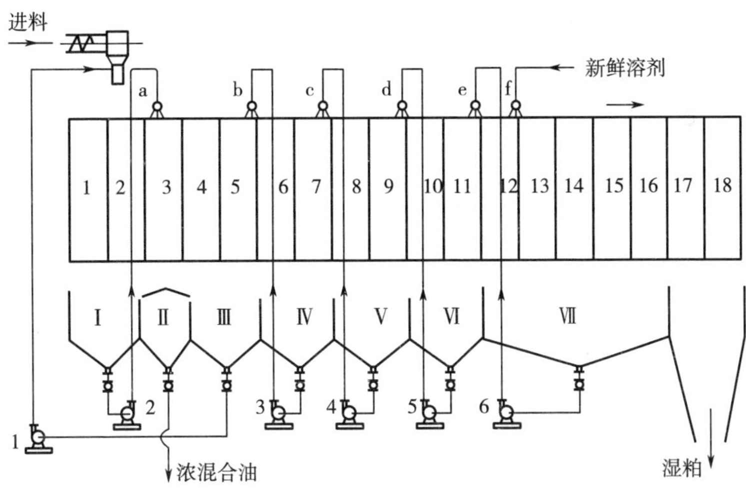

图 3-4 浸出格和混合油集油格展开图

2. 环形浸出器

环形浸出器主要由进料斗、壳体、拖链、喷淋装置、出粕口和传动机构等部分组成。如图 3-5 所示。

环形浸出器结构紧凑、简单，占地面积小，可以分段制造后到现场安装。装

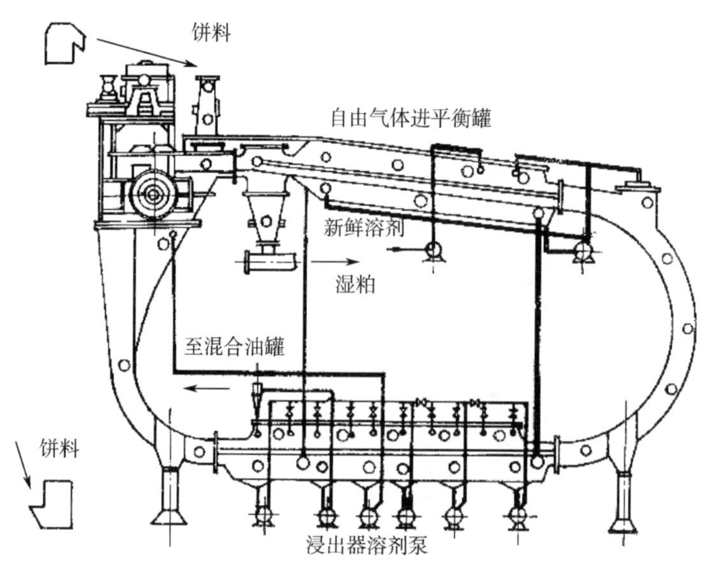

图 3-5　环形浸出器的结构

拆、运输方便，适合于机械厂成批制造和系列化生产。拖链的速度可因处理量的多少而改变，如 200t/d 的工厂，可在 50~300t/d 调节。

环形浸出器操作方便，维修简单，工艺参数容易变更。在工艺性能上，具有料层薄、渗透性好、浸出时间短等优点。

五、湿粕的脱溶烘干

从浸出器卸出的粕中含有 25%~35%的溶剂，为了使这些溶剂得以回收和获得质量较好的粕，可采用加热以蒸脱溶剂，所得干粕应无溶剂味、引爆试验合格、含水量在 12%以下、粕熟化、不焦不煳。

高料层蒸烘机具有脱溶效果好、处理量大、消耗动力少、蒸汽用量小、制造简单、节省钢材等优点。

高料层蒸烘机的结构如图 3-6 所示，它由上、下层蒸烘缸、搅拌器、落料控制机构、传动装置等几部分组成。

上层蒸脱缸是采用钢板卷制焊接而成的圆筒体，底部具有蒸汽夹套，蒸缸的底盘上开有孔径为 2mm 的若干小孔，通过小孔喷入压力为 0.05~0.1MPa 的直接蒸汽，以加热及蒸脱湿粕中的溶剂。上层蒸脱缸的高度为 2.5~3m（顶部是一个高 1m 的大头，便于溶剂蒸气贮存与排出），内存湿粕料层的高度控制在 1.2~1.5m。

下层烘缸的结构与上层蒸脱缸相同，只是高度较低，一般为 0.7m，底部也具有蒸汽夹套，通入压力为 0.5MPa 的间接蒸汽以加热烘干湿粕，湿粕在上层蒸脱缸内蒸烘时间约为 30min，在下层烘缸内烘干时间约为 8min。

上、下层蒸烘缸的正中有一根垂直轴，该轴的转速为 15～16r/min，在搅拌轴上各层缸体内装有不同数量及不同形式的搅刀，用来搅松料层，防止直接蒸汽短路，以提高脱溶效果，并使上层蒸烘缸至下层烘缸的落料均匀。下层烘缸的底部有一把双臂搅刀，以使出粕均匀。

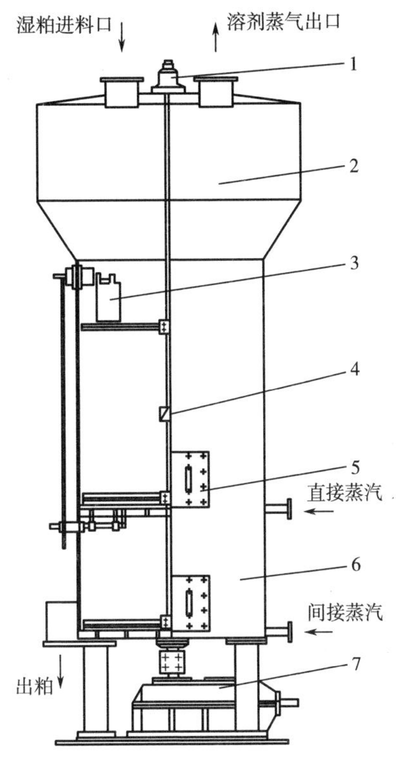

图 3-6　高料层蒸烘机的结构

1—转动轴　2—上层蒸脱缸

3—自动下料器　4—搅拌翅

5—检修人孔　6—筒体　7—减速器

六、混合油的蒸发和汽提

（一）工艺过程

混合油过滤→混合油贮罐→第一蒸发器→第二蒸发器→汽提塔→浸出毛油

从浸出器泵出的混合油（油脂与溶剂组成的溶液），须经处理使油脂与溶剂分离。分离方法是利用油脂与溶剂的沸点不同，首先将混合油加热蒸发，使绝大部分溶剂汽化而与油脂分离。然后，再利用油脂与溶剂挥发性的不同，将浓混合油进行水蒸气蒸馏（即汽提），把毛油中残留溶剂蒸馏除去，从而获得含溶剂量很低的浸出毛油，但是在进行蒸发、汽提之前，须将混合油进行预处理，以除去其中的固体粕末及胶状物质，为混合油的成分分离创造条件。

（二）混合油的预处理

油厂现多已采用旋液分离器来分离混合油中的粕末，使用效果尚好。旋液分离器是利用混合油各组分的重度不同，采用离心旋转产生离心力大小的差别，使粕末下沉而液体上升，达到清洁混合油的目的，此方法也称为离心沉降。该设备由圆筒部分和锥形筒底组成，旋液分离器的结构如图 3-7 所示。

混合油经入口管切向进入圆筒部分，形成螺旋状向下旋流，粕末等固体粒子受离心力作用移向器壁，并随旋流下降到锥形筒底部的出口。由底部出口排

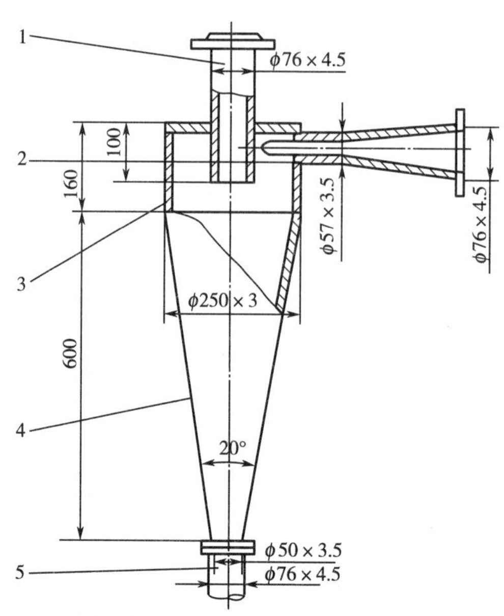

图 3-7　旋液分离器的结构

1—出口管　2—混合油入口管　3—圆筒体　4—锥形筒底　5—底流出口管

出的含粕末等固体粒子较多的浓稠混合油重新落入浸出器内。这种浓稠悬浮液称为底流。清洁的或含有较细较轻微粒的混合油，则形成螺旋上升的内层旋流，由上部中心溢流管溢出，溢出的混合油称为溢流，最后由出口管流至混合油贮罐。

（三）混合油的蒸发

蒸发是借加热作用使溶液中一部分溶剂汽化，从而提高溶液中溶质的浓度，即使挥发性溶剂与不挥发性溶质分离的操作过程。混合油的蒸发是利用油脂几乎不挥发，而溶剂沸点低、易于挥发的特性，用加热使溶剂大部分汽化蒸出，从而使混合油中油脂的浓度大大提高的过程。

在蒸发设备的选用上，油厂多选用长管蒸发器（也称为升膜式蒸发器）。其特点是加热管道长，混合油经预热后由下部进入加热管内，迅速沸腾，产生大量蒸气泡并迅速上升。混合油也被上升的蒸气泡带动并拉曳为一层液膜沿管壁上升，溶剂在此过程中继续蒸发。由于在薄膜状态下进行传热，故蒸发效率较高。

长管蒸发器的结构如图 3-8 所示，它由蒸发器及安装在其顶部的分离器组成一个整体。在蒸发器的圆形外壳内装有长度为 4~4.5m 的加热列管，由外壳两端的管板固定，加热列管与管板的连接多用焊接法。圆筒形外壳的上、下部分分别接有加热蒸汽进口管及乏汽出口管，经预处理的混合油从蒸发器下部封头侧壁的混合油进口管进入蒸发器，在列管内受到间接蒸汽加热后，即进行升膜式蒸发、溶剂蒸气及所夹带的混合油一并沿着列管呈膜状上升。在分离器内，由于双旋形出口的作用，使混合油及溶剂蒸气沿分离器的内壁旋转而进行离心分离。溶剂蒸气继续上升，由分离器顶部出口管排至冷凝器。而浓度提高了的混合油则沉降于分离器的底部，由浓混合油出口管排出。在蒸发器下部封头的底部设有排渣管，用于清洗时排出列管内的污垢。

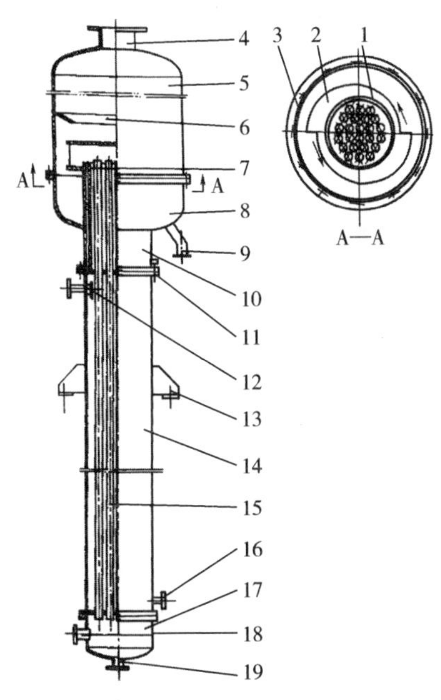

图 3-8　长管蒸发器的结构

1—蒸发器外壳　2—旋液壳体　3、11—法兰　4—溶剂蒸气出口管　5—分离器上壳体　6—隔板　7—填料　8、10—分离器中壳体　9—混合油出口管　12—蒸汽进口管　13—支承座　14—分离器下壳体　15—加热管　16—冷凝液排出管　17—下盖　18—混合油出口管　19—排渣管

（四）混合油的汽提

通过蒸发，混合油的浓度大大提高。然而，溶剂的沸点也随之升高。无论继续进行常压蒸发或改成减压蒸发，欲使混合油中剩余的溶剂基本除去都是相当困难的。只有采用汽提，才能将混合油内残余的溶剂基本除去。

汽提即水蒸气蒸馏，其原理是：混合油与水不相溶，向沸点很高的浓混合油内通入一定压力的直接蒸汽，同时在设备的夹套内通入间接蒸汽加热，使通入混合油的直接蒸汽不致冷凝，直接蒸汽与溶剂蒸气压之和与外压平衡，溶剂即沸腾，从而降低了高沸点溶剂的沸点。未凝结的直接蒸汽夹带蒸馏出的溶剂一起进入冷凝器进行冷凝回收。常用的汽提设备为层碟式汽提塔。

双段层碟式汽提塔是根据水蒸气蒸馏的原理而设计的，是一种降膜式蒸馏设备，结构如图 3-9 所示。其塔体可分成上、下两段，每段塔体内部都装有数组锥形分配碟组，每个锥形分配碟组由溢流盘、锥形分配碟和球形分配盘组成，混合油从塔顶进油管进入，首先充满第一个锥形分配碟盘的溢流盘，自溢流盘流出的混合油在锥形分配碟的表面上形成很薄的混合油膜向下流动，由环形分配盘承接后流至第二个锥形分配碟组的溢流盘，在溢流分配成薄膜状向下流动，直接蒸气由每段塔体下部的喷嘴喷入，与混合油接触后产生喷雾状态，直接蒸气继续上升，在锥形分配碟组的表面与溢流的混合油逆向接触，由于气液两项接触面积大，因此汽提的效果很好。

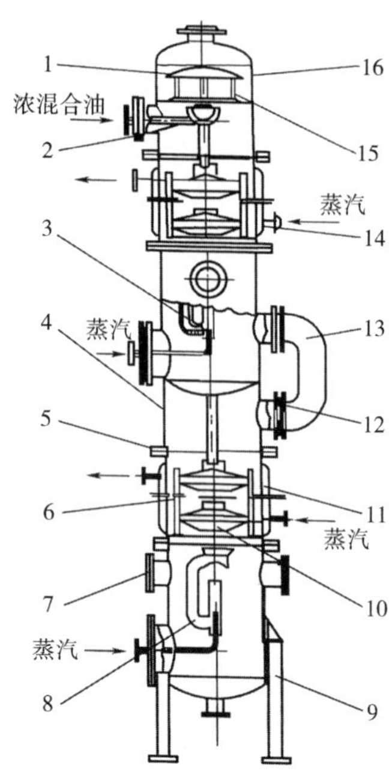

图 3-9　双段层碟式汽提塔的结构

1—捕沫器　2—进油管
3、8—蒸气喷油装置
4—中间塔体　5—垫片
6—碟盘组合体　7—视镜
9—支脚　10—下碟盘
11—碟盘夹层塔体　12—法兰
13—通气管　14—保温夹层外壳
15—支架　16—上塔体

七、溶剂蒸气的冷凝和冷却

（一）工艺流程

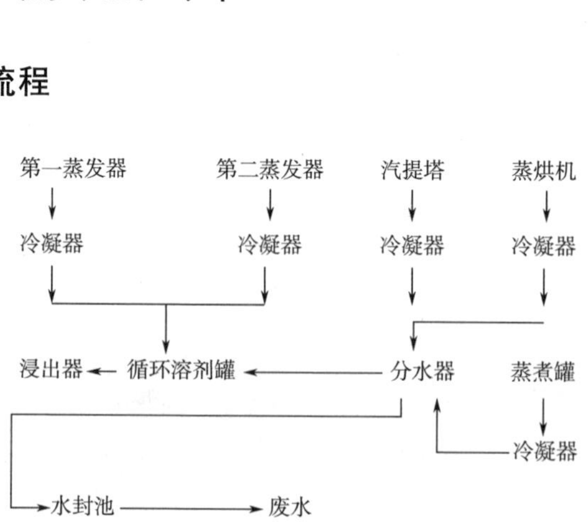

由第一、第二蒸发器出来的溶剂蒸气因其中不含水，经冷凝器冷却后直接流入循环溶剂罐；由汽提塔、蒸烘机出来的混合蒸气进入冷凝器，经冷凝后的溶剂、水合液流入分水器进行分水，分离出的溶剂流入循环溶剂罐，而水进入水封池，再排入下水道。若分水器排出的水中含有溶剂，则进入蒸煮罐，蒸去水中微量溶剂后，经冷凝器出来的冷凝液进入分水器，废水进入水封池。

由此可见，溶剂的回收包括溶剂蒸气的冷凝和冷却、溶剂与水的分离、废水中溶剂的回收等几种情况。

（二）溶剂蒸气的冷凝和冷却

所谓冷凝，即在一定的温度下，气体放出热量转变成液体的过程。而冷却是指热流体放出热量后温度降低但不发生物相变化的过程。单一的溶剂蒸气在固定的冷凝温度下放出其本身的蒸发潜热而由气态变成液态。当蒸气刚刚冷凝完毕，就开始了冷凝液的冷却过程。因此，在冷凝器中进行的是冷凝和冷却两个过程。事实上这两个过程也不可能截然分开。两种互不相溶的蒸气混合物——水蒸气和溶剂蒸气，由于它们各自的冷凝点不同，在冷凝过程中，随温度的下降所得冷凝液的组成也不同。但在冷凝器中它们仍然经历冷凝、冷却两个过程。目前常用的冷凝器有列管式冷凝器和喷淋式冷凝器。

1. 列管式冷凝器

列管式冷凝器的形式很多，从安置情况可分为立式和卧式；从参与热交换的冷热流体在列管中流过的次数可分为单管程及多管程；按结构可以分为固定管式和浮头式。目前浸出油厂使用较多的是立式列管冷凝器，其结构如图 3-10 所示。它由椭圆形封头固定在管板上，这样就形成了管内和管间两个空间，冷凝器的上下封头由法兰螺栓与筒体连接，以便检修时拆开清洗管束。图示为溶剂蒸气走管间的冷凝器。溶剂蒸气由壳体上部的溶剂蒸气进口管进入冷凝器，向下经过列管间受到列管中冷水的作用而冷凝和冷却，冷凝液由壳体下部的冷凝液出口管排出。而不凝结气体则由出口管排至自由气体系统。

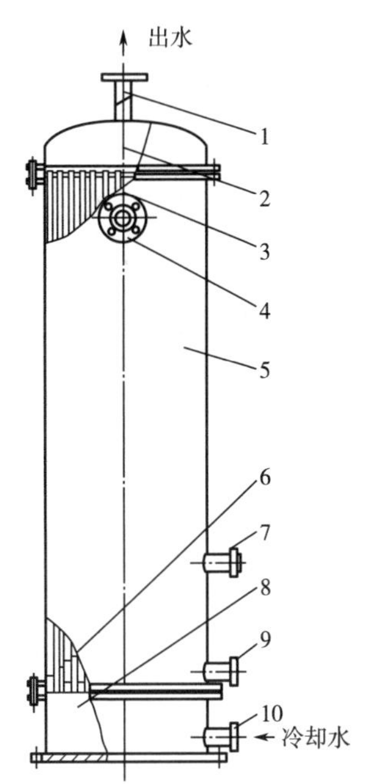

图 3-10　立式列管冷凝器结构
1—出水管口　2—上封头　3—管极
4—溶剂蒸气进口管　5—外壳体
6—螺栓　7—自由气体管　8—底箱
9—溶剂出口管　10—进水管口

2. 喷淋式冷凝器

喷淋式冷凝器的结构如图 3-11 所示。将一定长度的管子安装成排管状，各排直管之间用 U 形管连接，在排管上方喷淋水槽，每排管子的下面还装有齿形檐板。溶剂蒸气或混合蒸气由冷凝器上层排管的一端引入，流经排管时，冷水从喷淋水槽溢流下来，从排管外壁吸收管内溶剂蒸气放出的热量，落到下部水池经冷却后循环使用。管内溶剂蒸气的冷凝液则从最下层排管的末端排出。

这种冷凝器的特点是结构简单，检修和清理方便，适宜于冷却水质较差的状况下使用。由于冷水与管壁接触，大量吸热，有剧烈的汽化现象发生，因此，喷淋式冷凝器多安装于室外空气流通处。该冷凝器的缺点是管内流体流动的阻力较大。喷淋式冷凝器的排管一般采用外径为 60~80mm，壁厚 3~3. 5mm 的无缝钢管，直管长度可取 3~6m。由于溶剂蒸气的体积较大，为了减小阻力，上层排管的管径较大；蒸剂冷凝后的液体体积较小，所以中、下层排管的管径可逐渐缩小。

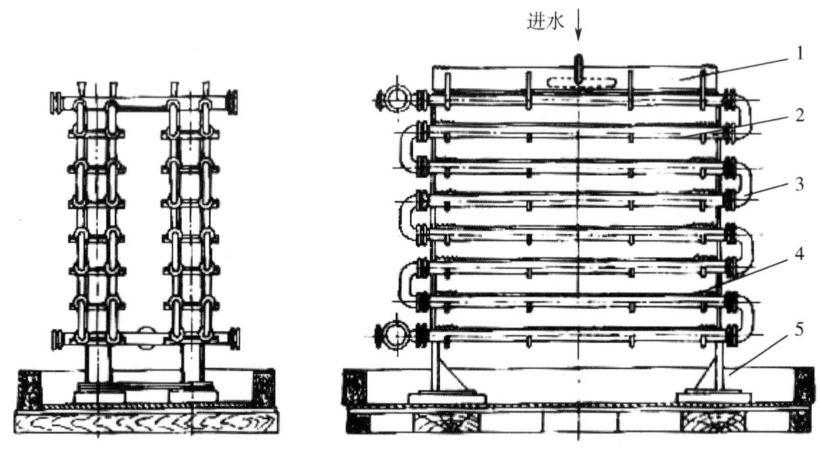

图 3-11　喷淋式冷凝器的结构

1—喷淋水槽　2—排管　3—U 形管　4—檐板　5—底座

八、自由气体中溶剂的回收

（一）工艺流程

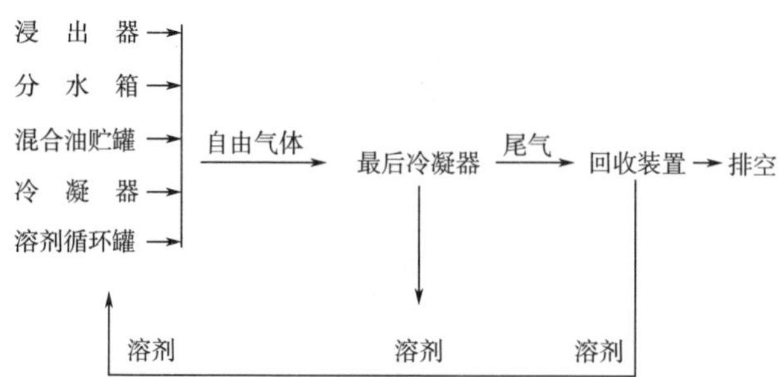

空气可以随着投料进入浸出器，并进入整个浸出设备系统与溶剂蒸气混合，这部分空气因不能冷凝成液体，故称之为自由气体。自由气体长期积聚会增大系统内的压力而影响生产的顺利进行。因此，要从系统中及时排出自由气体。但这部分空气中含有大量溶剂蒸气，在排出前需将其中所含溶剂回收。来自浸出器、分水箱、混合油贮罐、冷凝器、溶剂循环罐的自由气体全部汇集于空气平衡罐，再进入最后冷凝器。某些油厂把空气平衡罐与最后冷凝器合二为一。自由气体中所含的溶剂被部分冷凝回收后，尚有未凝结的气体（尾气），仍含有少量溶剂，应尽量予以回收后再将废气排空。

（二）回收方法

尾气中溶剂的回收方法有多种，从经济效益和实际效果看，比较常用的是石蜡油吸收法。

石蜡油尾气回收工艺流程如图 3-12 所示。

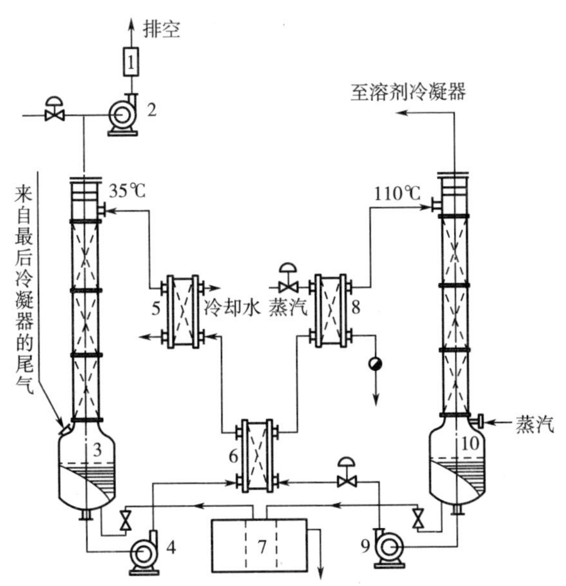

图 3-12　石蜡油尾气回收工艺流程

1—阻火器　2—尾气风机　3—吸收塔　4—富油泵　5—降温换热器
6—热交换器　7—分水箱　8—加热器　9—贫油泵　10—解析塔

该工艺主要是由吸收塔、富油泵、热交换器、加热器、解析塔、贫油泵、冷却器、抽风机、分水箱等主要设备组成。把未冷凝的溶剂蒸气溶解在与蒸气不发生化学作用的液体矿物油中，通过吸附和再次分解达到溶剂回收的目的。

其工作过程为：由平衡冷凝器抽出的自由气体进入吸收塔底部，通过塔内的填料层（填料为瓷环，共 3 层，每层 2m）。气体中的溶剂蒸气被由塔顶喷淋下来的液体石蜡（简称贫油）所吸收。而未被吸收的空气由吸收塔顶部的风机抽出排入大气中。吸收溶剂后的石蜡油混合液（简称富油）通过填料层淋入塔的底部储油罐中，经富油泵泵出，通过热交换器加热到80℃左右，再经过富油加热器，加热到110~120℃进入解析塔。解析塔的结构类似于吸收塔，但解析塔的外部用间接蒸汽加热，从其富油喷淋口处喷入直接蒸汽，将富油中的溶剂进行汽提，则水蒸气与溶剂蒸气的混合气体由解析塔塔顶排出，进入冷凝器，冷凝液通过分水器将溶剂回收。未被汽化的贫油淋入塔体下部的贫油储罐中，温度为110~120℃的贫油在储罐中由贫油泵泵入热交换器，进入冷却器冷却至35~40℃进入吸收塔上部，如此循环工作。

九、浸出车间消溶

浸出车间经过一段时间的生产或因故障等原因需动火时，必须对车间内的所有设备和管道及车间内部进行彻底的消溶处理，使设备、管道及车间内的溶剂含量降到350mg/m^{3}的安全浓度以下。

（一）消溶的基本原理

消溶的基本原理是：根据水蒸气蒸馏的原理，通过水蒸气使设备、容器、管道里的液态溶剂受热、气化、蒸出。挥发的溶剂气体随水蒸气导入冷凝系统，进行冷凝回收。

消溶操作可分为两步进行。第一阶段为密闭消溶阶段，任务是将设备、管道系统内的溶剂进行水蒸气蒸馏挥发回收。第二阶段为敞口消溶阶段，任务是把设备内在消溶过程中冷凝液化的积水排入水封池，防止它吸收大量的热量，进而避免因设备温度提不高、溶剂挥发不尽而达不到消溶的安全浓度。

（二）消溶操作

消溶操作可分为四个步骤进行。

1. 消溶准备

消溶时间的长短，消溶耗汽量、耗水量和溶剂消耗量的大小，取决于准备工作的充分程度。

（1）清除残料残液

①进料、排粕的输送设备，浸出器、蒸脱机、料斗等设备里的固体原料要求排除干净。

②把混合油罐、浸出器油格及管道，一、二长管蒸发器、汽提塔内的混合油全部放净。

③将室内循环库内的溶剂全部送回总溶剂库。

④将各泵及管道内的残液清理干净。

（2）将经受不了高温的仪表、流量计等拆卸下来，妥善保管，并把管口封闭好。把浸出器传动链箱的有机玻璃板换成钢板，以免消溶时损坏。

(3) 汽路准备　把临时通汽的橡胶蒸气管接上各有关消溶设备接口。原则上，混合油管路、各容器、设备，每台设备应设一至几条直接汽管路。

(4) 组织准备

①成立消溶领导小组，负责供汽、供水、验收、供料等工作的组织和指挥。

②组成现场操作小组，负责具体操作。

③安排工人上岗，并准备消溶时的操作记录和验收记录。

(5) 验收　各项准备工作就绪后，由领导小组根据有关要求和规定，进行消溶的验收检查，以防准备工作不符合要求。经验收人员签字合格后，方可进行消溶的第二阶段。准备工作一般在36~48h。

2. 密闭消溶

准备工作就绪后，先进行密闭消溶。

(1) 冷凝回收和尾气回收系统，同正常生产一样。

(2) 除冷凝回收和尾气回收系统外（冷凝器、分水器、蒸煮罐、冷冻装置、回溶管道等），浸出车间其余设备、管道（新溶剂管道、混合油管道）和原料系统输送设备及浸出器、蒸脱机、混合油罐、暂存罐、新鲜溶剂预热器、加热器，还有一、二长管蒸发器、汽提塔、毛油罐、毛油管线系统等近30条管路同时向它们的内部通入直接蒸汽。

(3) 通汽压力为0.3~0.4MPa，通汽时间为24~30h，蒸汽压力应稳定，始终保持系统内的温度。

(4) 经冷凝器回收下来的溶剂一并流入室内循环罐，待汇集至一定数量后，再送回总溶剂罐。

(5) 密闭消溶通气4~8h后，检查放水。如果设备水量达到一定量后，可打开排水阀放水，一般每隔4h进行一次，放水要谨慎，防止水中带有大量溶剂流至下水道（水应导入水封池处理）。混合油罐、浸出器、蒸发器内的水，可以用废水泵抽出，送蒸煮罐至98℃后，气体经冷凝器冷凝至分水器回收溶剂，废水放入水封池排走。

3. 敞口消溶

(1) 敞口消溶准备

①返回分水器、循环罐内的全部溶剂进行通气消溶。

②为冷凝器、回收系统管道、循环罐连接直接气管。

③冷凝器断水，尾气装置停止运行。

④把设备和容器内的积水放尽。

⑤设备与管道解体。

A. 混合油、溶剂、毛油、循环油回收系统等管道与设备连接的法兰断开，使管道与设备内的气体可以自由向外排放。

B. 取下设备上的视镜，让气体可以排出。

C. 打开泵底部的放液阀，使泵内的积液可以排出泵体。

D. 设备的手孔、人孔，尤其是下部的排渣孔、阀门全部打开，以便排出内部的残液和气体。

（2）敞口消溶　设备和管道解体后，第二次向各系统通入直接蒸汽进行消溶。

①通汽时间为24~30h，蒸汽压力为0.2~0.3MPa。

②每隔一段时间（1~2h）检查放水。

③检查死角，对一些死角阀门，应定期打开和关闭，防止阀芯间隙留存溶剂。应将管道过滤器内部的芯子抽出，将过滤网内的粕渣清除干净。刮板输送机应将弯曲段手孔打开，清除积液和原料。

4. 验收

（1）初验　消溶人员在检查死角和放水的时候，可以用嗅觉对排出气体和水进行感官初验。

（2）验收准备

①切断气路与设备的连接，并放尽内部积渣、积水。

②打开人孔、尾气风机，进行自然或强制冷却降温。防止设备中少量溶剂气体液化后，又集中到设备的底部或死角，致使设备局部浓度超标。

③冷却4~8h，设备温度降至室温后方可进行验收。

（3）验收　安全验收员应逐个系统、逐台设备进行严格的安全浓度的测定。测定仪器可用QL-6型气敏层析仪和HRB-IS混合可燃气防爆测量仪。在测试中，对死角部位尤其应认真测定。测定合格后，消溶操作方可结束。测试不合格者，则必须重新加热消溶，直到合格为止。

十、浸出车间生产安全管理

浸出车间防火工作的十项规定如下。

（1）严禁未经培训和操作不熟练的工人进入车间操作。

（2）严禁违章指挥、违章操作。

（3）严禁在车间、禁区内吸烟或堆放易燃易爆易中毒等物品。

（4）严禁操作工人在生产时间内看书报、做私活、串岗位、开玩笑和打瞌睡。

（5）严禁溶剂跑、冒、滴、漏，或将溶剂未蒸发回收的饼粕送入仓库。

（6）严禁溶剂油车（或船）交接、储存入库时马虎从事，或将溶剂油桶露天存放。

(7) 严禁外来人员及职工家属子女进入浸出车间和禁区。

(8) 严禁使用铁制工具、穿铁钉鞋、携带火种进入车间。

(9) 严禁配电间、电机设备、电器线路、电器材通电或失效摩擦引火。

(10) 严禁灭火器材、设备集中堆放或锁在消防室内，应分散放在浸出车间四周。

第二节 超临界 CO_2 浸出核桃油工艺

超临界流体浸出技术（Supercritical Fluid Extraction，SFE）是一种新型的分离技术，具有工艺简单、操作方便等传统工艺不可比拟的优点。它克服了溶剂提取法在分离过程中需蒸馏加热、油脂易氧化酸败、存在溶剂残留等缺陷；也克服了压榨法产率低、精制工艺烦琐、油品色泽不理想等缺点。因而，超临界流体浸出技术被广泛应用于食品工业，特别是功能性植物油脂的提取中。笔者采用超临界 CO_2 流体浸出技术对核桃油的浸出进行了研究，着重探讨了浸出条件对浸出率的影响，并利用正交试验法确定了超临界 CO_2 浸出核桃油的最佳工艺条件。

一、材料与方法

（一）试验材料

核桃仁；CO_2（食品级，纯度 99.99%）。

（二）主要试验仪器

HA220-50-06 型超临界 CO_2 浸出设备；DK-S26 型电热恒温水浴锅；DHG-9140A 型电热恒温鼓风干燥箱。

（三）超临界浸出工艺流程

超临界 CO_2 萃取工艺流程如图 3-13 所示。将一定量粉碎后的核桃仁投入浸出釜中，对浸出釜、分离釜、贮罐分别加热或冷却，当系统各部分达到设定温度后，开启 CO_2 钢瓶，从 CO_2 钢瓶出来的 CO_2 气体经净化器净化后进入冷箱（0℃）液化后，由高压调频柱塞泵送入预热器预热，经净化再进入浸出釜，升压到预定设置值使 CO_2 成超临界流体，对核桃仁中油脂进行浸出，CO_2 经分离釜减压与浸出核桃油分离后循环使用。

（四）试验设计

准确称取烘干粉碎后的核桃仁 350g，装到浸出釜中。在设定的浸出条件下进行动态浸出，溶有核桃油的超临界 CO_2 经减压后进入分离釜 I（以下简称分 I）中，实现与核桃油的分离。浸出结束后精确称量核桃油质量，计算核桃油浸出率。核桃仁含油率根据 GB 5009.6—2016 测得为 65%。

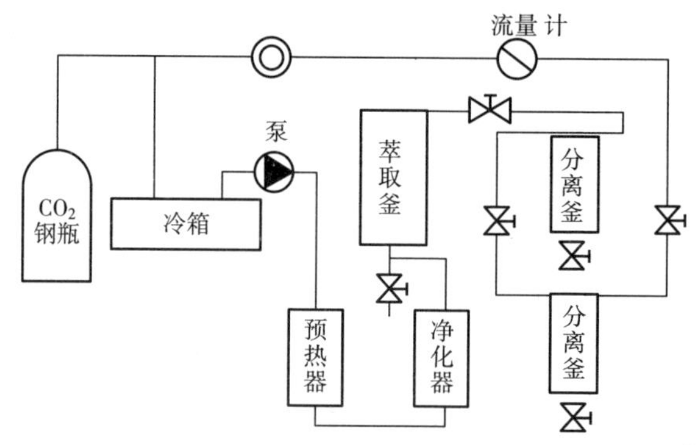

图 3-13　超临界 CO_2萃取工艺流程

浸出率=浸出核桃油质量/(核桃仁原料质量×核桃仁含油率)×100%

1. 超临界 CO_2浸出核桃油的单因素试验

(1) 原料粉碎度的选择　本试验选择了核桃仁粉碎后未过筛和过 20，30，40，50 目筛，浸出压力为 30MPa，浸出温度 50℃，分 I 压力 10MPa，分 I 温度 45℃，浸出时间 3h，浸出结束后精确称量所得核桃油，计算核桃油的浸出率。

(2) 浸出压力的选择　本试验选择了浸出压力值分别为 20，25，30，32，35MPa，浸出温度 50℃，分 I 压力 10MPa，分 I 温度 45℃，浸出时间 3h，浸出结束后精确称量所得核桃油，计算核桃油的浸出率。

(3) 浸出温度的选择　本试验选择了浸出温度值分别为 30，40，50，60，70℃，浸出压力为 30MPa，分 I 压力 10MPa，分 I 温度 45℃，浸出时间 3h，浸出结束后精确称量所得核桃油，计算核桃油的浸出率。

(4) 分 I 压力的选择　本试验选择了分 I 压力为 6，8，10，12，14MPa，浸出压力为 30MPa，浸出温度为 50℃，分 I 温度 45℃，浸出时间 3h，浸出结束后精确称量所得核桃油，计算核桃油的浸出率。

(5) 分 I 温度的选择　本试验选择了分 I 温度为 35，40，45，50，55℃，浸出压力为 30MPa，浸出温度为 50℃，分 I 压力 10MPa，浸出时间 3h，浸出结束后精确称量所得核桃油，计算核桃油的浸出率。

2. 超临界 CO_2浸出核桃油正交试验

在单因素试验的基础上，对浸出条件进行正交试验。

二、结果与分析

(一) 原料粒度对核桃油浸出率的影响

核桃仁作为浸出原料，多为核桃仁经过干燥粉碎后不过筛和过不同目数筛子得到的核桃粉。本试验选择了核桃仁粉碎后未过筛和过 20，30，40，50 目筛为原料，在浸出压力为 30MPa，浸出温度 50℃，分 I 压力 10MPa，分 I 温度 45℃

下，利用超临界 CO_2 流体作为浸出剂，浸出 3h。不同颗粒下核桃油的浸出率如图 3-14 所示。

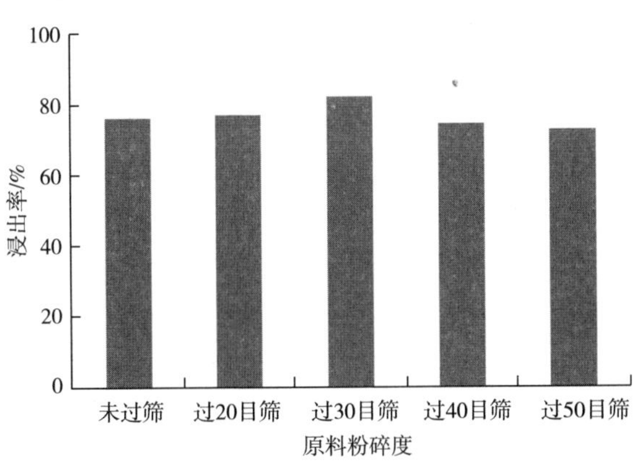

图 3-14　不同颗粒下核桃油的浸出率

核桃仁的粉碎粒度对浸出率具有两面性的影响：较小的粒度可以缩短传质距离，减小传质阻力，有利于浸出；粒度太小会影响 CO_2 流体在物料间的流动，增加传质阻力而不利于浸出，还可能因为太细而被溶剂带出浸出釜。由图 3-14 可以看出，过 30 目筛的核桃粉为原料时，核桃油的浸出率最高。选择粉碎后过 30 目筛的核桃粉为原料。

（二）浸出压力对核桃油浸出率的影响

本试验选择了浸出压力值分别为 20，25，30，32，35MPa，浸出温度 50℃，分 I 压力 10MPa，分 I 温度 45℃，浸出时间 3h。浸出压力对核桃油浸出率的影响如图 3-15 所示。

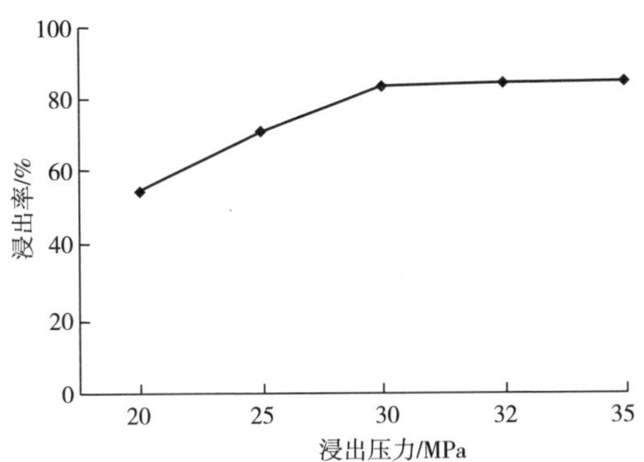

图 3-15　浸出压力对核桃油浸出率的影响

在温度一定的条件下，超临界 CO_2 的溶解能力随压力升高而上升，因为增加压力不但会增加 CO_2 的密度，还会减少分子间的传质阻力和传质距离，增加溶质与溶剂之间的传质效率，有利于目标成分的浸出，并且减少了浸出时间，使浸出更加完全。由图 3-15 可以看出，随着浸出压力的升高，核桃油的浸出率增加，但是当浸出压力大于 30MPa 后，核桃油浸出率增加幅度很小。因此，本试验选择浸出压力为 30MPa。

（三）浸出温度对核桃油浸出率的影响

本试验选择了浸出温度值分别为 30，40，50，60，70℃，浸出压力为 30MPa，分 I 压力 10MPa，分 I 温度 45℃，浸出时间 3h。浸出温度对核桃油浸出率的影响如图 3-16 所示。

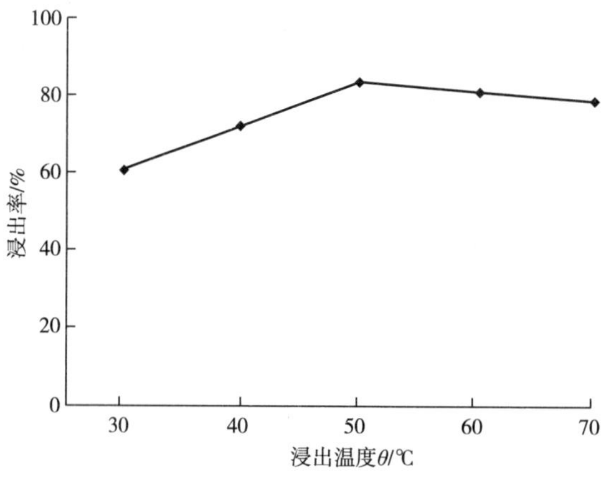

图 3-16　浸出温度对核桃油浸出率的影响

浸出温度是对浸出率的影响有正反两个方面：随着温度升高，造成浸出釜内部热回流加剧，相互碰撞的概率增加，CO_2 溶解能力增强；温度升高，使 CO_2 密度降低，携带物质的能力减弱。由图 3-16 可以看出，随着浸出温度的增加，核桃油的浸出率先增加后降低，当浸出温度为 50℃时，核桃油浸出率最大。因此，本试验选择浸出温度为 50℃。

（四）分 I 压力对核桃油浸出率的影响

本试验选择了分 I 压力为 6，8，10，12，14MPa，浸出压力为 30MPa，浸出温度为 50℃，分 I 温度 45℃，浸出时间 3h。分 I 压力对核桃油浸出率的影响如图 3-17 所示。

在高压下溶解浸出，然后降低压力使浸出相中的溶质因溶解度的大幅下降而析出，达到分离目的，但并非压力降得越低越好。由图 3-17 可以看出，随着分 I 压力的升高，核桃油的浸出率逐渐增加，当分 I 压力达到 10MPa 时，核桃油浸出

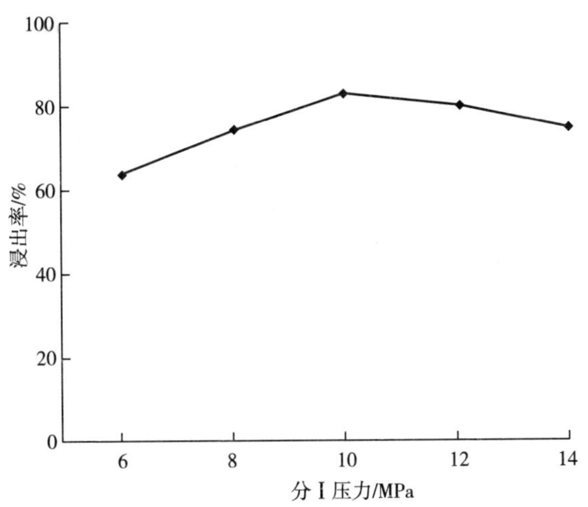

图 3-17 分Ⅰ压力对核桃油浸出率的影响

率最大，分Ⅰ压力再升高时核桃油浸出率反而降低。因此，本试验选择分Ⅰ压力为10MPa。

（五）分Ⅰ温度对核桃油浸出率的影响

本试验选择了分Ⅰ温度为35，40，45，50，55℃，浸出压力为30MPa，浸出温度为50℃，分Ⅰ压力10MPa，浸出时间3h。分Ⅰ温度对核桃油浸出率的影响如图3-18所示。

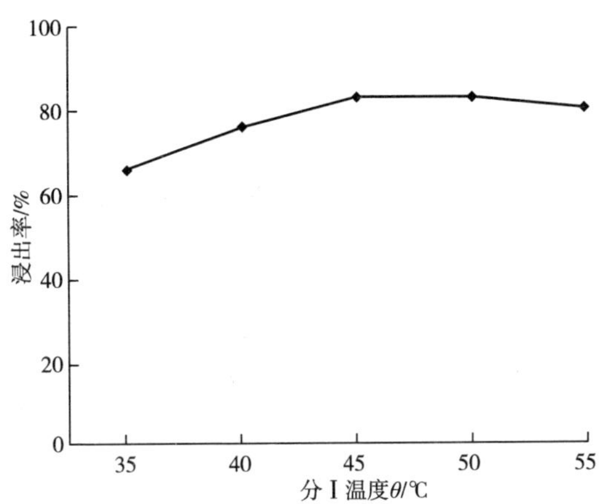

图 3-18 分Ⅰ温度对核桃油浸出率的影响

由于固体在超临界流体中的溶解度主要和流体的密度有关，但也和溶质的蒸气压以及溶质、溶剂分子间的作用力有关。而温度又影响分子运动的激烈程度及分子间的作用力。由图3-18可以看出，分Ⅰ温度升高，核桃油浸出率先增加后降低，当分 I 温度为 45℃时，核桃油浸出率最大。因此，本试验选择分 I 温度为 45℃。

（六）超临界 CO_2浸出正交试验

在单因素试验的基础上，对浸出条件进行正交试验。以浸出率最高为衡量标准得到最优组合，即：浸出压力 30MPa，浸出温度 50℃，分 I 压力 8MPa，分 I 温度 55℃下，核桃油浸出率为 85.31%。此最优组合正好是正交试验的第 8 组试验组合，第 8 组试验组合也是正交试验中浸出率最高的一组。

（七）超临界浸出核桃油正交试验的优化试验

准确称取烘干粉碎后核桃仁 350g，装到浸出釜中。根据（六）所得最佳浸出条件 $A_3B_2C_1D_3$，即浸出压力 30MPa，浸出温度 50℃，分 I 压力 8MPa，分 I 温度 55℃。在此条件下，每隔 30min 收集一次核桃油，计算浸出率。浸出时间对核桃油浸出率的影响如图 3-19 所示。

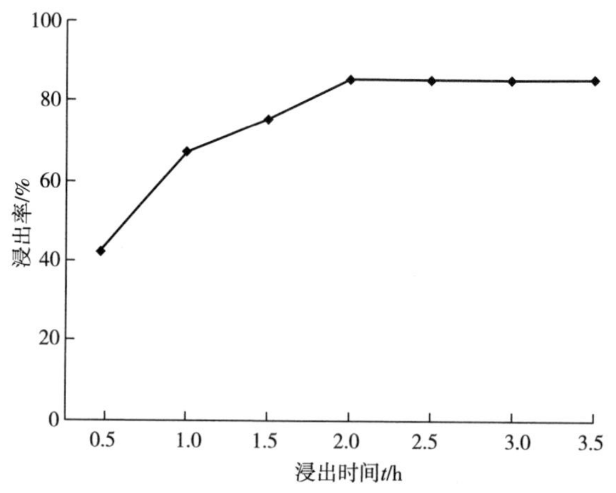

图 3-19　浸出时间对核桃油浸出率的影响

由图 3-19 可以看出，在此最佳条件下，随着浸出时间的延长，核桃油浸出率逐渐提高，但是当时间超过 2h 后，浸出率提高很小，且都在 85%~86%。从降低成本和提高效率方面考虑，此最佳工艺条件下的浸出时间选择为 2h，核桃油已经基本浸出完全。确定出超临界 CO_2浸出核桃油的最佳工艺条件：浸出压力 30MPa，浸出温度 50℃，分 I 压力 8MPa，分 I 温度 55℃，浸出时间 2h，浸出率为 85%以上。

三、结论

（1）超临界 CO_2浸出核桃油的最佳工艺条件：浸出压力为 30MPa，浸出温度 50℃，分 I 压力 8MPa，分 I 温度 55℃，浸出时间 2h，浸出率为 85%以上。

（2）该工艺条件操作简单，生产效率高，浸出时间短，浸出率较高，适合工业化生产。

四、讨论

（1）浸出压力是影响溶质在超临界 CO_2 中溶解度的主要参数，但并不是浸出压力选择越大越好。目前，国内工业化生产上使用的高压容器，设计压力上限高于 30MPa 的并不多见。因此，从适合工业化生产实际出发，浸出压力参数选择重点应该在 30MPa 以内。

（2）分离条件对浸出率也有一定的影响，最佳的分离条件只能是分Ⅰ压力、分Ⅱ压力、分Ⅰ温度、分Ⅱ温度互相作用和影响的综合结果。因此，在试验参数设计时，应该充分考虑到分离条件的选择。

第三节　亚临界浸出技术

一、亚临界浸出技术

亚临界浸出是利用亚临界流体作为浸出剂，在密闭、无氧、低压的压力容器内，依据有机物相似相溶的原理，通过浸出物料与浸出剂在浸泡过程中的分子扩散过程，达到固体物料中的脂溶性成分转移到液态的浸出剂中，或者从液态原料中通过液液浸出，使液态原料中脂溶性成分转移到亚临界溶剂相中，再通过减压蒸发的过程将浸出剂与目的产物分离，最终得到目的产物的一种新型浸出与分离技术。

亚临界流体浸出技术是河南省亚临界生物技术有限公司实现了工业生产，并将丙烷、丁烷、四氟乙烷、二甲醚、液氨等亚临界状态的溶剂统称为亚临界流体。亚临界流体是指某些化合物在温度高于其沸点但低于临界温度，且压力低于其临界压力的条件下，以流体形式存在的物质。当温度不超过某一数值，对气体进行加压，可以使气体液化，而在该温度以上，无论加多大压力都不能使气体液化，这个温度称该气体的临界温度。在临界温度下，使气体液化所必需的压力称作临界压力。当丙烷、丁烷、高纯度异丁烷（R600a）、1，1，1，2－四氟乙烷（R134a）、二甲醚（DME）、液化石油气（LPG）、液氨和六氟化硫等以亚临界流体状态存在时，分子的扩散性能增强，传质速度加快，对天然产物中弱极性以及非极性物质的渗透性和溶解能力显著提高。

常用的亚临界流体有丙烷、丁烷、四氟乙烷、二甲醚、液氨等溶剂，丙烷、丁烷、四氟乙烷是非极性溶剂，主要用于浸出物料中的脂溶性成分；二甲醚是弱极性的溶剂，主要用于物料中脂溶性成分的提取和脱水；液氨是强极性溶剂，主要用来浸出物料中的水溶性成分。亚临界流体浸出的原理就是利用亚临界流体的特殊性质，物料在浸出罐内注入亚临界流体浸泡，在一定的料溶比、浸出温度、浸出时间、浸出压力、浸出剂、夹带剂、搅拌、超声波辅助等条件下进行的浸出过程。浸出混合液经过固液相或液液相分离后进入蒸发系统，在压缩机和真空泵的作用下，根据减压蒸发的原理将浸出液中的溶剂由液态转为气态，再经压缩冷凝回收后，最终得到目标提取物。

二、影响亚临界流体浸出效率的因素

影响亚临界流体浸出效率的因素主要有：溶料比、搅拌、浸出温度、浸出时间、浸出压力、浸出次数、浸出剂及夹带剂的类型、是否有超声波辅助浸出等。

（一）溶料比

从理论上说，溶料比越大，浸出效率越高，在工业化的生产过程中，由于成本的优化，一般控制在 1∶1~1.5∶1。

（二）搅拌

浸出是分子相对扩散的过程，适度的搅拌可以增加溶剂和物料之间的充分混合，减少浸出过程中外扩散阻力，使浸出体系的浓度有利于固体物料中的脂溶性成分向液体的溶剂中扩散，或者液态原料中脂溶性成分向液态的溶剂相中扩散。

（三）浸出温度与压力

提高浸出温度能增加分子的运动速度，从而提高扩散的速度，但是，过高的温度又会造成活性成分的灭活。因此，将温度控制在一定范围以内，并在生产过程中任意控制。压力与温度呈线性关系，浸出温度的上升，浸出压力相应提高。压力升高，有助于提高浸出速度。

（四）浸出时间与次数

针对不同的物料，先通过正交试验得出合理的浸出时间和次数，在实际生产过程中通过罐组间的逆流浸出工艺得以提高浸出效率。

（五）浸出剂及夹带剂的选型

大多数物料的亚临界流体浸出并不需要使用夹带剂。对于特殊的物料，加入适量合适的夹带剂可明显提高亚临界流体对某些被浸出组分的选择性和溶解度。比如，在辣椒红色素的浸出中，经过对特定夹带剂的加入对亚临界流体的溶解能力和浸出选择性的研究，结果表明特定夹带剂的加入可以显著增加流体的溶解能力，也可以使用多种溶剂混合的复合溶剂，针对性地提取不同的动植物原料中脂溶性成分。表面活性剂也可以作为夹带剂提高亚临界流体浸出效率，提高的程度与其分子结构有关，分子的脂溶性部分越大，其对亚临界流体的浸出效率提高越多。关于夹带剂的作用原理，有研究认为夹带剂的加入提高了溶剂的极性，改变了溶剂密度或内部分子间的相互作用所致。

（六）利用超声波

在亚临界流体浸出天然动植物活性成分的过程中，可以选用超声波辅助的方法来缩短浸出的时间，通过超声波的“空化”作用，以达到激化提取溶媒渗透、溶解、扩散活性，减少浸出的外扩散阻力，缩短浸出时间，从而大大提高了浸出的效率，提高产量，降低成本。实践表明在亚临界浸出过程中引入超声波辅助技术有很大的优势。

三、亚临界浸出工艺

亚临界浸出工艺生产车间如图 3-20 所示。亚临界浸出溶剂液化丁烷，丁烷沸点-0.5℃，丁烷的纯度在 99.9%以上，在常温常压下为气体，加压后为液态。浸出过程是在一定压力（0.4~0.5MPa 状态为液体）和室温下进行的，用丁烷溶剂浸出油料中的油脂，然后减压蒸发出料粕和混合油中的溶剂，得到低温粕和浸出毛油。浸出粕和毛油中的溶剂是在低温、真空状态下脱除的，溶剂气体经压缩机压缩冷凝液化后循环使用。脱溶过程中因溶剂汽化所需吸收的热量一部分来自系统本身，另一部分由供热系统供给。

图 3-20 日处理 80t 物料生产车间

工艺特点如下。

（1）浸出后的颗粒或饼粕质量好，保持原有热敏性物质不破坏。如粕中水溶性蛋白不变性率大于 95%，颗粒中残留色素不变性，可进一步开发植物蛋白或高级饲料；残油小于 1%，残溶小于 50mg/L；

（2）溶剂消耗低，消耗溶剂小于 6~8kg/t 原料；

（3）不需蒸气，仅 90℃的热水即可，相对 6 号溶剂，可节约热能源 70%；

（4）生产中无“三废污染”，属环保工程；

（5）常温浸出，低温（小于 40℃）脱溶，浸出后的油中热敏性物质几乎不破坏；浸出后的浸膏中色素得率高，色价高，色泽鲜艳，是贵重油料、功能性油脂和天然色素保质浸出加工的理想工艺；

（6）设备投资小、生产运行成本低（相对超临界二氧化碳设备）；

（7）亚临界流体来源广，丁烷、丙烷、二甲醚的价格都比较低。丙烷、丁烷是从天然气中分离出来的，一般各油田、炼油厂均有此产品，且价格低于 6 号溶剂。二甲醚是甲醇合成的，目前主要用于燃料使用，价格更加便宜。四氟乙烷是一种友好型的制冷剂，但是使用成本较高，工业化应用相对较少。液氨也是一种制冷剂，主要来源于化肥生产企业。

CBE-5L 亚临界流体浸出实验室成套设备如图 3-21 所示，目前该设备已经广泛用于天然产物有效成分提取的科研实验，按浸出罐容积的大小，实验设备分为 CBE-1L、2L、5L、10L、20L、50L、100L、500L 等型号。

图 3-21　CBE-5L 亚临界流体浸出实验室成套设备

四、工艺流程

亚临界浸出工艺流程如图 3-22 所示。

物料浸出（浸出）过程：将油料装入浸出罐，把罐内空气抽走，在真空状态下，将第一次浸出的溶剂经溶剂泵将亚临界流体注入浸出罐浸泡油料，经过一定的料溶比、温度、压力、搅拌、时间等因数，在 30min 左右后，用溶剂泵将混合油打入蒸发罐。

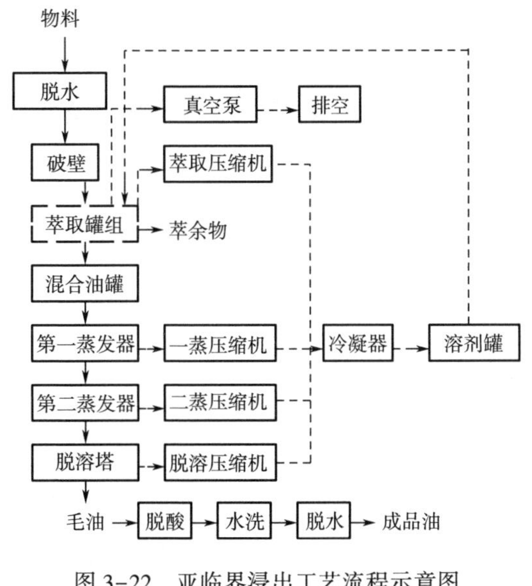

图 3-22 亚临界浸出工艺流程示意图

混合油蒸发（气液分离）过程：混合油进入蒸发系统，在减压蒸发的条件下使溶剂蒸发后与毛油分离。溶剂气体经压缩液化后循环使用。毛油排出蒸发系统。

物料蒸发（固气分离）过程：联通浸出罐与压缩机吸气口，使启动罐搅拌，在罐低加热的情况下，粕中残溶不断气化，溶剂气体经压缩机压缩，然后进入冷凝器冷凝液化，液态的溶剂回流到溶剂储罐循环周转使用。脱溶后的粕经气流输送排出浸出系统。

五、工艺条件

(1) 出于对物料中热敏性成分的保护，浸出温度一般设置为 35~40℃，浸出压力 0.4~0.5MPa，浸出次数 3~5 次（视物料中含油量多少定）；

(2) 混合油浓度 15%~25%，温度 30~35℃，混合油蒸发温度 45~60℃，混合油脱溶真空度-0.095MPa；

(3) 粕脱溶温度 45℃，脱溶压力-0.085MPa；毛油残留溶剂<30mg/L，粕残留溶剂<50mg/L。

六、主要设备结构和工作原理

工艺中的主要设备为压力容器、压缩机和真空泵。

(一) 压力容器

压力容器是一种在一定压力下工作的容器设备。我国压力容器按压力分为三类：一类为低压（压力小于1.6MPa）；二类为中压（压力1.6~9.9MPa）；三类为高压（压力大于9.9MPa）。但是，当容器内工作介质是剧毒或易燃易爆物质时，容器的类别将相应提高。亚临界流体浸出工艺中的设备为低压容器，但由于亚临界流体大都是易燃易爆且为液化气体，所以均属于二类压力容器。

压力容器均须国家认可的有资质的单位设计和制造，压力容器的使用也受国家相关部门的监督和管理，压力容器的操作人员应具备一定的专业知识和操作经验，并进行相应的培训方能上岗。压力容器在使用过程中一旦发生事故，后果是极为严重的。

压力容器上均设有压力表和温度计的仪表，容器中的压力绝对不能超过仪器标牌上标明的工作压力，浸出工艺中的压力要求最高不要超过1.0MPa，容器与管道上的仪表一定要完好无损，并定期送往计量检测部门检验。

使用中的压力容器是不准撞击受力的，不准将压力容器的管口和仪表作为受力支点，不允许在上面焊接其他设备，与压力容器相连的管道、仪表、阀门内均具有很高的压力，也需精心保护。

压力容器中的液体不能装得太满，上部必须留有一定空间，罐内液体受热膨胀所产生的压力是极大的，能胀破容器，发生爆炸。

（二）压缩机

压缩机是工艺中主要耗能设备，它造价高，运动件多，精密部件多，使用和维修人员需具有较高的技术水平和工作经验。工艺中使用的压缩机属活塞式往复运动压缩机。亚临界流体浸出实验室设备使用的压缩机必须是润滑油与压缩介质相互分开的，以免使介质受到润滑油的污染。

1. 原理

活塞式压缩机是由曲轴、活塞、气缸、吸排气环阀及壳体等组成，活塞在曲轴的带动下往复运动，当活塞向下运动时，气缸内容积增大，吸气环阀被进气顶开，气体被吸入气缸内；然后当活塞向上运动时，气缸内压力高于进气压力，使吸气环阀自动关闭；由于活塞不断向上运动，使气缸内压力不断升高，气体温度同时升高，当缸内压力高于排气管道压力时，排气环阀被顶开，气体排入排气管道；当活塞运动到最上端时，缸内的气体被全部排出，活塞又向下运动，排气环阀被排气管道中高压气体压迫自动关闭，气缸进入下一个吸气-压缩周期。

2. 压缩比

压缩比是一个重要参数，是排气压力和吸气压力的比值（绝对压力即表压加1），压缩比大，则排气温度高，润滑油温上升速度快，工艺中最大压缩比为8。如吸气压力为0.2MPa，排气压力为0.8MPa，则压缩比为4（0.8/0.2）。

3. 排气压力

排气压力大则压缩机的电能消耗大，所以应尽量减小排气压力，主要是排除溶剂罐中的不凝性气体，降低溶剂罐的温度。

4. 吸气压力

吸气压力小，则活塞每一运动周期中吸排气的质量小，压缩机功效低；吸气压力太大，则压缩机的负荷大，电流大，过大时会出现压缩机被憋停的现象。压力过高时，可以减少压缩机工作缸数的方法减小负荷。浸出压缩机的吸气压力波动很大，在操作上应予以注意。

5. 油压

压缩机的油压一是用于曲轴等运动件的润滑，二是控制气缸是否投入工作，气缸是靠油压作用于油活塞使被弹簧顶开的吸气环阀落下而投入工作的。压缩机的控制箱中有一个油压延时保护器，若油压太低的时间超过延时时间，则自动切断电源，压缩机停车，发生此情况时，应进行检查，如油位、油泵，排除故障后才能重新开车。油压一般比进口压力高 0.15~0.3MPa。

6. 润滑油

润滑油的好坏和压缩机的磨损有直接关系，应按压缩机使用手册中的要求选用。因亚临界溶剂对润滑油有溶解稀释作用，所以润滑油的黏度可选高一些，润滑油的品质应经常检查，发现变质应及时更换。由于油中常会因吸气含杂而带有杂质，所以还应定期放出过滤再用，压缩机下部的油池也要同时清理。

由于亚临界浸出的原料和产品大多是食品和保健品，因此压缩机润滑油使用的都是食用级的植物油。

7. 进气的过滤

压缩机是一个较精密的设备，进气中夹带的粕粉等杂质能加大机件的磨损。进气一般经多次过滤后，在压缩机的进气口还有一个小过滤器，此过滤器及前面的细过滤器均需用尼龙布包严，不能有丝毫缝隙，并应经常检查。

8. 压缩机的液击现象

压缩机气缸中若进入液体，就会造成液击，即活塞向上运动，将近顶部时缸内的不可压缩液体使活塞无法达到上端点。轻微的液击声是一种撞击声，严重液击时，能将缸体、活塞甚至缸盖打坏，造成重大的生产事故。液击的原因一是进气中带有液体，如蒸发器中的分离器液体被气体夹带出来等，二是压缩机内润滑油中溶解的溶剂急剧汽化，使油起沫，上升进入气缸中。操作中应细心听，勤观察，掌握压缩机的规律，严格防止液击发生。

（三）真空泵

W、WY 型往复式活塞真空泵，是获得粗真空的主要设备之一，它用于从密闭容器中抽出气体，它不适用于抽出腐蚀性气体或带有颗粒灰粉的气体。它的结构由两个部分组成：机械传动部分和气体流通部分。

1. 机械传动部分

机械传动部分的整个结构原件装在一个封闭的机体内，曲轴被支撑在机体两旁的圆锥滚子轴承中。曲轴一端有一个大带轮，以驱动传动部分。连杆把曲轴的曲颈和十字头连接起来，活塞杆的一端旋入十字头的螺孔中，另一端装在活塞的锥孔并以螺母固定之。电动机和装在轴上的小带轮通过三角胶带带动曲轴转动，这样通过连杆和十字头的作用，使活塞在气缸中做往复运动。连杆曲轴机构在机体中运动时，使油池中的润滑油飞溅以润滑轴承、曲轴颈、十字头和滑道等摩擦表面，为了便于检查和维修传动机构，机体两侧和后面装有可拆卸的门盖，在后盖上装有油窗以指示油池内油面的高度。

2. 气体流通部分

气室和气缸铸成整体，气室上面装有进气阀为进气口，气室下面装有排气阀为排气口，在阀的气槽上有阀片和螺旋弹簧组成逆止阀，以控制进排气和自动完成配气作用。WY 系列泵则借助曲轴上的偏心轮的转动，通过偏心圈和气阀杆，带动在阀座上进行往复运动的移动气阀，并加上和逆止阀的联合作用，以控制进排气和完成配气作用。

气缸内有一个活塞，活塞上装有活塞环，保证被活塞间隔的气缸两端气密。活塞在气缸内做往复运动时，不断地改变气缸两端的容积，一端容积扩大吸入气体，另一端容积缩小排出气体。活塞和气阀的联合作用，周期地完成真空泵的吸气和排气作用。

流动在气缸夹套中的冷却水把气缸中因压缩而产生的热量和因金属表面摩擦而产生的热量带走，使气缸不至于过热。冷却水从气缸盖下面的进水口流入，经过水套从气缸颈上的出水口流出。由装置气缸上面的油杯注入润滑油，使气缸内壁与活塞或活塞环摩擦面润滑。

真空泵首次使用，进气口一定加装过滤网，使用一段时间后去掉。

亚临界流体浸出实验室设备使用的真空泵是无油润滑的真空泵，或者泵体润滑油与泵的腔体隔开，使润滑油不至于污染系统。

七、工艺操作

本生产工艺操作分为以下五个主要部分：开车前的准备工作；浸出；湿粕脱溶；混合油脱溶；其他。

（一）开车前的准备工作

检查所有运动设备的润滑部位的润滑是否正常、各个阀门是否在正常位置、电器设备是否供电正常、气动阀门的电磁阀是否正常，检查循环水系统供水是否正常，水压是否达到要求。一般要求水压在 0.15～0.20MPa，开机需要冷却的设备，在开机之前，一定要打开冷却水，以免在机器运转时发热而烧坏机缸部位。

压缩机开动时，除开启压缩机冷却水外，还要开启冷凝水。开启空气压缩机，使储气罐保持启动阀门所需气压。以上准备完毕后，除浸出罐和溶剂罐外，对所有设备和管道抽真空至-0.085MPa。

（二）浸出

1. 进料

工艺流程：

下料口→提升机→浸出罐进料阀门→浸出罐

操作程序：打开进料阀（罐上其他阀门保持关闭状态），启动进料提升机开始进料，通过浸出罐上部的视镜，观察罐内料位，当物料进到罐容积65%~70%后，停止进料。如果下料量能计量，就以计量来确定，辅以观察。进料结束后，先停止下料，待下料仓中的料走完后，关闭提升机，最后关闭进料阀门。

打开真空阀门、排空阀门，开启真空泵，对外排放空气。当浸出罐的压力抽到-0.75~0.80MPa后，依次关闭真空阀门、真空泵、排空阀门。

2. 溶剂浸出

工艺流程：

溶剂→阀门→溶剂泵→浸出罐→溶剂泵→混合油蒸发罐

↓↑

混合油暂存罐

本工艺按逆流三浸进行，浸出罐第一浸混合油打到混合油蒸发罐，第二浸和第三浸，混合油打到混合油暂存罐作为下一次的一、二浸，下面的依次类推。

操作程序如下。

第一遍浸出：如果首次开车，混合油罐在没有混合油的情况下，按以下步骤进行：打开溶剂泵、进出口球阀、溶剂周转罐出液阀、浸出罐上部进液阀，开启溶剂泵，当溶剂液面高出物料5cm后，停止进溶剂，依次关闭溶剂泵、溶剂周转罐出液阀、浸出罐上部进液阀。

如果不是首次开车，两混合油暂存罐有混合油的情况下，打开第一个混合油暂存罐出液阀门、浸出罐进液阀门、溶剂泵、进出口球阀，开启溶剂泵，当第一个混合油暂存罐中混合油打尽时，依次关闭溶剂泵、溶剂周转罐出液阀、浸出罐上部进液阀。如果此时溶剂没有浸泡住物料，可按进新鲜溶剂的方法补充新鲜溶剂。

浸泡30min后，向混合油蒸发罐打混合油：打开混合油蒸发罐进液阀、浸出罐出液阀、平衡阀，开启溶剂泵，当混合油打尽时，依次关闭溶剂泵、浸出罐出液阀、混合油蒸发罐进液阀、平衡阀。

第二遍浸泡：如果首次开车，混合油罐在没有混合油的情况下，打开溶剂泵、进出口球阀、溶剂周转罐出液阀、浸出罐上部进液阀，开启溶剂泵，当溶剂液面高出物料 5cm 后，停止进溶剂，依次关闭溶剂泵、溶剂周转罐出液阀、浸出罐上部进液阀。

如果不是首次开车，两混合油暂存罐有混合油的情况下，打开第二个混合油暂存罐出液阀门、浸出罐进液阀门、溶剂泵、进出口球阀，开启溶剂泵，当第二个混合油暂存罐中混合油打尽时，依次关闭溶剂泵、溶剂周转罐出液阀、浸出罐上部进液阀。如果此时溶剂没有浸泡住物料，可按进新鲜溶剂的方法补充新鲜溶剂。

浸泡 30min 后，向第一个混合油暂存罐打混合油：打开第一个混合油暂存罐进液阀、浸出罐出液阀、平衡阀，开启溶剂泵，当混合油打尽时，依次关闭溶剂泵、浸出罐出液阀、第一个混合油暂存罐进液阀、平衡阀。

第三遍浸泡：进溶剂如上操作。浸泡 30min 后，向第二个混合油暂存罐打混合油：打开第二个混合油暂存罐进液阀、浸出罐出液阀、平衡阀，开启溶剂泵，当混合油打尽时，依次关闭溶剂泵、浸出罐出液阀、第二个混合油暂存罐进液阀、平衡阀。

3. 设备的维护和保养

浸出罐的过滤栅板，每生产一个月打开一次人孔，进行过滤板的清洗；溶剂泵在安装完毕刚开车或检修完毕刚开车，前面管道过滤器必须安装过滤网，且每周例行打开检查一次，生产正常后，可以将过滤网去掉；溶剂泵的出口在工作时不能关闭，否则会发生剧烈响声，损坏泵。溶剂泵不能抽空，抽空有强烈噪声出现，会损坏溶剂泵的滑片，因此一旦发现抽空应及时停泵。

4. 常见事故原因和事故处理

浸出罐的阀门若发现有漏溶剂现象，则可能阀门出现故障或密封不严；正常溶剂泵对混合油的抽出时间需 30min，若过滤时间大大延长，则说明泵前的过滤网已堵塞，堵塞的原因是长时间没有清理，浸出罐内破损造成大量渣子渗漏。溶剂泵故障：多见于转不动或出现漏溶剂现象，转不动是由于粕的堵塞，漏溶剂是因为泵的密封不好或垫圈破损造成，拆卸溶剂泵时，两端盖一定要轻拿轻放，密封面向上，以防密封圈撞坏。

浸出罐正常压力为 0.4~0.5MPa，压力超过 0.8MPa 有两种原因：一是浸出罐温度高，二是系统内不凝性气体增多。当浸出罐温度超过 50℃，压力超过 0.8MPa 时，应查明原因，采取相应措施。当压力超过 1.0MPa 时，应迅速查明原因并做减压处理（向其他罐平衡压力或用压缩机脱溶降压）。

5. 操作安全注意事项

在整个浸出过程，要时刻检查各个阀门是否正确开关；在整个浸出过程，要时刻注意罐温和压力的变化，如若发现异常，应尽快找出原因；

在混合油倒罐过程中，若发现倒过来的油不能完全将料浸泡住时，一定要补加新鲜溶剂将料浸没，溶剂的液面要高出料 5cm 左右。

每次进料前罐上视镜如果看不清，要把视镜擦干净。

向混合油暂存罐或蒸发罐打混合油时，若两罐有压差，可开平衡管平衡一下，或开压缩机，直接对混合油暂存罐或蒸发罐降压，以便打混合油。

每次装料量要把握准确，既不能太多也不能太少且尽量相等。如果有物料暂存箱最好，可以使每批物料的装量基本一致。

每次浸出罐抽完真空进第一次混合油前，一定要检查进出料阀是否关闭，防止误操作打开进出料阀，造成事故。打混合油时，一定注意溶剂泵不能打空。

（三）湿料脱溶

1. 工艺流程

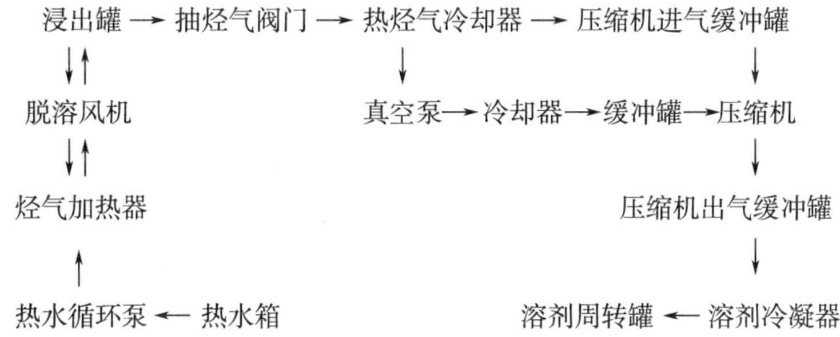

2. 操作程序

第三遍浸出混合油打完以后，开启压缩机（不加载），当压缩机运行正常时，开启各个连接阀门，压缩机逐步加载。当浸出罐压力降到≤0.1MPa 时，用蒸汽将热水箱内水加热到 70~80℃，在加热水箱内水的过程中，开启热水循环泵，启动热风风机，对浸出罐内的物料进行热风加热，压缩机继续抽浸出罐内的烃气。热风温度控制在 50℃以下，当浸出罐压力抽到接近 0.02MPa，温度 40~45℃时，关闭热风风机、循环热水泵，浸出罐压力接近 0.00MPa 时，开启真空泵。当浸出罐压力达到-0.8MPa 时，停止真空泵和压缩机，关闭相关阀门，排料。慢慢打开浸出罐排料阀（慢慢打开排料阀门是防止破真空时，物料向上冲到视镜位置，糊住镜片）进行排料。排完料，关闭排料阀门，接着进行下一罐浸出周期。

（四）混合油脱溶

1. 工艺流程

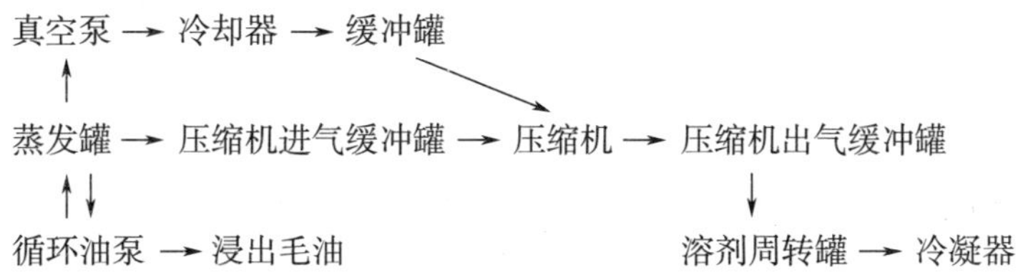

2. 操作程序

浸出结束后，也可以只停真空泵，紧接着进行混合油的蒸发，开启相应阀门，开启蒸汽阀，对混合油进行加热，打开油循环泵进口阀门，开启循环油泵。如果混合油的量不是太多，可在蒸发到一定程度后，停止蒸发，暂不抽真空。当积攒到一定数量后，蒸发压力接近为 0.0MPa 时，关闭和开启相应的阀门，开启真空泵。真空度达到 0.08～0.09MPa，温度达到 100℃以上，停止蒸汽对蒸发罐的加热，停止真空泵和压缩机，依次关闭相应阀门，关闭循环油泵和蒸汽相应阀门。

当蒸发罐中浸出毛油积攒到一定量后，开启油循环泵，向外打毛油，毛油打尽后，停止油循环泵，关闭相应阀门，开启真空泵，将蒸发罐抽真空，压力达到 -0.085MPa 左右后，停止真空泵。

此时，可以继续向蒸发罐打第一遍浸出毛油。

（五）溶剂的冷凝回收

1. 工艺流程

浸出罐（蒸发罐）→压缩机进气缓冲罐→压缩机→压缩机出气缓冲罐→冷凝器→溶剂周转罐

2. 操作规程

物料的脱溶和混合油的蒸发过程，从压缩机出气缓冲罐往后通向冷凝器的各烃气阀门和冷凝器到溶剂周转罐的各阀门都必须打开（这些阀门基本都是常开），液气分离罐的出液阀是常开的，气体经分离器的顶部出气管被压缩机抽走，液态的油在压差和重力的影响下经分离器底部管道进入下道工序。当溶剂周转罐内溶剂量不够正常循环使用时，开启溶剂泵和相关阀门，从溶剂储罐内向溶剂周转罐补充溶剂。在脱溶和溶剂蒸发过程中，冷凝器的循环水都必须打开。

（六）尾气排放处理

生产过程中，系统不可避免会有空气聚集，因为在本系统压力下，空气不会被液化，因此将本系统内的空气称为不凝性气体。形成的主要原因有以下两个。

（1）浸出罐装料后，抽真空对外排空气，不可能达到绝对真空，不管抽到多高真空度，总会有残留空气。

（2）系统少量泄漏等。随着生产不断进行，不凝性气体越积越多，导致系统压力升高。当整个系统压力超过该温度下正常压力过多（一般为超过 0.2MPa）时，关闭冷凝器出液阀，待液气分离罐内的液体全部流入溶剂周转罐后，关闭液气分离罐下面的出液阀，开启尾气缓冲罐进出阀，慢慢放掉液气分离罐内的气体，在放气过程中，液气分离罐的温度会降低，此时会有溶剂气体变成液体，待液体放尽，罐内再次充满气体后，重复上步操作，直到压力达到正常值为止。如果停车一段时间再开车，在开车之前最好进行一下尾气排放处理，因为此时系统温度最低，最接近室温，这种情况下排空溶剂损失最少。

八、设备的操作和维护

（一）压缩机

启动时，开启压缩机的冷却水，闭合压缩机的供电电源，启动压缩机的冷却水泵，检查压缩机的润滑油液位，将溶量调节阀打到0位，手工盘车2~3转，打开排气阀门，通知其他相关工艺设备操作人员做好相应工作，启动运行正常后，旋转排气量调节手柄，使气缸逐步投入工作，不要将所有的气缸同时投入工作，缓慢开启吸气阀门。停车时用排气量调节手柄逐次将气缸退出工作状态，然后停车，先关吸气阀门，再关排气阀门。

正常运转时，若油压不正常或听到撞击声应立即停车检查；压缩机采用色拉油润滑，加油时加到上液位视镜2/3处，油压一般控制比进气压力高0.15~0.3MPa，油温一般不超过70℃；压缩机吸气压力不超过0.2MPa，吸气压力应尽量稳定；压缩机的排气温度一般不高于100℃；压缩机要定期检修；压缩机在冬季关机后，要排空冷却水，防止结冰冻裂气缸。

每隔半个月要对压缩机润滑油进行更换；每隔一个月对过滤网进行清洗；经常检查压缩机压力保护自锁系统是否灵敏。

（二）真空泵

启动时，检查进气管道法兰、接头和阀门，并确定它们没有漏气。清洁真空泵，在机体内不许有杂质和其他任何脏物。机体内加入清洁的润滑油直到油窗上指示的刻度，机内用润滑油为：冬天用40#压缩机润滑油，夏天用50#压缩机润滑油。油杯内加入清洁润滑油并微微开启它们的针阀，使润滑油一滴滴进入气缸，油杯内用润滑油为冬天用13#压缩机润滑油，夏天用19#压缩机润滑油，打开冷却水阀门，通知其他相关工艺设备操作人员做好相应工作。

运行时，打开真空泵的进出口阀门，启动真空泵；运转中应无冲击声，否则立即停车找出原因进行检修。运行部位必须润滑正常。针阀油杯中的油必须保持油杯的2/3；如果吸入的气体对润滑油有分解或对金属有腐蚀作用，则润滑油必须增加。

下列零件的最高允许温度为：气室90℃，轴承40℃；冷却水进出口温差为5℃，最高出水温度不超过40℃。

停车时，关闭进排气阀停车；关闭油杯的针阀，开启直嘴式旋塞，并在停车10min后关闭冷却水进水阀；在严寒冬季水套中的水要放尽，以免水在静止时结冰将气缸冻裂。

每隔半个月对真空泵润滑油进行更换；经常检查真空泵压力保护自锁系统是否灵敏；轴承每周加一次润滑油。

（三）溶剂泵

启动时，打开出口管路阀；打开泵的进口阀和相关罐的出口阀；核对电机的转向，若泵内未通入介质，空转时间不得超过 30s；打开泵进口管路的排气装置，放出气体；观察泵进出口压力表的变化，要求压力表数字保持不变。

停机时，断开电源，停机；关闭相关罐的进出阀门，泵的进出口阀门常开。

（四）溶剂周转罐和溶剂储罐

每班对溶剂罐巡视一次，检查是否有泄漏现象，定期对溶剂周转罐和溶剂储罐放水。冬天，如果周边温度较低，必须对排空口进行保温处理。

九、系统安全

（一）工艺系统部分

浸出工艺中的 4 号溶剂是主要不安全因素。

工艺设备中进入空气是设备本身的不安全的重大隐患，如果设备内空气比例达到爆炸极限，在设备内火花和静电打火的作用下引起爆炸，炸裂设备后会引起二次爆炸，造成重大生产事故。

设备内的空气来源一是浸出罐抽真空后残留空气，二是真空设备密封不严漏入空气，工艺操作中尽可能地减少空气的进入，同时经常排放设备内的空气。排出空气后，压缩机的排气压力可降低，电耗也可减少。

4 号溶剂的压力一般为 0.3～1.0MPa，工艺管道和设备中都充满了溶剂气体和液体，任意处的破裂都会造成溶剂大量泄漏，液体溶剂外泄时，其体积会瞬间膨胀到 250 倍，车间内会很快达到爆炸下限。所以设备必须安全可靠，绝对不能在带溶剂的情况下打开设备口、松动螺栓或更换部件。

设备的跑、冒、滴、漏是另一个不安全因素，溶剂气体可以从密封不严的法兰、轴头等外泄，形成局部高浓度区，如果车间通风不良，也会使车间的溶剂浓度超限。

油和粕中脱溶不净，带有溶剂的油和粕不断散发溶剂气体，在出粕设备、粕库、毛油箱和炼油车间形成爆炸气体，所以油和粕在出设备前必须达到合格的残溶水平。

（二）车间环境部分

按照国家的消防和建筑防火防爆安全规范，车间内电气仪表及线路均采用防爆结构，并设有可靠的静电接地。进行电气维修时，必须断电才能打开电气设备，车间环境溶剂浓度应小于 1000mg/m^3，即 0.08%。车间内不应有低洼处，以防溶剂气体聚集，车间外应设禁区，不许明火进入，不许产生火花的设备进入。

车间内设有可燃气体浓度报警器，正常开车时，打开报警器，溶剂浓度高时可开启排风扇排出车间。

车间两侧和溶剂储罐两侧要设置避雷装置，车间与周边距离要有12m的消防间距，车间和溶剂储罐之间要有24m的消防间距，车间外要有消防通道，并有独立的围墙。车间下水与外部下水连接有水封结构。

（三）电器控制系统部分

在生产线的电气控制中，除了选用防爆电机外，还设置有自锁和互锁装置。自锁是指一个罐的某个阀门启动时，需要这个罐的其他阀门处在一个安全的状态下才能打开，比如浸出罐的进料阀和出料阀，在其他阀门开启和罐压大于0MPa时，这两个阀门是打不开的。互锁是指从一个罐向另一个罐里输送料液时，当被输入罐的某些阀门启动和罐压低于0MPa时，这个罐的出液阀门也是打不开的。自锁和互锁的功能设置，保证了人员操作的零失误，防止了重特大事故的发生。

第四章　核桃油精炼技术

油脂精炼工艺致力于研究油脂及伴随物的物理、化学性质，并根据该混合物中各种物质性质上的差异，采取一定的工艺措施，将油脂与杂质分离开来，以提高油脂食用和储藏的稳定性与安全性。油脂精炼是一个复杂的多种物理和化学过程的综合过程。这种物理和化学过程能对伴随物选择性地发生作用，使其与甘油三酯的结合减弱并从油中分离出来。这些过程的特性和次序，一方面由油品性质和质量决定，另一方面由精制所需深度而决定。因此，尤其要注意各个精炼阶段的条件选择，以便能最大限度地防止油脂与水、空气中的氧、热和化学试剂的不良作用。此外，最大限度地从油中分离出最有价值的伴随物也是精炼的任务。如能保持这种伴随物的性质，便可作为单独产品。这些产品如磷脂、游离脂肪酸、生育酚和蜡等，它们广泛应用于食品工业及其他工业。

第一节　毛油的组分及其性质

在油脂工业中，以压榨法、浸出法或其他方法制取得到的未经精炼的植物油脂，称为粗脂肪，俗称毛油。毛油的主要成分是甘油三酯，俗称中性油。此外，毛油中还存在多种非甘油三酸酯的成分，这些成分统称为杂质。杂质的种类和含量随制油原料的品种、产地、制油方法、贮藏条件的不同而不同。根据杂质在油中的分散状态，可将其归纳为悬浮杂质、水分、胶溶性杂质、油溶性杂质等几类。

一、悬浮杂质

靠油脂的黏性、悬浮力或机械搅拌湍动力，能以悬浮状态存在于油脂中的杂质称为悬浮杂质，亦称机械杂质，例如泥沙、饼（粕）碎屑、草秆纤维、铁屑等。这些杂质通常不能被乙醚或石油醚溶解。由于其相对密度及力学性质与油脂有较大差异，往往采用重力沉降法、离心分离法及过滤法从油脂中分离出来。

二、水分

制油、运输和储藏过程中，总会有一些水分进入毛油中。水在天然油脂中的溶解度很小，但随着油中游离脂肪酸、磷脂等杂质含量的增加以及温度的升高，水在油中的溶解度亦有所增加。油脂中的水分分为游离状和结合状两种。游离状的水滴与油形成油包水悬浮在油中，再加上磷脂、蛋白质、糖类等胶溶性物质则可形成乳化体系；亲水物亲水基团吸附的水分，使亲水物质膨胀成乳化胶粒存在于油中。水分含量超过0.1%，油脂透明度就不好；水分的存在还可以使解脂酶活化，分解油脂导致油品酸败。

工业上采用常压或减压干燥的方法进行脱水。常压加热脱水易导致油脂过氧化值增高，减压干燥有利于油脂的储藏稳定性。

三、胶溶性杂质

能与油脂形成胶溶性物质的杂质，称为胶溶性杂质。油脂为连续相，胶溶性杂质为分散相。胶溶性杂质包括磷脂、蛋白质、糖类等。

（一）磷脂

磷脂是磷酸甘油脂的简称，也称甘油磷脂。植物油料中磷脂的含量随品种、产地、成熟程度的不同而有差异。一般含蛋白质越丰富的油料，磷脂含量越高。毛油中磷脂的含量还随制油方法的不同而变化。

磷脂主要包括磷脂酰胆碱（PC）、磷脂酰乙醇胺（PE）、磷脂酰丝氨酸（PS）、磷脂酰肌醇（PI）、磷脂酰甘油（PG）及溶血磷脂等。磷脂结构中的脂肪酸以不饱和酸为主，尤其亚油酸较多。此外，还含有十六碳一烯酸及$C_{20}\sim C_{26}$的多烯酸，其性质不稳定，较油脂容易氧化酸败。磷脂具有吸湿和吸水膨胀性，吸水膨胀后形成乳浊的胶体溶液。水化脱胶就是利用磷脂的这一特性，将磷脂与油脂分离。另外，磷脂的这一特性还是油脂在储藏时成为油脚析出的主要原因。

磷脂既富有营养性又对油脂具有抗氧化增效作用，但它在油中存在，会使油色深暗、浑浊，遇高温（280℃）会焦化发苦，影响油品质量和油脂深度加工。磷脂会造成油脂碱炼时发生乳化；脱色时使吸附剂消耗量增加；氢化时使催化剂中毒。油脂加工业中采用水化、酸炼或碱炼方法可将磷脂脱除。

（二）蛋白质、糖类、黏液质

毛油中蛋白质大多是简单蛋白质与碳水化合物、磷酸、色素和脂肪酸结合的糖朊、磷朊、脂朊以及蛋白质的降解产物（如膘类和胨类），其含量取决于油料蛋白质的生物合成及水解程度。

糖类包括多缩戊糖（$C_{18}H_{30}O_{16}\cdot 5H_2O$）、戊糖胶、硫代葡萄糖苷以及糖基甘油酯（单半乳糖酯）等。糖类以游离态存在油中的较少，多数与蛋白质、磷脂、甾醇等组成复合物而分散于油中。

黏液质是单糖（半乳糖、鼠李糖、阿拉伯糖、葡萄糖）和半乳糖酸的复杂化合物，其中还可能结合有机元素。黏液质在亚麻籽和白芥籽中存在较多，若分离提纯有较高的生理活性价值。

毛油中的蛋白质、糖类含量虽然不多，但因其亲水性，易促使油脂水解酸败，并且具有较高的灰分，会影响油脂的品质和储存稳定性。这类物质亲水，对酸碱不稳定，可用水化、碱炼等方法从油脂中除去。必须指出，蛋白质、糖类降解后生成新的结合物（如胺基糖）是一种棕黑色色素，用一般吸附剂对其脱色无效。实际上，蛋白质分解为氨基酸，多糖分解为单糖，经过一系列反应而生成黑色素。糖类在无水条件下高温受热或在稀酸作用下，发生水解或脱水两种作用，其产物又聚合成无水糖酐，这种糖酐称作焦糖，是苦味黑色色素，这种物质混入油中显然也会导致油色变深，给漂白脱色带来困难。因此，在制油中的蒸炒、混合油蒸发等工艺过程都要引起注意。

四、脂溶性杂质

脂溶性杂质是指呈真溶液状态存在于油脂内的一类杂质，主要有以下几种。

（一）游离脂肪酸

毛油中的游离脂肪酸一是来源于油籽，二是甘油三酸酯在制油过程中受热或受解脂酶的作用分解游离产生。一般毛油中游离脂肪酸含量为 0.5%~5%。陈核桃及棕榈油在解脂酶的作用下，游离脂肪酸的含量可高达 20%左右。

油脂中游离脂肪酸的含量过高，会产生刺激性气味影响油脂的风味，加速中性油的水解酸败；不饱和脂肪酸对热和氧的稳定性差，促使油氧化酸败，妨碍油脂氢化顺利进行并腐蚀设备。游离脂肪酸存在于油脂中，还会使磷脂、糖脂、蛋白质等胶溶性物质和脂溶性物质在油中的溶解度增加，它本身还是油脂、磷脂水解的催化剂。水在油脂中溶解度亦随油中含游离脂肪酸的增加而增加。总之，游离脂肪酸存在于油脂中会导致油脂的物理化学稳定性削弱，必须尽力除去。

（二）甾醇

甾醇又称类固醇，凡以环戊多氢菲为骨架的化合物统称甾族化合物，环上带有羟基的即为甾醇。其结构具有如右通式：

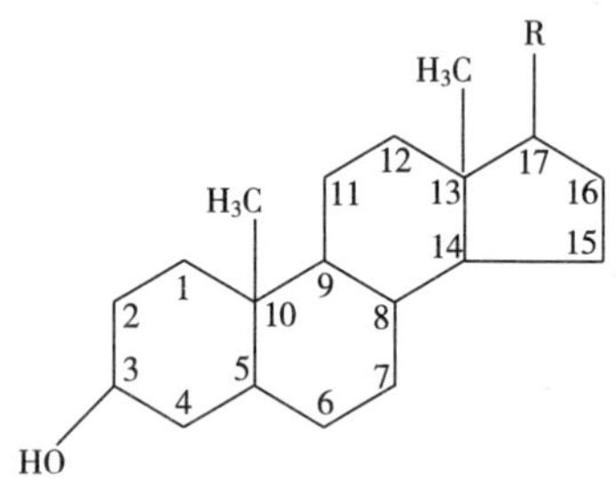

甾醇是天然有机物的一大类，动植物组织内都有。动物普遍含胆甾醇，通常称胆固醇，植物中很少含胆固醇。植物甾醇中最主要的有谷甾醇、豆甾醇、麦角甾醇、菜油甾醇及菜籽甾醇等。

植物甾醇在油中或呈游离态，或与脂肪酸生成酯类，或与其他物质生成配糖体。甾醇通常是无色、无味高熔点晶体，溶于非极性有机溶剂，难溶于乙醇、丙酮，不溶于水、碱和酸，对热和化学试剂都较稳定，不易皂化。油脂碱炼时形成的皂脚能够吸附去除极少部分的甾醇，油脂吸附脱色时可去除大部分甾醇，在油脂的高温水蒸气脱臭时也可除去部分甾醇。

(三) 生育酚

维生素 E 是生育酚的混合物，主要存在于植物油脂中，有的动物油脂也略有一些。维生素 E 对油脂具有抗氧化作用。维生素 E 可看作是色满环（二氢苯并吡喃-b-醇）的衍生物，根据分子环上甲基的数量和位置以及侧链是否有双键，可以分为 8 种，即 α-、β-、γ-、δ-生育酚及 α-、β-、γ-、δ-生育三烯酚。

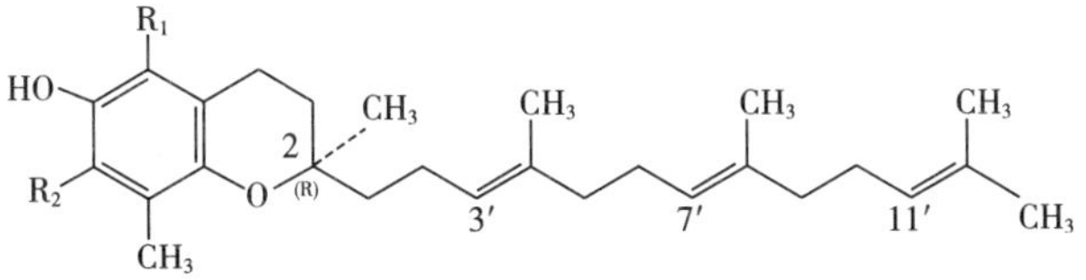

生育酚是淡黄色到无色、无味的油状物。由于有较长的侧链，因而是油溶性的，不溶于水，易溶于非极性有机溶剂，难溶于乙醇和丙酮。对酸、碱都较稳定。α、β-生育酚轻微氧化后其杂环打开并形成不具抗氧化性的生育醌。γ-生育酚在相同的轻微氧化条件下会部分转变为苯并二氢吡喃-5、6-醌，它是一种深红色物质，可使红黄色部分氧化的植物油明显地加深颜色。

(四) 色素

油脂中的色素可分为天然色素和加工色素。油脂中的天然色素主要是叶绿素、类胡萝卜素（分为烃类的和醇类的）及其他色素。油料在储运、加工过程中产生的新色素，统称为加工色素，如由霉变及蛋白质与糖类的分解产物发生美拉德反应而产生的色素，或油脂及其他类脂物（如磷脂、棉酚）氧化、异构化产生的色素。

油中色素影响油品的外观和使用性能，不同的色素对油品稳定性的影响不同。叶绿素和脱镁叶绿素是光敏物质，能被可见光或近紫外光激活，活化了的光敏物质将能量释放给基态氧，使氧分子活化为具有较高能量的单电子结合的氧分子，使油脂不经自由基的分步反应而直接氧化为氢过氧化物，加速了油脂的氧化酸败。目前人工合成的抗氧化剂对油脂的光氧化游离基反应无法终止。而胡萝卜素是单电子氧分子的猝灭剂，从而起抗光氧化作用。

(五) 烃类

大多数油脂均含有少量的（0.1%~1%）饱和烃或不饱和烃。这些烃类与甾醇、4-甲基甾醇等其他化合物一起存在于不皂化物中，如正链烃、异链烃及萜等。其中分布最广、含量较高的是三十碳六烯，俗称角鲨烯，因首先发现存在于鲨鱼肝油而得名，分子式为 $C_{30}H_{50}$。这些高碳不饱和物质在油脂氢化时还能降低镍催化剂的活性，因此，必须加以去除。烃类的饱和蒸汽压比油脂的高，故工业上用减压蒸馏将其脱除。

（六）蜡和脂肪醇

动植物蜡主要成分是高级脂肪酸和高级脂肪醇形成的酯，通常称作蜡酯。组成比较复杂，结构式如右：式中 R_1 为高级脂肪酸的烃基（$C_{19} \sim C_{25}$），R_2 为高级脂肪醇的烃基（$C_{26} \sim C_{32}$）。油脂中的蜂蜡、巴西蜡、核桃蜡、棕榈蜡及虫蜡等均为此类物质。其他成分包括游离酸、游离醇、烃类，还有其他的酯，如甾醇酯、三萜醇酯、二元酸酯、交酯、羟酸酯及树酯。

$$R_1—\overset{\overset{\large O}{\|}}{C}—O—R_2$$

一般的植物油脂中都含有微量的蜡，其中以核桃油、棉籽油、芝麻油、玉米胚油和小麦胚芽油中蜡质的含量较高。纯净的蜡在常温下呈结晶固体，因种类不同则熔点有差异。蜡质的结晶状微粒分散在油中，使油呈混浊状而透明度差，影响油品的外观和质量。

（七）其他脂溶性杂质

油脂在制取、储运过程中，产生的水解产物除脂肪酸外，还有甘一酯、甘二酯和甘油。油脂氧化后会产生醛、酮、酸、过氧化物等。由于环境、设备或包装器具的污染，使油脂含有微量金属离子，如铜、锰、铁、钠等。这些物质有的是油脂水解酸败的催化剂；有的会使油产生异味而影响油脂质量和稳定性，因此必须在精炼中加以脱除。

五、多环芳环烃、黄曲霉素及农药

（一）多环芳烃

多环芳烃（简称PAH）是指两个以上苯环稠合的或是六碳环与五碳环稠合的一系列芳烃化合物及其衍生物，如苯并（a）蒽、苯并（a）菲、苯并芘［B（a）P］、二苯并芘（b、e）和三苯并芘等。自然界已发现的多环芳烃有200多种，其中很多都具有致癌活性。B（a）P是PAH类化合物中的主要食品污染物。油料除在生长过程中，受空气、水和土壤中的PAH污染外，加工中还由于烟熏和润滑油的污染，油脂及种子内的有机物高温下热聚变形成PAH，使得有些毛油中存在着B（a）P。

（二）黄曲霉毒素

黄曲霉毒素的基本结构中有二呋喃环和香豆素，是黄曲霉、寄生霉和温特霉的代谢产物。黄曲霉毒素耐热，在一般烹饪加工的温度下不易被破坏，高于280℃时才会发生裂解。它在水中的溶解度较低，易溶于油和一些有机溶剂，如氯仿和甲醇，但不溶于乙醚、石油醚和乙烷。在碱性条件下，其结构中的内酯环可被破坏形成香豆素钠盐，该盐能溶于水；在酸性条件下，能发生逆反应，恢复其毒性。其反应式为：

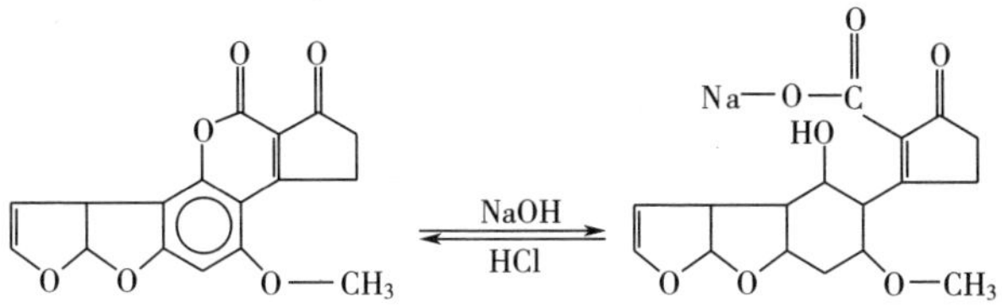

黄曲霉毒素B_1 $\underset{HCl}{\overset{NaOH}{\rightleftharpoons}}$ 二呋喃环香豆素钠盐

（三）农药

为防虫害和除杂草，农药的使用日益普及，因此，油料作物收获后都不同程度残留一定量农药。目前，广泛使用的农药一般为有机磷和有机氯类。油脂制取、储运等过程中也都有可能被农药污染。毛油精炼后其残留量极少，特别是经脱臭工序处理后，其残留量可在最低检出量以下。

食品中残留的农药对人体的肝、肾和神经系统均能产生危害，摄入量较大则有致畸和致癌作用。为了保障人民身体健康，应当把进入油脂中的残留农药脱除干净。

第二节　油脂精炼的方法

根据操作特点和所选用的原料，油脂精炼的方法可大致分为机械法、化学法和物理化学法三种。

一、机械方法

（一）沉淀

沉淀是利用油和杂质的不同相对密度，借助重力的作用而自然分离二者的一种方法。

（二）过滤

过滤是将毛油在一定压力（或负压）和温度下，通过带有毛细孔的介质（滤布），使杂质截留在介质上，让净油通过而达到分离油和杂质的一种方法。

过滤时，滤油的速度和滤净油中杂质的含量，与介质毛细孔的大小、油脂的种类、毛油所含杂质的数量和性质、过滤温度、毛油经过压滤机所施加压力的大小等，都有密切的关系。一般而言，过滤时的温度低，油的黏度大，含杂多和压力小时，过滤的速度慢；反之，过滤速度快。

（三）振动过滤

板框过滤机虽然结构简单，过滤面积较大，动力消耗低，且适应性较强，但因其需要周期性人工清理滤渣，劳动强度大，滤布易吸油，油品损失较大。而振动排渣过滤机，以其结构紧凑、环境卫生好、油品损失少、降低劳动强度等优点，已被许多油厂所选用。

（四）离心分离

离心分离是利用离心力分离悬浮杂质的一种方法。

卧式螺旋卸料沉降式离心机是轻化工业应用已久的一类机械产品，近年来在部分油厂用以分离机榨毛油中的悬浮杂质，取得较好的工艺效果。

卧式螺旋卸料沉降式离心机的结构如图 4-1 所示，主要由转鼓、螺旋推料器、传动装置和进出料装置等部分组成。转鼓通过轴安装在机壳内，转鼓小端锥形筒上均匀分布有四个排渣卸料孔，转鼓大端螺旋轴承座溢流板上均匀分布有四个长弧形净油溢流孔。螺旋推料器上的螺旋叶为双头左螺旋叶，推料器的锥形筒上开有四个不同在一圆周上的圆孔，供排送悬浮液，螺旋外缘与转鼓内壁仅留有小间隙。转鼓小端装有传动装置，不仅使转鼓和螺旋推料器同轴转动，而且使两者维持约 1%的速差，转轴为中空，供进料。

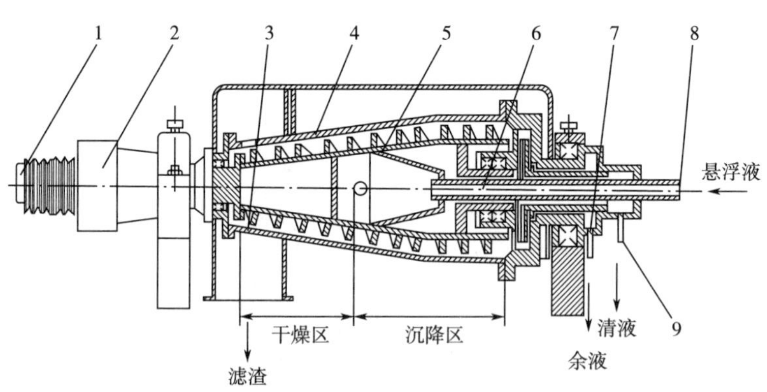

图 4-1　卧式螺旋卸料沉降式离心机的结构

1—离心离合器　2—线针轮减速器　3—转鼓　4—螺旋推料器　5—进出料装置
6—悬浮液进口　7—净油出口　8—余液出口　9—出渣口

工作时，毛油自进料管连续进入螺旋推料器内部的进料斗内，并穿过推料器锥形筒上的四个小孔进入转鼓内。在离心力的作用下，毛油中的悬浮杂质逐渐均匀分布在鼓内壁上，由于螺旋推料器转速比转鼓稍快，两者间隙又很小，离心沉降在鼓壁内的滤渣便由推料器送往转鼓小端，滤渣在移动过程中，由于空间逐渐缩小而受到挤压，挤压出来的油沿转鼓锥流向大端，饼渣则由转鼓小端四个卸料孔排出。当机内净油达到一定高度时，由转鼓大端四个长弧形孔溢流，由此连续地完成渣和油的分离。

二、水化法

（一）水化原理

所谓水化，是指用一定数量的热水或稀碱、盐及其他电解质溶液，加入毛油中，使水溶性杂质凝聚沉淀而与油脂分离的一种去杂方法。

水化时，凝聚沉淀的水溶性杂质以磷脂为主。磷脂的分子结构中，既含有憎水基团，又含有亲水基团。当毛油中不含水分或含水分极少时，它能溶解分散于油中；当磷脂吸水湿润时，水与磷脂的亲水基结合后，就带有更强的亲水性，吸水能力更加增强，随着吸水量的增加，磷脂质点体积逐渐膨胀，并且相互凝结成胶粒。胶粒又相互吸引，形成胶体，其相对密度比油脂大得多，因而从油中沉淀析出。

（二）水化设备

目前广泛使用的水化设备是水化锅。一般油厂往往配备两只或三只水化锅，轮流使用。也可作为碱炼（中和）锅使用。水化锅的结构如图 4-2 所示。

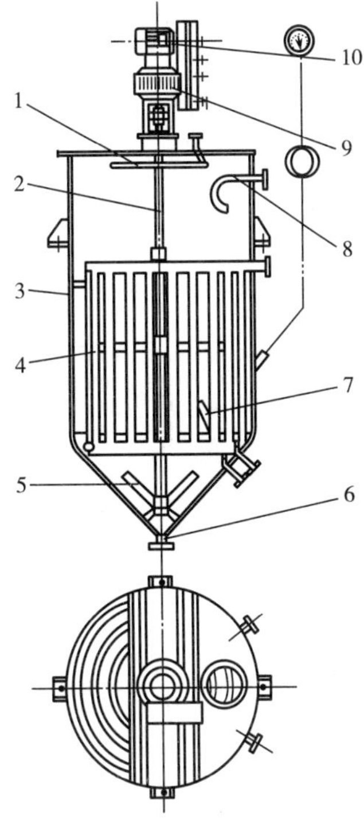

图 4-2 水化锅的结构

1—加水管 2—搅拌轴
3—锅体 4—间接蒸汽管
5—搅拌翅 6—油脚排放管
7—摇头管 8—进油管
9—减速器 10—电动机

（三）水化方法

常用的水化方法有：①高温水化法；②中温水化法；③低温水化法；④连续水化法（喷射水化连续脱胶）；⑤柠檬酸水化法。

（四）水化净油质量的检验

无论用哪种水化方法，最后都要求符合成品油的质量标准。为了及时掌握情况和指导生产，炼油车间应掌握某些检验方法。对于水化油要掌握下列两项质量指标。

（1）水化净油中胶质含量的检验　水化后的净油中应基本不含胶质，车间内应配备电炉、烧杯、玻璃棒和温度计。水化净油盛至烧杯容积的 1/3~1/2，置电炉上加热并用玻璃棒搅拌，待温度升至 280℃时，停止加热，观察油的情况。此时虽然油色加深，但无黑色微粒沉淀，即说明符合标准。如有黑色微粒沉淀，说明油中仍含有少量胶体杂质，不符合标准。

（2）水化净油中水分含量的检验　取油样 10mL 于试管内，并浸入冷水中冷却，如油色清亮透明，说明符合标准；如果油色混浊，说明水分含量过多，需再进行干燥。

三、碱炼

碱炼是用碱中和游离脂肪酸，并同时除去部分其他杂质的一种精炼方法。所用的碱有多种，例如石灰、有机碱、纯碱和烧碱等。国内应用最广泛的是烧碱。

（一）碱炼的基本原理

碱炼的原理是碱溶液与毛油中存在的游离脂肪酸发生中和反应。反应式如下：

$$RCOOH+NaOH \longrightarrow RCOONa+H_2O$$

（二）碱炼方法

按设备来分，有间歇式和连续式两种碱炼法，而前者又可分为低温和高温两种操作方法。对于小型油厂，一般采用的是间歇低温法。

1. 间歇式碱炼

（1）低温碱炼法　低温碱炼法，是毛油在较低初温（20~30℃）时与碱中和后升温静置。低温碱炼工艺流程如图 4-3 所示。

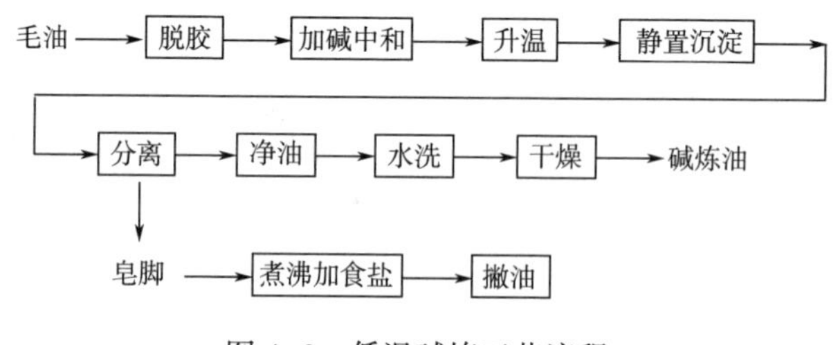

图 4-3　低温碱炼工艺流程

（2）高温淡碱法　高温淡碱炼油法，是推广高水分蒸胚榨取棉籽油后，通过长期的试验和生产实践总结出来的一种先进的炼油方法。高温淡碱法适用于酸价低、颜色浅的毛油。也是采取先脱胶后碱炼的方法。

2. 连续式碱炼

连续式碱炼即生产过程连续化。其中有些设备能够自动调节，操作简单，生产效率高，此法所用的主要设备是高速离心机，常用的有管式和碟式高速离心机。

（1）管式离心机连续碱炼工艺流程　管式离心机连续碱炼工艺流程如图 4-4 所示。

（2）碟式离心机连续碱炼工艺流程　碟式离心机连续碱炼工艺流程如图 4-5 所示。

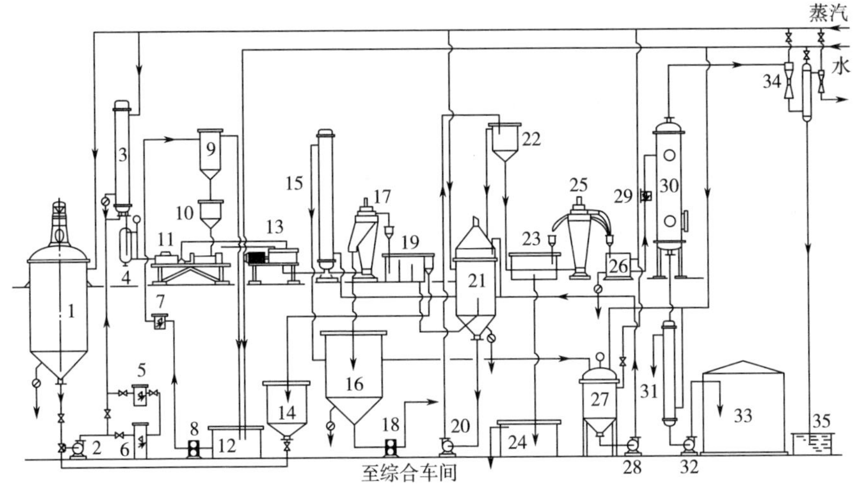

图 4-4　管式离心机连续碱炼工艺流程

1—脱胶油储罐　2、20、32—油泵　3—预热器　4—析气器　5、6、7、29—管道过滤器　8—碱液泵　9—碱液罐　10—平衡罐　11—比配机　12—溶碱罐　13—混合机　14—污油罐　15—加热器　16—皂脚罐　17—脱皂机　18—皂脚泵　19—去沫池　21—水洗池　22—高位罐　23—捕油池　24—废水池　25—脱水机　26—存油罐　27—热水罐　28—热水泵　29—控油阀　30—干燥器　31—冷却器　33—碱炼油储罐　34—真空装置　35—水封池

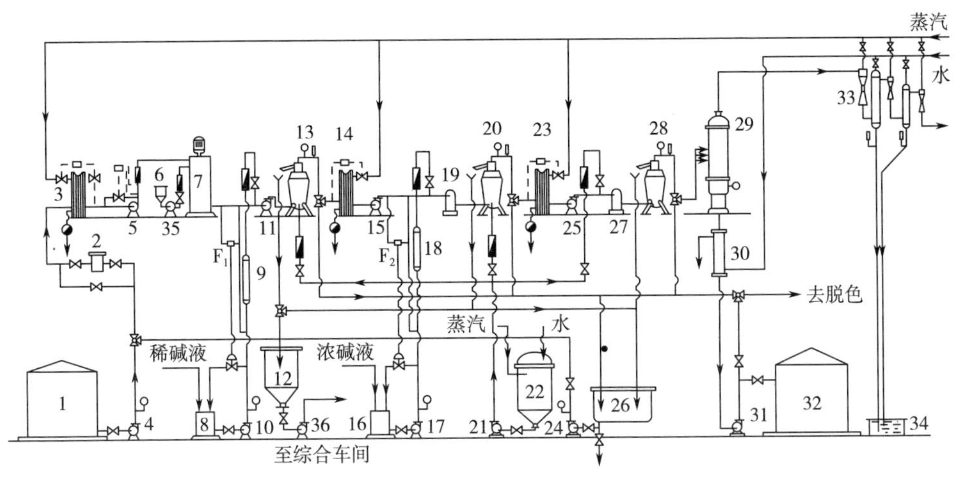

图 4-5　碟式离心机连续碱炼工艺流程

1—脱胶油储罐　2—管道过滤器　3、14、23—板式换热器　4、5、15、24、25、31—油泵　6—磷酸储罐　7—混合机　8—碱液罐　9、18—加热器　10、17—耐碱泵　11—盘式混合器　12—皂脚罐　13、20、28—碟式离心机　16—稀碱罐　19、27—刀式混合器　21—热水泵　22—热水罐　26—捕油池　29—真空干燥器　30—冷却器　32—碱炼油储罐　33—真空装置　34—水封池　35—磷酸泵　36—皂脚泵

（三）影响碱炼操作的因素

碱炼的过程比较复杂，为获得良好的碱炼效果，必须选择最佳条件。现将影响碱炼操作的主要因素讨论如下。

1. 碱液的计量

碱液计量的正确与否，对精油率影响很大。碱液计量决定于以下两个因素：

（1）碱液的质量；

（2）配制碱液的浓度。

2. 碱液浓度的选择

适当选择碱液浓度是碱炼过程中的一个重要环节。碱炼前，在实验室进行小样试验时，应对各种浓度的碱液做比较试验，选择最佳者。选择碱液浓度时，应考虑下列因素。

（1）毛油的酸价；

（2）制油的方法；

（3）皂脚的性质；

（4）被皂化中性油的数量；

（5）皂脚内含中性油的数量；

（6）皂脚和中性油分离的速度；

（7）对油的脱色能力。

3. 碱的耗用量

（1）毛油中游离脂肪酸（FFA）的含量与碱量的关系；

（2）毛油色泽、杂质与用碱量的关系；

（3）制油方法与用碱量的关系。

4. 碱炼温度

（1）初温、终温和加温速度；

（2）温度与油皂分离速度的关系。

5. 搅拌速度

由于碱液的相对密度比油大，如搅拌不好，易发生分层现象。搅拌的目的主要是使碱液与油充分混合，使中和反应完全。在间歇碱炼过程中，中和时搅拌速度以50~70r/min为宜。升温时，搅拌速度要放慢，一般为30r/min，使极细的皂粒和凝聚的杂质（蛋白质和黏液等）逐渐集聚而成较大颗粒，直到油皂呈显著的分裂现象为止。

6. 其他因素的影响

（1）加入碱液速度的影响；

（2）温度与油皂分离速度的关系。

（四）碱炼时常见的问题

碱炼时由于毛油质量的优劣、酸价的大小、化验与计算的准确性以及操作人员的经验多少等诸多原因，常出现一些问题甚至事故。

1. 发干现象

所谓发干，是指毛油加碱后，油成糊状或形成稠厚的胶状，情况严重者，似乎一锅肥皂或者全锅成为一个大胶团，舀一勺就留下一个坑的现象。出现发干现象后，油皂完全不分离，负荷增加，搅拌器转不动，皮带打滑，给操作带来很大困难。发干现象主要由以下几种原因引起。

（1）毛油酸价大；

（2）毛油色深，含杂多；

（3）配碱差错；

（4）加水量大；

（5）毛油饼粉过多。

2. 皂粒过细，油皂不分

正常操作下，加碱40min后，皂粒逐渐变大，取样检验时，油皂逐渐分离，但是，有时加碱后数小时，甚至静置过夜，油皂仍不分离，此因皂粒很细，始终呈悬浮状态而不分层，出现这种情况，主要是以下原因。

（1）加碱不够；

（2）加碱不匀；

（3）碱液过稀。

（五）碱炼脱酸工艺参数

（1）脱胶油的质量要求：水分<0.2%；杂质<0.15%；磷脂含量<0.05%（超过此值应考虑加磷酸处理）。

（2）水的质量要求：总硬度（以CaO计）<50mg/L；其他指标应符合生活饮用水卫生标准。

（3）烧碱的质量要求：杂质≤5%的固体碱，或相同质量的液体碱。

（4）从处理量来考虑，小于20t/d的宜采用间歇式碱炼，大于50t/d的应采用连续式碱炼。

（5）碱炼中碱液的浓度和用量必须正确选择，应根据油的酸价（加入其他酸时亦包括在内）、色泽、杂质等和加工方式，通过计算和经验来确定，碱液浓度一般为10～30°Bé，碱炼时的超碱量一般为理论值的20%～40%。

（6）间歇式碱炼应采用较低的温度。设备应有不少于二挡的搅拌速度。

（7）连续式碱炼可采用较高的温度和较短的混合时间。在采用较高温度的同时，必须避免油与空气的接触，以防止油的氧化。

（8）水洗作业可采用二次水洗或一次复炼和一次水洗，复炼宜用淡碱，水洗水应用软水，水洗水量一般为油重的10%~20%，水洗温度可为80~95℃。

（9）水洗脱水后的油的干燥应采用真空干燥，温度一般为85~100℃，真空残压为4~7kPa（30~50mmHg），干燥后的油应冷却至70℃以下才能进入下面的作业或贮存。

（10）成品质量

酸价：间歇式≤0.4mg/g；连续式≤0.15mg/g或按要求；

油中含皂：间歇式<150mg/L；连续式<80mg/L，不再脱色可取<150mg/L；

油中含水<0.1%；

油中含杂<0.1%。

（11）消耗指标见表4-1。

表4-1　消耗指标

项目	指标
蒸汽（0.2MPa）	200~250kg/t油
软水	0.4~0.6m^3/t油
冷却水（20℃，循环使用的补充水量）	1~1.5m^3/t油
电	5~20kW·h/t油
烧碱（固体碱，含量95%）	FFA含量的1.5~2倍
碱炼损耗	（1.2~1.6）×韦森损耗

（12）非冷却用水废水排放量及其主要指标　碱炼时的非冷却用水是植物油厂产生废水的重要方面，应尽量减少废水的产生和对环境的污染程度。

主要污染指标见表4-2。

表4-2　主要污染指标

项目	指标	项目	指标
排放量	<0.4m^3/t油	COD	8000~15000mg/L
pH	5~7	BOD	2000~5000mg/L
SS	5000~10000mg/L	含油量	500~1000mg/L

（六）碱炼、水洗工段安全操作规程

（1）自觉遵守厂部和车间的各项规章制度。

（2）毛油进罐不准超过安全线。配碱计量使用浓碱时，谨防灼伤皮肤和眼睛，当溅着后立即用清水冲洗。

（3）水洗后的放水必须由本工段操作人员负责处理，不能委托他人代放。放水过程中不得离岗。因失职而造成的一切后果由水洗工段负责。

（4）在操作过程中，对机械和温度表要经常监视，发现异常及时汇报并积极抢修。工作结束后做一次全面检查。

（5）认真填写原始记录和交接班记录。

四、塔式炼油法

塔式炼油法又称泽尼斯炼油法。该法已用于菜籽油、花生油、玉米胚油和牛羊油等的碱炼，同时也适用于棉籽油的第二道碱炼。

一般的碱炼法是碱液分散在油相中和游离脂肪酸，即油包水滴（W/O）型。塔式炼油法与一般的碱炼方法有明显区别，它是使油分散通过碱液层，碱与游离脂肪酸在碱液中进行中和，即水包油滴（O/W）型。

（一）塔式炼油法

塔式炼油法由三个阶段组成：第一阶段是毛油脱胶，第二阶段是脱酸，第三阶段是脱色。

（二）塔式炼油法的工艺流程

塔式炼油法工艺流程如图 4-6 所示。

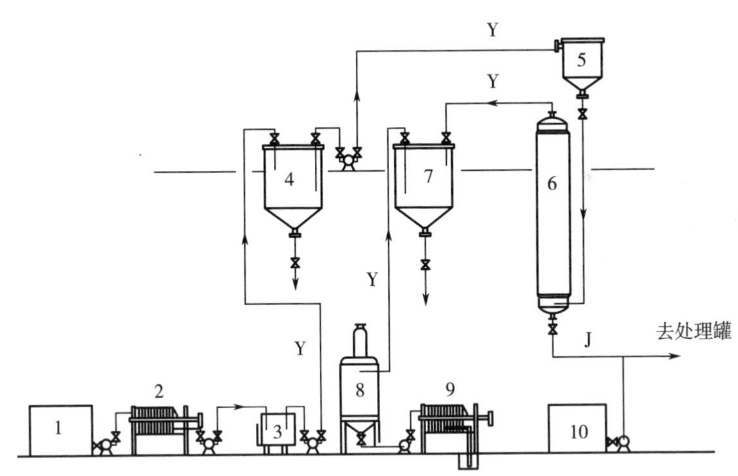

图 4-6　塔式炼油法工艺流程

1—毛油箱　2、9—过滤机　3—计量秤　4—脱胶锅　5—高位槽　6—中和塔　7—水洗锅　8—脱水罐　10—配碱箱　Y—油　J—纯碱液

五、物理精炼

油脂的物理精炼即蒸馏脱酸，系根据甘油三酸酯与游离脂肪酸（在真空条件下）挥发度差异显著的特点，在较高真空（残压 0.6kPa 以下）和较高温度

下（240~260℃）进行水蒸气蒸馏的原理，达到脱除油中游离脂肪酸和其他挥发性物质的目的。在蒸馏脱酸的同时，也伴随有脱溶（对浸出油而言）、脱臭、脱毒（核桃油中的有机氯及一些环状碳氢化合物等有毒物质）和部分脱色的综合效果。

六、脱溶

由于6号溶剂油的沸程宽（60~90℃），其组成又比较复杂，虽经蒸发和汽提回收混合油中的溶剂，但残留在油中的高沸点组分仍难除尽，致使浸出毛油中残溶较高。脱除浸出油中残留溶剂的操作即为脱溶。脱溶后油中的溶剂残留量应不超过50mg/L。目前，国内外采用最多的是水蒸气蒸馏脱溶法，其原理在于水蒸气通过浸出毛油时，汽-液表面接触，水蒸气被挥发出的溶剂所饱和，并按其分压比率逸出，从而脱除浸出油中的溶剂。因为溶剂和油脂的挥发性差别极大，水蒸气蒸馏可使易挥发的溶剂从几乎不挥发的油脂中除去。脱溶在较高温度下进行，同时配有较高的真空条件，其目的是：提高溶剂的挥发性；保护油脂在高温下不被氧化；降低蒸汽的耗用量。

七、脱色

（一）脱色的目的

各种油脂都带有不同的颜色，这是因为其中含有不同的色素所致。例如，叶绿素使油脂呈墨绿色；胡萝卜素使油脂呈黄色；在储藏中，糖类及蛋白质分解而使油脂呈棕褐色；棉酚使棉籽油呈深褐色。

在前面所述的精炼方法中，虽可同时除去油脂中的部分色素，但不能达到令人满意的地步。因此，对于生产高档油脂——色拉油、化妆品用油、浅色油漆、浅色肥皂及人造奶油用的油脂，颜色要浅，只用前面所讲的精炼方法，还不能达到要求，必须经过脱色处理方能如愿。

（二）脱色的方法

油脂脱色的方法有日光脱色法（亦称氧化法）、化学药剂脱色法、加热法和吸附法等。目前应用最广的是吸附法，即将某些具有强吸附能力的物质（酸性白土、漂土和活性炭等）加入油脂，在加热情况下吸附除去油中的色素及其他杂质（蛋白质、黏液、树脂类及肥皂等）。

（三）油脂色泽的复原

一般的食用油脂（棕榈油除外）经过长期贮存，其色泽会由浅变深，这种现象称为色泽的复原。大豆油色的复原最为明显，其次是核桃油、玉米胚油和棉籽油；菜籽油和葵花籽油的色泽较为稳定；棕榈油的颜色越放越白。

八、脱臭

(一) 脱臭的目的

纯粹的甘油三脂肪酸酯无色、无气味，但天然油脂都具有自己特殊的气味(也称臭味)。气味是氧化产物，进一步氧化生成过氧化合物，分解成醛酮而使油呈味。此外，在制油过程中也会产生臭味，例如溶剂味、肥皂味和泥土味等。除去油脂特有气味（呈味物质）的工艺过程就称为油脂的脱臭。

浸出油的脱臭（工艺参数达不到脱臭要求时称为脱溶）十分重要，在脱臭之前，必须先行水化、碱炼和脱色，创造良好的脱臭条件，有利于油脂中残留溶剂及其他气味的除去。

(二) 脱臭的方法

脱臭的方法很多，有真空蒸汽脱臭法、气体吹入法、加氢法和聚合法等。目前国内外应用最广、效果最好的是真空蒸汽脱臭法。

真空蒸汽脱臭法是在脱臭锅内用过热蒸汽（真空条件下）将油内呈味物质除去的工艺过程。真空蒸汽脱臭的原理是水蒸气通过含有呈味组分的油脂，汽-液接触，水蒸气被挥发出来的臭味组分所饱和，并按其分压比率逸出而除去。

九、脱蜡

核桃油还含有1%~2%的蜡。它与矿物蜡（即石蜡）成分不同，后者是长碳链的正烷烃，而核桃蜡的主要成分是高级脂肪酸与高级脂肪酸醇形成的酯。

在温度较高时，核桃蜡以分子分散状态溶解于油中。因其熔点较高，当温度逐渐降低时，会从油相中结晶析出，使油呈不透明状态而影响油脂的外观。同时，含蜡量高的核桃油吃起来糊嘴，影响食欲，进入人体后也不能为人体消化吸收，所以有必要将其除去。脱除油中蜡的工艺过程称为脱蜡。

现在我国核桃油脱蜡的方法有三种：压滤机过滤法、布袋吊滤法和离心分离法。所谓布袋吊滤法，就是将脱臭油先泵入一冷凝结晶罐内冷却结晶，然后将冷却好的油放入布袋内，布袋悬空吊着，依靠重力作用，油从布袋孔眼中流出，蜡留在布袋内，从而达到油蜡分离的目的。此法所得成品油质量虽好，但劳动强度大，设备占地面积也大，成品油得率低，所以采用此法的现已不多了。

所谓离心分离法又称低温碱炼脱蜡法，它是将毛油冷却，使核桃蜡结晶析出，然后向其中加入一定量的碱液，中和其中部分游离脂肪酸，生成肥皂，肥皂能吸附结晶好的蜡，这时将其泵入离心机进行离心分离，核桃蜡随着肥皂一起被脱除，这种方法劳动强度不大，设备占地面积小，但由于核桃油含蜡量高，处在脱蜡温度时，黏度很高，要分离干净十分困难。如果只顾将油中蜡分离干净，则脱蜡油得率大大降低，所以采用离心分离法的现在也不多。压滤机过滤法比较理想。

（一）压滤法脱蜡的工艺流程

压滤法脱蜡的工艺流程如图 4-7 所示。

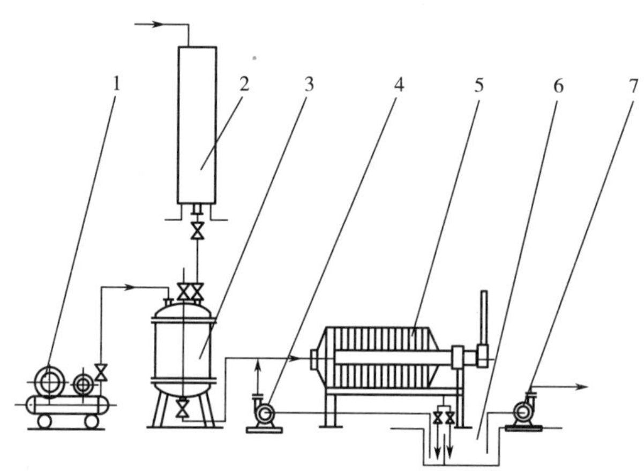

图 4-7　核桃油脱蜡工艺流程

1—空压机　2—冷却槽　3—压油罐　4—齿轮泵　5—压滤机　6—油池　7—成品油泵

由于核桃油含蜡量高，如果要想一次脱尽全部核桃蜡，因其黏度大，压滤极为困难。因此，脱蜡要分两道进行。头道脱蜡时温度较高，只有部分蜡析出，故过滤时只除去已结晶析出的那部分蜡；而二道脱蜡时油温降得较低，残留在油中的蜡全部析出，通过压滤可几乎全部除去。

1. 头道脱蜡

（1）冷却结晶　脱臭油经过水冷却至 60℃左右，被泵入冷却结晶槽，有条件的油厂可将冷却结晶槽放于 15℃的房间内，油在槽中自然冷却。经约 24h 后，油温冷至 30℃左右，高熔点的蜡已结晶析出，这时可进行过滤。

（2）过滤分离　将已结晶的油放至压油罐，充满后关闭油阀门，开启压缩空气阀，将要过滤的油用压缩空气压入压滤机进行过滤，使油蜡分离。

2. 二道脱蜡

（1）冷却结晶　将经头道脱蜡的油泵入结晶槽，在 15℃室温下经 24h，油温冷至 20℃。这时核桃蜡基本结晶析出，待滤。

（2）过滤分离　与头道脱蜡相同。

（二）脱蜡的主要设备

1. 结晶槽

脱蜡所用的结晶槽有多种结构形式，宜采用长方形的敞口槽。该设备特点是长而窄，与空气的接触面积大，对自然冷却有利。油脂冬化也宜采用此设备。

2. 压力贮罐

该设备可贮存压缩空气，并将油压入压滤机，故为受压容器，要求能承受0.6MPa的压力。油脂冬化也用此设备。

(三) 脱蜡的注意事项

(1) 在冷却结晶时，冷却速率不宜太快，否则蜡的结晶太小，过滤很不方便。由实验可知，蜡的结晶好坏与冷却速率、搅拌速度及结晶温度等有关。如果条件允许，让含蜡油脂慢慢冷却，并伴之以慢速搅拌，至规定温度后再保温几小时，使晶粒进一步成熟，则所得晶粒既大又结实，用压滤法很好分离。

(2) 过滤时压力要逐渐升高。开始时因尚未形成滤饼，过滤出来的油不澄清，应返回重新过滤，等滤出的油澄清透明了方可作为脱蜡油。过滤结束时要用空气压缩机吹干滤饼，将其中的液体油尽量分出，以提高脱蜡油的得率，但压缩空气压力不宜过大，以防核桃蜡从滤布孔眼中被压出。

(3) 已结晶的油脂在过滤之前应尽量不用齿轮泵或离心泵输送，以免晶粒破裂。结晶时若无冷冻设备，普通室温也可以，但难以控制，特别是夏天气温高，核桃蜡很难脱尽。

十、脱硬脂

油脂是各种甘油三脂肪酸酯的混合物（简称甘三酯）。其组成的脂肪酸不同，油脂的熔点也不一样，饱和度高的甘三酯的熔点很高；而饱和度低的甘三酯的熔点较低。

核桃油等经过脱胶、脱酸、脱色、脱臭、脱蜡后，已经可以食用，但由于用途不同，人们对油脂的要求也不一样。例如色拉油，要求它不能含有固体脂（简称硬脂），以便能在0℃（冰水混合物）中5.5h内保持透明。核桃油经过上述五脱后，仍含有部分固体脂，达不到色拉油的质量标准，要得到核桃色拉油，就必须将这些固体脂也脱除。这种脱除油脂中固体脂的工艺过程称为油脂的脱硬脂，其方法是进行冬化。用棕榈油、花生油或棉籽油生产色拉油时也需脱硬脂。

固体脂在液体油中的溶解度随着温度升高而增大，当温度逐渐降至某一点时，固体脂开始呈晶粒析出，此时的温度称为饱和温度。固体脂浓度越大，饱和温度越高。

第三节　油脂精炼的安全操作规程

一、开车前准备

（1）检查原料油库、成品油库情况，检查进出管道、泵是否完好，以及阀门的开闭情况。

（2）检查水、碱、磷酸等辅助材料是否充足，清理热水箱，检查浮球水阀，应使之活动灵活，工作可靠。

（3）按离心机安全使用规程检查离心机。

（4）检查工段内各种设备完好情况。凡转动设备、手试盘应能转动，无卡阻现象。所有减速器中的润滑油量应充足，品质良好；各泵轴承挡应保持有润滑脂。

（5）检查所有电器装置、电机、仪表装置、照明设备，应达到全部完好。

（6）做好生产操作规程所要求的其他各项开车前的准备工作。注意在搬运和输送磷酸、碱时，应小心防止灼伤皮肤、眼睛等。当有磷酸或碱溅着皮肤时，立即用大量清水冲洗皮肤和衣服等；当溅着眼睛时，立即先用干净自来水冲洗眼睛，冲洗时尽量翻开眼皮，然后到医务室用眼睛冲洗液继续清洗、治疗。

（7）蒸汽供到车间汽缸后，调节降压阀，使低压分汽缸表压稳定在 0.55MPa。

二、开车

（1）准备工作全部就绪后，即可开车。应严格按照生产操作规程规定的步骤开车。

（2）启动热水泵后，应检查各离心机进口管进水球阀，不得发生泄漏。热水箱应保持充满水，水温 90℃以上。

（3）按离心机安全使用规程启动离心机，检查离心机振动、有无异声出现等情况，否则应查明原因，排除故障或停机处理。进油后调节 1 号、2 号离心机背压不得大于 0.4MPa。3 号离心机背压不得大于 0.35MPa。

（4）调节各加热器蒸汽压力，保持生产操作规程要求的油温。但板式加热器蒸汽压力不得大于 0.2MPa。列管加热器蒸汽压力不得大于 0.4MPa。油冷却器后油温在 70℃以下。

（5）检查各转子流量计是否正常工作，各压力表、温度计指示正确。

（6）检查各设备运行情况是否正常，电流指示正常。

（7）油进入真空干燥器后，开精炼油泵，油回入毛油缸，同时取样化验。有关指标合格后，切换阀门，使油入成品库。真空干燥器压力不高于-0.095MPa。

三、正常运行

(1) 经常巡回检查各设备运行情况，特别是离心机的工作情况。出现故障时，离心机部分按离心机安全使用规程处理，其他设备在不停车不能排除故障时，即停车处理。

(2) 真空度下降，影响油品质量时，油回毛油缸；待恢复正常后才能入成品库。

(3) 水化脱磷生产，每小时280℃加热试验一次，碱炼生产，每班送检酸价及其他指标两次以上。指标不合格，油不得入成品库。并立即检查原因，排除故障，待油样合格后才能入成品库。

(4) 认真做好生产记录、故障和排除故障记录，做好清卫工作和交接班记录。

(5) 当离心机出现异常情况，如突然怪叫、重相大量跑油、两相分离不清时，立即停机，同时停毛油泵和三泵头定量泵，关闭毛油缸出口阀，按停车顺序停车。如出现离心机强烈振动等情况，注意不要靠近，在远处监视，并立即报告领导。

(6) 在确认排除故障后可开车，开车前应认真检查一遍阀门等情况。

四、停车

在接到停车通知或发生设备故障或其他故障，如离心机需清理、转鼓清洗液、机械密封泄漏、冷却水中断等，不能正常生产时，应停车。停车应严格按照正常停车操作规程规定步骤进行。并立即关闭毛油缸出口阀门，停车时应注意观察离心机和其他设备的情况，保证离心机供水系统运转。在离心机完全停止运转后，方可停掉热水泵。同时查看原料油库、成品油库及关闭有关阀门。

发生突然停电时，立即关闭毛油缸出口阀和磷酸、浓酸、淡碱出口阀、离心机进油阀，打开离心机进水阀，尽量维持离心机进水，冷却水转鼓清洗水，根据停车要求关闭阀门和破真空。立即通知电工排除故障，迅速供电。来电后应先开热水泵，向离心机进水，待离心机降速至400r/min以下，方可重新启动离心机。重新检查设备阀门和水、电、汽等确实具备开车条件后，再按正常开车顺序开车。

发生突然停水时，如热水箱断水，立即向热水箱充水，如果正常水泵断水，迅速启用辅助水源，一时来不及供水时，首先停离心机，然后按正常停车顺序停车。

发生突然停汽时，首先切换精炼油泵出口阀门至毛油缸停三泵及关闭有关阀门，如短期内不能供汽，按正常停车顺序停车。

第五章　水酶法制取核桃油和核桃蛋白技术

油脂工业中食用植物油常用的提取方法主要有：传统压榨法、冷榨法、超临界 CO_2萃取法、溶剂浸出提油法、水代法、水酶法。目前国内仍普遍采用压榨法和浸出法来提取核桃油。而在国外，采用酶解提油技术、酶解压榨提油技术和冷榨提油技术提取核桃油已被广泛应用，技术已经相当成熟，同时也获得了较高的经济效益；日本将冷榨提油技术应用于工业生产中，已经形成了一系列的生产链。目前中国的提油新技术应用不成熟，先进的提取技术不能充分应用于工业化生产。溶剂浸出法适用于大批量连续化生产，出油率高，但难以避免核桃蛋白变性。压榨法多采用热榨，会影响油的品质和核桃仁蛋白资源的进一步开发利用。传统压榨法是我国广大核桃产区传统的加工方法，但对营养成分破坏较大，含杂质多；冷榨法能较好保留原料中营养成分，不引入化学溶剂，是较天然的加工方式，但提油率低，压榨形成的饼附加值低，导致成本高；超临界 CO_2萃取法操作条件比较温和，所萃取油脂的质量较好，但对设备的要求较高，存在生产成本较高等问题；溶剂浸出提油法能实现高度连续化和自动化控制，但时间长、有机溶剂残留有害健康等问题难以解决；水代法提取油因其温和的操作条件保证了较高的油脂品质，毛油不需要进一步精炼即可得到澄清的成品油，生产设备简单，但出油率低于传统浸出法，且在浸提过程中易污染微生物，劳动强度大，生产成本高于机榨。

第一节　水酶法制取原理

酶解提取法又称作水相酶法，主要是利用酶的专一性将原料中的果胶、纤维素、半纤维素等非蛋白的成分水解除去，从而在提高蛋白含量的情况下提取出目标蛋白。水酶法取油是在油料破碎后加水，以水作为分散相，酶在此相中进行水解，使油脂易于从油料固体粒子中逸出，利用固体粒子分散于水相而与油脂分离。与传统提油工艺相比，水酶法提油工艺具有处理条件温和、工艺简单、能耗低等优点，该法同时将酶法提油与蛋白质综合利用相结合，反应条件温和，可保证蛋白质中的营养成分不被破坏，同时可将蛋白质由大分子降解为小分子，使之更加容易为人体所消化、利用，从而能快速实现酶法提油产业化。超声波能引起空化等一系列的特殊效应，可促进物料中有效成分的溶出，因具有成本低、设备简单、操作容易、提取效率高等优点应用于油料中油脂的协助提取。一些研究表明，超声辅助水酶法提取可提高油的提取效率，且对油的品质影响不大。目前这种方法还不够成熟，并不能保证高蛋白质得率，距离分离蛋白的要求还有一定的距离，须进一步研究。

水酶法植物油脂主要来自油料植物的种子。油脂在油料种子细胞中有两种存在形式，其中一种是游离形式，一般存在于油料种子细胞的液泡中；另一种为结合形式，是与细胞内的碳水化合物和蛋白质等相对分子质量较大的物质结合组成的脂蛋白、脂多糖等复合体，这种形式主要存在于细胞质中。当提取植物油脂时，先用机械方法把油籽粉碎，加入酶液对细胞壁进行处理，如此能使包裹油脂的半纤维素、纤维素、木质素等物质降解，导致细胞壁破裂，油脂游离出来，经过液固分离得到油脂。提升出油率及油品品质途径有如下几种。

（1）用复合纤维素酶降解植物细胞壁骨架、破坏细胞壁，使油脂游离出来。

（2）用蛋白酶等物质对蛋白质进行水解作用，将包络于油滴外的一层蛋白膜，或细胞中的脂蛋白进行破坏，将油脂释放出来。

（3）用果胶酶、α-淀粉酶、β-葡聚糖酶等对果胶质、淀粉、脂多糖的水解及分离作用，有利于提取油脂，而且可有效保护油脂、蛋白质及胶质等。

水酶法提取植物油的原理是利用酶类物质分解植物细胞壁，植物细胞壁的主要成分为纤维素，因此常用酶系为纤维素酶、果胶酶、蛋白酶等，细胞壁被酶分解后，使得油脂容易从油料作物细胞中释放出来，油脂的这一释放过程始终在较温和条件下完成，因此保证了油脂和蛋白质良好的品质。

第二节　水酶法提油和蛋白的研究现状

近些年来，已将水酶法作为一种较为先进的提取油脂工艺进行深入研究，其是一种能够替代正己烷提取油脂，并且能够同时从油料中分离油和蛋白质的技术。替代溶剂提取油脂的方法已经存在很多年，其中一些提取油的方法相较于溶剂提取法早了几个世纪，但是迄今为止没有一种方法的油脂提取率能够与溶剂提取法相媲美。然而，现如今随着石油开采量增加，开采难度升高，导致开采成本的逐渐升高，另外人们的环境保护意识的加强，石油资源的使用越来越被关注，新兴技术的发展来替代溶剂提取法提取食用油越发受到关注。因此，水酶法提取油脂的工艺已经慢慢引起人们的注意。因为水酶法不仅能保证环境友好和安全，而且在提取过程中能够同时将油料作物中的油脂和蛋白质同时提取，既能降低环境污染，又能提高油料作物的利用率，还能保证油脂的绿色健康和一线工人的安全。

油料水酶法预处理制油工艺与原料品种（含油率）、成分、性质以及产品质量要求等因素密切相关。根据需要，一般可供选择的技术方案有三种。

（1）高水分酶法预处理制油工艺　即将脱皮后的高油分油籽先磨成浆料，同时加水［料水比为1：（4~6）］加酶，水作为分散相，酶在此水相中进行水解，使油脂从固体粒子中分离出来。固体粒子中的亲水性物质溶到水相中，与油脂分离（重力、离心力或滗滤）。酶的作用还可以防止脂蛋白膜形成的乳化现象，有利于油水分离，同时水相又能分离出来磷脂等类脂物，提高了油脂的纯度。该工艺属于改进型水代法制油范畴，适用于大多数高油分油料，如葵花籽仁、花生仁、棉籽仁、可可豆、牛油树果、油橄榄以及玉米胚芽等，并取得了良好效果。

（2）溶剂-水酶法预处理制油工艺　即在上述水相酶处理的基础上加入有机溶剂，作为油的分散相，萃取油脂，目的在于提高出油效率。溶剂可以在酶处理前或处理后加入。也有人认为，在酶处理前加溶剂出油率高些。酶解的作用即使油能容易从固相中（蛋白质）分离，也容易和水相有效地分离，形成溶剂相的“混合油”与“水相”，一般可用滗析或离心机进行分离。此法适用范围基本同上述水相酶处理工艺，不适于低油分油料如大豆等。

（3）低水分酶法预处理制油工艺　即酶解作用在较低水分条件下进行的一种技术方案。这是对传统制油工艺的优化与完善。由于酶解作用所需要的水分较低（20%~70%），工艺中不需加油、水分离工序。与上述两种工艺比较则无废水产生。但水分低也会引起酶的作用效率下降、粉碎颗粒大不宜于酶处理等问题。因此，该法仅适用于高油分软质油料，如葵花籽仁、脱皮卡诺拉油菜籽等。

我国的水酶法研究始于20世纪90年代中后期，王璋等采用酶法从全脂大豆中同时制备大豆油和大豆水解蛋白的工艺，水提过程的最佳工艺条件为固液比1：10、温度44℃、pH 7.7和提取时间36min，含油大豆蛋白经过两次有控制的酶解，得到等电点可溶大豆水解蛋白（ISSPH）和稳定性低的乳化油，通过转相法破乳，从乳化油分离得到纯度较高的大豆油，水解蛋白和大豆油的得率分别达到74%和66%，同时还探讨了等电点可溶大豆水解蛋白的功能性质及其在食品中的应用。钱俊清等利用中性蛋白酶水解大豆，开创了大豆水相酶法有机溶剂萃取提取大豆油的工艺并对其工艺条件进行优化，使油的酶法制取成为现实。此工艺是在水相提油工艺的基础上加入与水不相溶的有机溶剂，以提高取油效果，有机溶剂可以在酶处理之前加入也可以在酶解之后加入。钱志娟也在国外酶解预处理研究的基础上，建立了玉米胚水酶法提取油脂及蛋白质的新工艺，对热处理工艺条件进一步优化，同时对酶配方进行了研究。结果表明，经过反复解冻冻结的原料浸泡于0.05mol/L的柠檬酸溶液中，112℃处理65min，在酶最适条件下依次加入酸性蛋白酶和纤维素酶，添加质量分数分别为2.5%、1.5%，提油率达到91.0%。并经纳滤、浓缩、喷雾干燥得到低脂蛋白质和碳水化合物。王素梅等对玉米胚水酶法提油工艺机理的研究结果表明，缓冲液中蛋白质溶出量随热处理时间的延长而增加；在 pH 5.0 时，溶出量最低，偏离 pH 5.0 越远，溶出量越高；热处理时间越长，缓冲液 pH 越低，酶解体系中低相对分子质量蛋白质及肽所占比例越高。李君等用纤维素酶和中温 α-淀粉酶提取玉米胚芽油的水酶法工艺研究表明，纤维素酶和中温 α-淀粉酶的复合作用能显著提高玉米胚芽油的收率，适宜工艺参数为料液比 1∶5、蒸汽预处理时间 25min，加酶量 0.8%（纤维素酶和淀粉酶的配比为 5∶3）、反应时间 6h。杨慧萍等对水酶法提取米糠油工艺进行了研究，在蒸汽预处理、淀粉酶用量 0.5%、蛋白酶用量 0.2%、反应时间 6h 条件下，经正交实验得到水酶法提取米糠油的最佳工艺为酶解温度 60℃、纤维素酶用量 1.2%、pH 5.0、料液比 1∶5，米糠出油率达到 85.76%。在上述影响因素中，纤维素酶用量为主要影响因素，其他依次是料液比、pH 和酶解温度。王瑛瑶等采用水酶法从花生中提取油与水解蛋白质，结果表明：选用 Alcalase 作为水解酶，酶与底物比为 25g/L，酶解 5h 后，清油与花生水解蛋白得率分别为 86%与 89%；随 DH 升高，清油得率与等电可溶花生水解蛋白得率相应增加，DH 从 16%上升到 20%，相对分子质量较低的花生水解蛋白所占的比例稍有增加，但相对分子质量分布范围无显著差异，集中在 200~300；花生水解蛋白的溶解性能不受 pH 影响，水酶法制得的花生油品质符合精炼花生油的质量要求。刘志强等以花生含油蛋白水提液为材料，研究了酶解花生蛋白工艺条件对其残油率的影响。结果表明，AS1.398 中性蛋白酶处理的适宜参数为温度 49℃、pH 7.3、时间 1.5h、加酶量 200U/g（油料），在此条件下花生蛋白残油率可下降到 2.3%~2.5%，花生蛋白残油率与其水解度呈现一定相关性。张慧敏等对水酶法提取杏仁油进行了研究。经过一系列水酶法萃取试验后发现，不同萃取条件对于出油率的影响很大，从中筛选出水酶法萃取的最佳条件为，选取进口（日本 Yakult 公司）纤维素酶与木瓜蛋白酶的复合酶（1∶1）、加酶量 3%、作用时间 3h、料液比 1∶2、反应温度 40℃；水酶法比浸出法制得的毛油更清亮，酸价略低，磷脂少，油质稳定。刘志强等对水酶法花生、油菜籽提油与传统水剂法制油进行比较发现，除提油率提高以外，蛋白表现为低度水解，DH 小于 6%；工艺过程对蛋白的功能特性有一定影响，表现为低度改性，所得蛋白溶解度显著提高，尤其是在蛋白等电区域，同时具有更好的起泡性和乳化性；所得蛋白无苦味，但泡沫稳定性和黏度比传统水剂法蛋白差；这些功能特性的变化使得蛋白更有利于用作食品原料。吴素萍等人针对胡麻籽油进行了水酶法的研究，实验结果表明，在最佳工艺条件下，油脂得率接近 80%，实验结果较为理想。Moreau 等人针对玉米油对比正己烷浸提法和水酶法的提取情况，实验进行成分比较，结果表明：水酶法中确定酶系为中性蛋白酶、纤维素酶，当添加量为 0.2mL 时，油脂提取率达 80%左右，在此水平上增加酶用量继续试验，油脂提取率增加趋势不明显，当酶量增加到 4 倍水平时，油脂提取率高达 90%，表明了水酶法的有效性；Moreau 等人针对大豆油采取二阶段逆流水酶法进行研究，研究结果显示油脂提取效率高达95%，与正己烷浸出法所得油脂提取率相近。由此可知，水酶法提取油脂是一种有效的方法，而且整个反应体系中的产物与提取物之间各自独立不发生反应，从而可以有效地保护提取油脂及蛋白质成分的品质，促进了油料的综合利用效果。易建华等人分别用水酶法和溶剂法提取核桃油，并对其理化性质进行比较研究。研究发现，不同提取方法（水酶法、溶剂法）对核桃油的理化特性有一定的影响。水酶法提取的核桃油透明度高，色值低，且风味好；水酶法提取所得核桃油的酸价、未皂化值及磷脂含量均低于溶剂法，有利于油脂的后续精炼；水酶法与溶剂法对核桃油的脂肪酸组成影响不显著；水酶法提取核桃油的氧化稳定性低于溶剂法。史双枝等人对水酶法同时提取核桃仁油脂及水解蛋白的工艺进行了研究，确定了中性蛋白酶从核桃仁中提取油脂与蛋白。在反应温度60℃、pH为6.0、料液比1∶4（g/mL）、加酶量1.5%、酶解时间2.5h的条件下，游离油提取率为34.0%，水解蛋白得率为12.37%。何爽等人对同步加酶超声提取核桃油和核桃蛋白进行了研究。试验以核桃为原料，在水酶法提油试验研究基础上，确定核桃油和核桃蛋白肽同步加酶超声提取工艺介入超声的方式和超声条件。通过分析核桃油的理化性质，评价同步加酶超声提取效果。结果表明，采用酶解超声同步方式效果优于酶解前和酶解后超声提取，最优同步加酶超声提取工艺为：纤维素酶0.5%，碱性蛋白酶0.1%，pH 5.5，超声时间5min，超声功率360W，超声温度55℃，料液比1∶7（g/mL），超声和酶解时间共2h，核桃油提取得率53.61%，核桃蛋白水解度达29.17%。超声处理提取得率高，且对核桃油品质无显著影响。

在油脂提取工艺中应用酶技术，其主要作用是提高油脂的提取率及油脂、副产品的质量。随着生物技术的高速发展，酶制剂生产水平日益提高，酶的品种增多，生产能力增大，酶的稳定性提高以及价格下降，这些都为酶法提取植物油脂创造了良好的条件。

然而水酶法最大的掣肘原因是酶系的成本偏高，但如今伴随着生物工程的发展，酶制剂工业化的生产，酶的生产成本不断下降。随着酶的价格下降，水酶法提取油脂的成本在不断下降，因此利用水酶法处理制取植物油脂能为油脂制取工业带来新的可能和发展前景。总之，水酶法是一种极具潜力的安全高效的新兴植物提取方法。

传统食用蛋白经酶解获取多肽可大大提高其功能性和生理活性。据研究报道，一些蛋白酶酶解蛋白获取的生物活性肽具有抗氧化、降血压、降胆固醇和抑菌性等多种生理活性，且酶解方法成本低、条件温和、节能环保、蛋白变性小、短肽得率高，近年逐渐成为各国研究的热点。

第三节　水酶法制取核桃油及核桃蛋白的工艺

一、水酶法制取核桃油及核桃蛋白工艺流程

核桃水酶法制油及制蛋白工艺流程如下。

步骤一：

核桃仁→烘烤→磨浆→加水混匀→灭酶→酶解→灭酶→离心分离→油相、乳状液、蛋白液

步骤二：

乳状液→冷冻破乳→解冻分离→二次冷冻破乳→二次解冻分离→油相→与步骤一中的油相合并即为核桃油制品

步骤三：

蛋白液→冷冻干燥→粗蛋白粉→脱脂→加糖化酶纯化→纯度提高的蛋白液→冷冻干燥→蛋白粉制品

二、水酶法制取核桃油工艺操作要点

（1）核桃仁脱皮　去壳后的核桃仁，以4% Na_2CO_3和10% Ca（OH）$_2$混合液100℃热烫20min去掉外包种皮，然后用清水洗净，沥水晾干。

（2）烘烤　90℃烘烤15min。

（3）磨浆　在50℃温水下浸泡1h，料液比1∶5（g/mL），匀浆机中匀浆20~25min。

（4）灭酶　浆液加热至100℃灭酶5min，降温至50℃。

（5）酶解　采用淀粉酶和蛋白酶复合酶，酶用量为2.0%，酶解pH 6.0，50℃的条件下酶解2h。

（6）离心分离　酶解完成后，8000r/min离心30min，分离核桃油。

（7）破乳　向乳油中加入破乳剂，调节pH为4.5，用强烈的机械搅拌机进行破乳，温度调节为80℃，且在酸性条件下，可促使乳化液由水包油型（O/W）向油包水型（W/O）转化而实现破乳。

核桃仁的粉碎方法可分两种：机械干磨法及湿磨法。干磨法通常用于含油量较低的物料，粉碎时可避免油脂乳化。由于核桃仁是高油分物料，在干磨过程中易结成油饼或形成糊状，阻碍进一步碾磨，而湿磨法在研磨时加入了大量的水，会加重油水乳化现象。故在生产及科研试验中，可考虑利用干磨与湿磨各自的优点，结合利用。

在水酶法提取油脂的预处理工艺中，原料破碎程度是影响酶作用及油得率的

重要因素。颗粒越小，提油率越高。王瑛瑶认为，纵然湿法破碎的物料平均粒径小于干法粉碎，但湿法破碎后的乳状液要比干法破碎形成的乳状液稳定得多，更难于破乳，破乳后有 1.421%的油脂残存于乳状液中，这可能与原料的结构组成不同有关。通常使用干法与湿法相结合的方法，既可避免形成稳定性高的乳状液，同时可将原料充分破碎。

李天兰等人的研究认为，提取核桃油预处理的最佳工艺为：热处理时间 19min、热处理温度 53℃、磨浆时间 8min。在此最佳预处理条件下核桃油的提取率为 54.83%。酶解工艺的最佳试验组合为：酶解温度 60℃、酶添加量 3.5%（即纤维素酶 70U/g 原料，木瓜蛋白酶 3360U/g 原料）、料液比 1∶8、酶解时间 4.0h，清油提取率为 76%。易建华等人讨论了酶的选择对核桃油提取率的影响，认为三种酶，即蛋白酶、果胶酶与纤维素酶的复配效果最佳，清油提取率在 40%以上。

在水酶法提取核桃油的过程中，酶作用底物一段时间后，蛋白质、油脂等大分子物质从细胞内扩散到水相中，而蛋白质具有双亲性，表面活性显著，一部分链段具疏水性，一部分则是亲水性的。界面上存在的具双亲基团蛋白质大分子吸附层可通过本身的结构产生斥力，来克服因布朗运动或其他外在因素导致的液滴相互靠近，为乳状液提供良好的空间稳定性。因此必须对酶解液进行破乳操作。破乳工艺在水酶法提取核桃油中是重要的一个环节，溶液在酶解过程中会形成较稳定的乳状液，使得油脂很难游离出来，因此破乳工艺在很大程度上关系到提油率的高低。李天兰等人的研究认为，破乳工艺对核桃油提取率影响的最佳工艺参数为离心转速 12000r/min，离心时间 25min，pH 为 4.5。在此条件下的提取率为 84.01%。

三、水酶法提取核桃油及蛋白的研究

近年来的研究表明，用酶处理可提高油脂得率，而温和的酶处理条件对脱脂后油料饼的进一步利用有较大好处，但因有效酶制剂（主要是纤维素酶、果胶酶等）成本长期高居不下而影响了该法的应用，针对这些不足，以核桃饼为原料，采用产量大、价格低廉的碱性蛋白酶作提油用酶，可在温和的处理条件下探索出一条可行的提油工艺路线。

（一）核桃油提取率以及蛋白质的提取率和纯度的计算公式

核桃油提取率（%）= 提取核桃油的质量/（样品质量×核桃饼中油脂质量分数）×100

核桃蛋白提取率（%）= 制备得到的蛋白质量/原料中蛋白质量×100

核桃蛋白纯度（%）= 蛋白质量/分离蛋白干基质量×100

（二）单因素试验

1. 酶解温度的影响

取 20g 样品，加双蒸水混合，料液比 1∶10，在反应温度为 40，45，50，

55℃的条件下，调 pH 为 9，加酶量为 0.2%，酶解 3h 后，90℃下灭酶 10min，冷却，5000r/min 离心 30min，取油层，测量油脂得率，同时对蛋白质量及纯度进行检测，计算蛋白得率。

2. 酶解 pH 的影响

取 20g 样品，加双蒸水混合，料液比 1∶10，调反应温度为 50℃，在反应 pH 为 8，9，10，11 的条件下，加酶量为 0.2%，酶解 3h 后，90℃下灭酶 10min，冷却，5000r/min 离心 30min，取油层，测量油脂得率，同时对蛋白质量及纯度进行检测，计算蛋白得率。

3. 酶解时间的影响

取 20g 样品，加双蒸水混合，料液比 1∶10，反应温度为 50℃，pH 为 9 的条件下，加酶量为 0.2%，酶解时间为 2，3，4，5h 后，90℃下灭酶 10min，冷却，5000r/min 离心 30min，取油层，测量油脂得率，同时对蛋白质量及纯度进行检测，计算蛋白质得率。

4. 加酶量的影响

取 20g 样品，加双蒸水混合，料液比 1∶10，反应温度为 50℃，pH 为 9 的条件下，加酶量为 0.1%、0.2%、0.3%、0.4%，酶解 3h 后，90℃下灭酶 10min，冷却，5000r/min 离心 30min，取油层，测量油脂得率，同时对蛋白质量及纯度进行检测，计算蛋白得率。

（三）酶解工艺的正交试验

在单因素实验的基础上，考虑各因素的交互作用。选择反应 pH、反应温度、加酶量和酶解时间进行正交试验。

（四）糖化酶酶法去杂提高产品蛋白质纯度

用上述方法制备得到的蛋白作为原料，加双蒸水混合均匀，根据糖化酶的适合反应条件，调节 pH 4~5，温度 55℃下加入 0.2%的酶水解 60min，90℃下灭酶 10min，冷却，5000r/min 离心 30min，取沉淀水洗调 pH 7，冷冻干燥后保存。

（五）不同水解酶对油脂及蛋白质得率的影响

采用酶解工艺可以有效瓦解细胞壁，促使细胞内物质溶出。采用能降解植物油料细胞壁的酶或对脂蛋白脂多糖等复合体有降解作用的酶（主要包括纤维素酶、果胶酶、淀粉酶、蛋白酶等）处理油料可以提高油脂提取效果。不同酶制剂对油脂及蛋白质得率的影响如图 5-1 所示。

由图 5-1 可知，对于核桃来说，碱性蛋白酶是最适合其油脂及蛋白的水酶法提取的酶制剂。

（六）酶解工艺条件的确定

1. 酶解温度的影响

温度对核桃饼油脂得率及蛋白质得率的影响如图 5-2 所示。

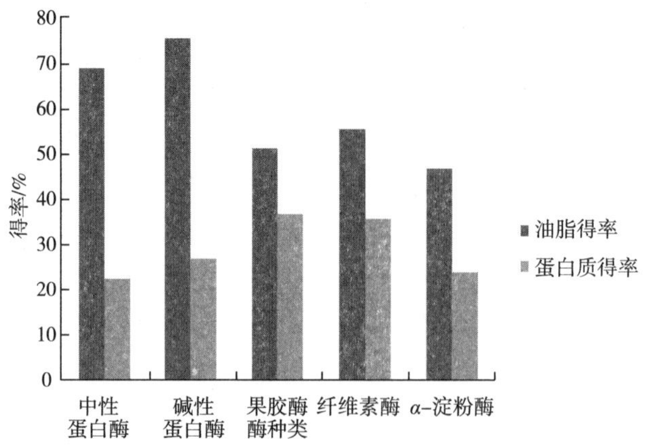

图 5-1　不同酶制剂对油脂及蛋白质得率的影响

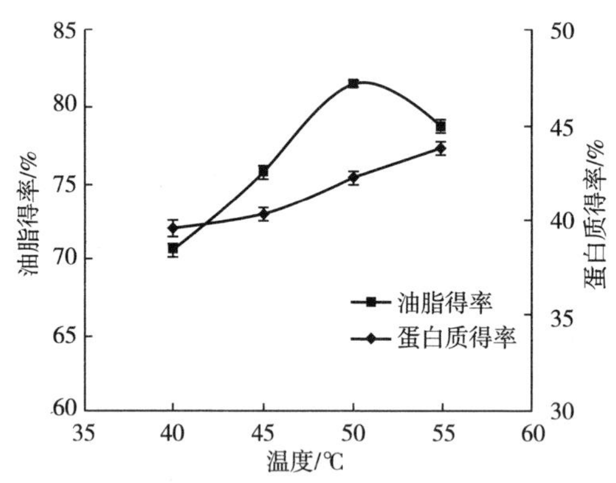

图 5-2　温度对核桃饼油脂得率及蛋白质得率的影响

当温度在 40~50℃时，出油率随着温度的上升迅速提高，当温度高于 50℃后，出油率下降。这是由于当温度在 40~50℃时，随着温度的升高逐渐接近酶的最适温度，酶的作用增强，所以出油率提高。当温度超过 50℃时，酶的活力有所下降，同时核桃蛋白的溶解度较大，分子的立体结构伸展，其对油滴的吸附能力增大，故出油率减小。而对于蛋白在此研究条件下，随着温度的升高蛋白得率也缓慢升高，故酶解温度在 50℃左右较为合适。

2. 酶解 pH 的影响

考虑到碱性蛋白酶的活性，酶解 pH 选取 8，9，10 和 11。反应 pH 对核桃饼油脂得率及蛋白质得率的影响如图 5-3 所示。

当体系 pH 由 8 增加到 9 时候，提油率升高并达到峰值 75.65%。当 pH 超过 9 时提油率开始下降。体系 pH 与蛋白质溶解度有关，而蛋白质的溶解又与油脂释放密切相关。随着 pH 的增加，一方面核桃蛋白水解程度增大，包裹在核桃蛋

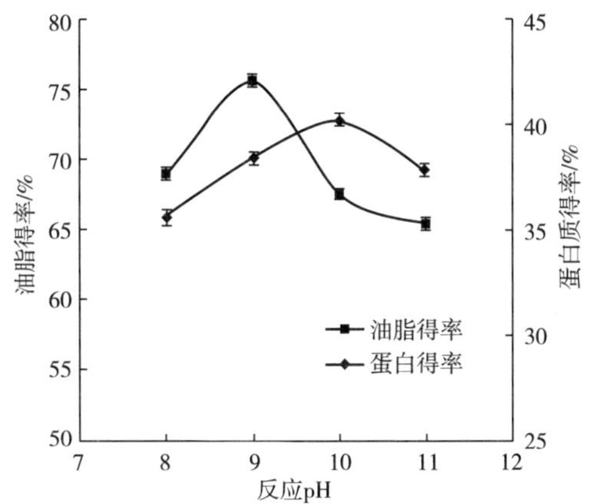

图 5-3 反应 pH 对核桃饼油脂得率及蛋白质得率的影响

白内或与核桃蛋白以氢键相连的油脂释放得越多，另一方面，pH 影响了核桃蛋白分子、油脂分子及酶蛋白分子的性质，使碱性蛋白酶在新的水油混合体系中和底物的契合达到了新的平衡，促进了酶解的进行；但蛋白质溶解度较大时，会增加乳化程度，反而使提油率下降，故当体系 pH 在 8～10 的范围内蛋白得率是逐渐升高并且达到最高值。综合结果来看，反应 pH 取 9 最合适。

3. 酶解时间的影响

反应时间对核桃饼油脂得率及蛋白质得率的影响如图 5-4 所示。

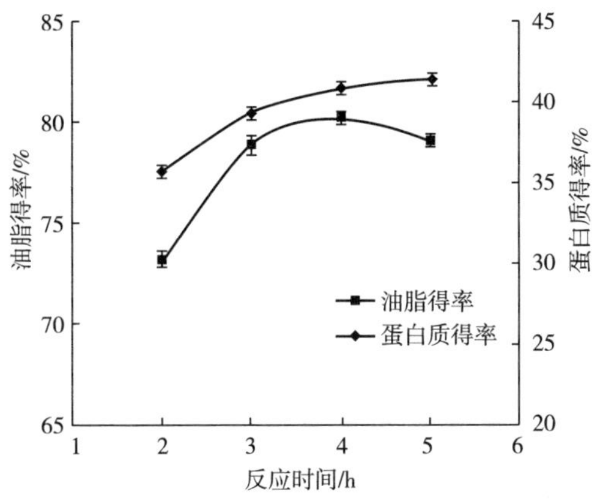

图 5-4 反应时间对核桃饼油脂得率及蛋白质得率的影响

由图 5-4 可以看出，酶作用 4h 时提油率最高，在 4h 以后，提油率开始下降。这是因为随着酶解时间的增加，细胞壁逐渐降解，酶与底物反应越彻底，油的释放也会相应增加。但提油时间过长，会导致油品质的下降。由于核桃油不饱和脂肪酸含量很高，极易被氧化，所以酶解时间不宜过长。蛋白随着酶解时间的增加得率保持增加趋势，可能是酶解过程的持续进行使得蛋白质更多地从细胞中释出，而由于蛋白的释出，蛋白促进了乳化层的形成，因此使得油脂存于乳化层中，使得油脂得率下降。但是 3h 以后两者得率的增长都比较缓慢，所以反应时间为 3h 最为适宜。

4. 加酶量的影响

加酶量对核桃饼油脂得率及蛋白质得率的影响如图 5-5 所示。

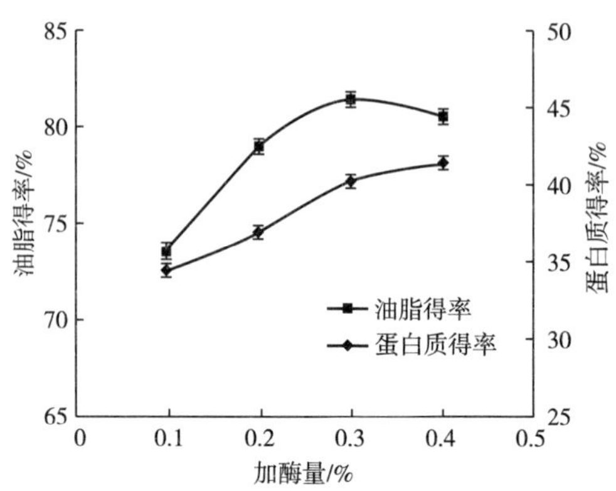

图 5-5　加酶量对核桃饼油脂得率及蛋白质得率的影响

蛋白酶能够破坏细胞壁结构，使得里面的物质释放出来，从而能有效提高油和蛋白的得率。随着酶用量的增加，油脂得率先增加后降低，当添加量达到 0. 3%时，油脂得率为 81. 45%。对于蛋白提取，在此实验蛋白质得率随着加酶量的增加而升高，蛋白质得率逐渐上升，后半段升高趋势缓慢。由此可得，在考虑经济因素的情况下，加酶量为 0. 3%时，油脂及蛋白质得率均达到较高值。

5. 酶解工艺的正交实验

各因素对提油率影响的主次顺序为酶添加量>酶解时间>酶解温度>酶解 pH，最优组合为酶解 pH 为 9，酶解时间为 4h，加酶量为 0. 4%，酶解温度为 50℃。

直观分析趋势图如图 5-6 所示。

为验证优化工艺条件的可靠性和重现性，对最优工艺条件进行 3 次重复实验，测得的 3 次验证试验核桃饼提油率达 85. 02%。

6. 蛋白纯化工艺的确定

（1）酶法去杂　加入糖化酶后，蛋白的纯度由 75. 34%提高到 81. 26%。

（2）蛋白水洗次数和温度的最佳条件确定　水洗温度对蛋白纯度的影响如图 5-7 所示。

水洗次数对蛋白纯度的影响如图 5-8 所示。

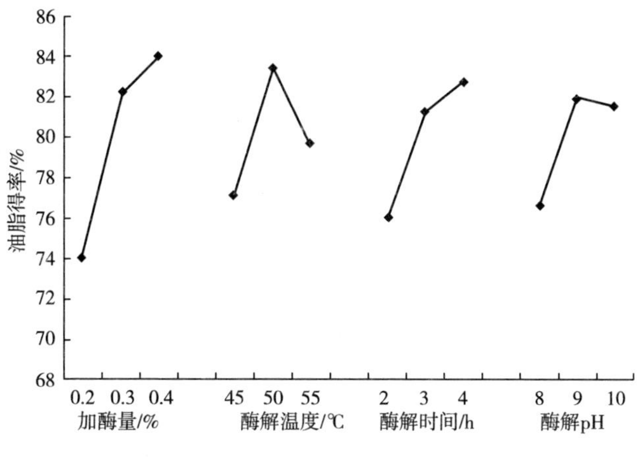

图 5-6 直观分析趋势图

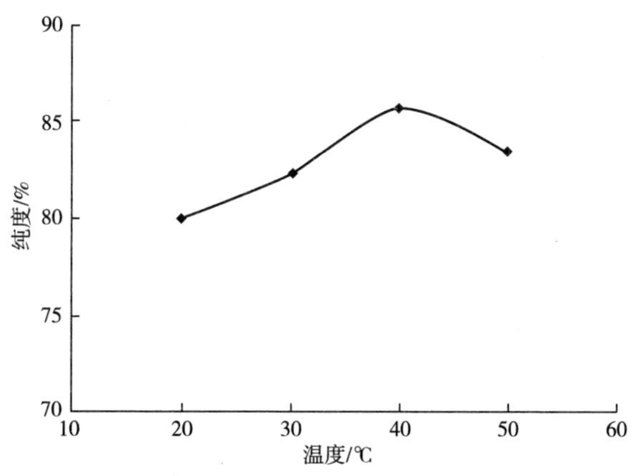

图 5-7 水洗温度对蛋白纯度的影响

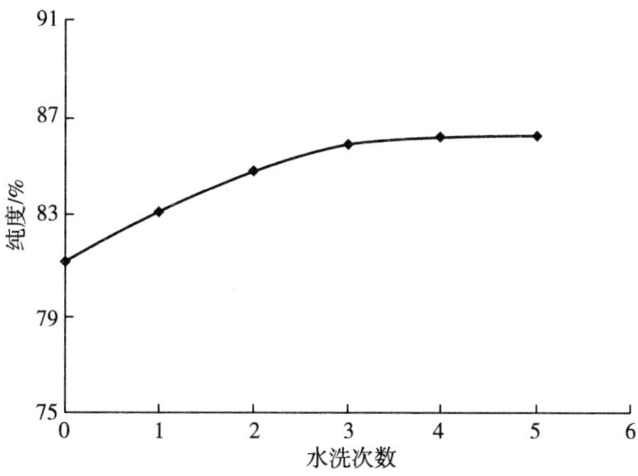

图 5-8 水洗次数对蛋白纯度的影响

由图 5-7 可知，水洗温度为 40℃时蛋白纯度达到最高为 85.68%；由图 5-8 可以知道，随着水洗次数的增加，水洗纯度越高，前期增长较快，后期增加缓慢，然而水洗次数越多，蛋白的得率会下降，蛋白损失多，所以选择水洗两次最好。

（七）结论

（1）先通过单因素实验分析各因素的影响趋势，再考虑其各因素的交互作用设计四因素三水平的正交实验，以对提油率为主要指标，得到影响提油率的主次顺序为酶添加量>酶解时间>酶解温度>酶解 pH，最优组合为酶解 pH 为 9，酶解时间为 4h，加酶量为 0.4%，酶解温度为 50℃。最后通过验证优化工艺条件的可靠性和重现性，得到核桃饼提油率达 85.02%。

（2）对水酶法提得的粗蛋白进行加酶去杂纯化，根据糖化酶的适合反应条件，调节 pH 4~5，温度 55℃下加入 0.2%的酶水解 60min，水洗温度为 40℃时水洗蛋白两次得到纯度为 85.98%的核桃粗蛋白。

四、水酶法提取核桃油及蛋白的工艺设备

用于核桃水酶法制油，处理量 4t/d 的设备一览表见表 5-1。

表 5-1　　处理量 4t/d 的设备一览表

编号	设备名称	型号规格	台数
01	斗式提升机	TD160 型	2
02	原料库	Φ200cm×200cm	1
03	粉碎机	FSP56×40 型	1
04	酶解反应釜	Φ400cm×380cm	1
05	卧式离心机	LW-250 型	1
06	暂存罐	200cm×200cm×200cm	3
07	离心泵	ISW15-80 型	3
08	破乳罐	Φ200cm×300cm	1
09	碟式离心机	DHC400 型	1
10	真空干燥塔	Φ400cm×100cm	1
11	缓冲罐	Φ80cm×80cm	1
12	地下成品油池	280cm×280cm×280cm	1
13	齿轮泵	KCB-18.3 2CY-1.1/14.5-2 型	1
14	汽水串联喷射泵	RPP-54-180 型	1
15	中间反应罐	Φ300cm×300cm	1

续表

编号	设备名称	型号规格	台数
16	过滤机	$B_{M}^{A}J2/420-U_{K}^{B}$ 型	1
17	离心喷雾干燥装置	YPG-300 型	1
18	烘干机	ZG-30T/D · T	4
19	分气缸	BH2013	1
20	螺旋输送机	LSS10	1

尽管水酶法提取油脂的工艺还未在实际生产中普及，但随着石油资源的匮乏、企业对降低生产成本的渴望以及人们对油脂质量要求的提高，水酶法会在未来油脂制取中得到发展，同时借助高效提取、分离技术回收蛋白质、多糖等有用成分，可实现科学、全面、客观地体现水酶法的优势，加速推进该技术的普及和工业化的进程。

第六章　核桃油氧化机理及品质控制关键技术

油脂是人类膳食中最主要的热量来源，其能量远高于相同质量的蛋白质和碳水化合物。同时，油脂又是人体细胞的重要组成部分，具有保护内脏、维持体温等重要生理功能。核桃油脂富含不饱和脂肪酸90%以上，其中亚油酸含量最高（约60%），其次是油酸（约20%）和亚麻酸（约10%）。油酸是最具有代表性的单不饱和脂肪酸（Monounsaturated Fatty Acid，MUFA），具有调节血糖、血脂，预防动脉硬化等作用。ω-6系列的亚油酸和ω-3系列的亚麻酸同属人体必需脂肪酸，是维持生命的重要物质，具有消炎、抗肿瘤、提高记忆力、促进婴幼儿脑部发育以及预防心脑血管疾病等作用，是核桃油脂中主要的多不饱和脂肪酸（Polyunsaturated Fatty Acid，PUFA）。

除具有较高的不饱和脂肪酸含量外，核桃油中还含有丰富的生育酚、多酚、磷脂等微量组分。其中，生育酚是核桃油中生物活性较高的微量组分，具有抗癌、抗氧化、调节激素分泌等作用；β-胡萝卜素不仅是油脂中的主要色素，还是生成维生素A的前体物质，具有提高免疫力、抑制癌细胞增殖等生理学作用；磷脂则具有调节人体代谢、促进脑部发育以及预防骨质疏松等功效，但由于其乳化作用，会在一定程度上降低油脂品质，因此通常会在油脂的精炼过程中被除去；除此之外，核桃油脂中还含有黄酮以及锌、锰、铬等多种人体必需微量元素。

第一节　核桃油脂氧化稳定性评价方法

油脂的氧化稳定性不仅会影响其货架寿命，更与其食用安全性密切相关。目前，核桃油脂稳定性研究多采用Schaal烘箱法，以过氧化值为指标评价核桃油脂的氧化稳定性。此法虽然传统且应用广泛，但实验过程冗长、操作烦琐且需要消耗大量有毒试剂。同时，由于油脂氧化反应是一个动态系统，因此往往需要结合多种指标，才能更全面地评价油脂氧化状态。Rancimat法是近年来在国外被广泛应用的油脂氧化稳定性评价方法，该法操作简便、精确度高、重现性好，且无需任何化学试剂，不仅可以测定液态油脂样品，还可以测定含油的固体样品。其原理是在测定过程中，反应池中的油脂氧化形成挥发性的小分子有机酸，从而改变了接收池中溶液的电导率，以此自动评估油脂氧化稳定指数（OSI）。研究表明，温度、气流速度和样品质量是影响Rancimat法测定油脂OSI的3个主要参数。因此，通过Rancimat法和Schaal烘箱法分别评价核桃油脂的氧化稳定性，并分析两者的相关性。同时，通过单因素试验和 Box-Behnken（BBD）实验，探究温度、气流速度和样品质量对 Rancimat 法测定核桃油脂 OSI 的影响，并确定最优测定条件，以期为 Rancimat 法评价核桃油脂氧化稳定性及核桃油脂货架寿命的推算提供方法指导与理论参考。

一、材料与方法

（一）主要材料与试剂

核桃仁、三氯甲烷、冰乙酸、石油醚、碘化钾、环己烷、三氯乙酸、2,4-二硝基苯肼、氢氧化钾、无水乙醇，分析纯：天津市天力化学试剂有限公司。

（二）主要仪器

743 型 Rancimat 油脂氧化测定仪：瑞士万通 Metrohm 公司；759 S 型紫外分光光度计：上海荆和分析仪器有限公司；101-2 型电热鼓风干燥箱：北京科伟永兴仪器有限公司；RE-52 A 旋转蒸发仪：上海亚荣生化仪器厂；BS224S-电子天平：赛多利斯科学仪器（北京）有限公司；电热恒温水浴锅：北京科伟永兴仪器有限公司。

（三）实验方法

1. 油脂提取

核桃油脂的提取采用溶剂浸提法，其工艺流程为：

核桃仁→去皮→烘干→粉碎→过 40 目筛→石油醚浸提→抽滤→
回收溶剂→核桃毛油

2. Rancimat 法与 Schaal 烘箱法的相关性研究

取 50g 核桃油脂，置于 50℃烘箱中，每隔 24h 分别测定其过氧化值、酸价、共轭烯烃值、羰基价及 OSI 值。

（1）过氧化值　依据 GB 5009. 227—2016 测定，直接滴定法；

（2）酸价　依据 GB 5009. 229—2016 测定；

（3）共轭烯烃值　依据 GB/T 22500—2008 测定；

（4）羰基价　依据 GB 5009. 230—2016 测定；

（5）氧化稳定指数（OSI）　采用 743 型 Rancimat 油脂氧化稳定仪进行测定。测定条件：温度 120℃、气流速度 15L/h、样品质量 3g。向收集池中加入 60mL 蒸馏水，达到设定温度后开始测定，以电导率的二阶导数最大时作为终点，自动评估核桃油脂 OSI。

3. 货架期预测

（1）烘箱法　取 20g 核桃油脂，分别于 30，40，50，60，70℃烘箱中加速氧化，期间每隔一定时间测定其过氧化值，利用回归方程推算核桃油脂 25℃下的货架寿命。

（2）Rancimat 法　分别在温度 90，100，110，120，130℃条件下，利用 743 型 Rancimat 油脂氧化测定仪自动评估核桃油脂 OSI，并推算核桃油脂 25℃下的货架寿命。

4. Rancimat 法单因素试验

（1）温度　气流速度 15L/h、样品质量 5g 条件下，温度分别为 90，100，110，120，130℃，测定核桃油脂 OSI。

（2）气流速度　温度 110℃、样品质量 5g 条件下，分别设定气流速度 7，10，15，20，25L/h，测定核桃油脂 OSI。

（3）样品质量　在温度 110℃、气流速度 15L/h 条件下，分别取 3，4，5，6，7g 样品，测定核桃油脂 OSI。

5. 响应面实验设计

通过 Design-Expert 8.0 软件设计 3 因素 3 水平 BBD 实验，以 OSI 为响应值进行 BBD 响应面优化实验。

（四）数据处理与统计分析

采用 Design-Expert 8.0 软件进行方差分析和回归分析。

二、结果与分析

（一）Rancimat 法与 Schaal 烘箱法测定油脂氧化稳定性的相关性

利用 Rancimat 法测定核桃油脂 OSI，并分析核桃油脂 OSI 与其酸价、过氧化值、共轭烯烃值和羰基价之间的相关性，核桃油 OSI 与酸价的相关性如图 6-1 所示，核桃油 OSI 与过氧化值的相关性如图 6-2 所示，核桃油 OSI 与共轭烯烃值的相关性如图 6-3 所示，核桃油 OSI 与羰基价的相关性如图 6-4 所示。Rancimat 法与 Schaal 烘箱法的相关性回归方程及相关系数见表 6-1。

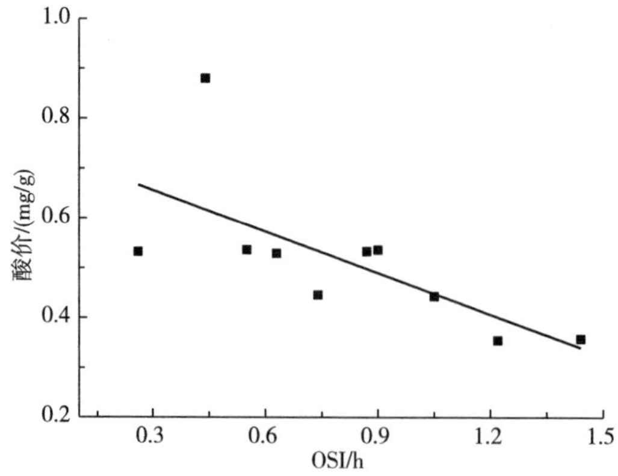

图 6-1　核桃油 OSI 与酸价的相关性

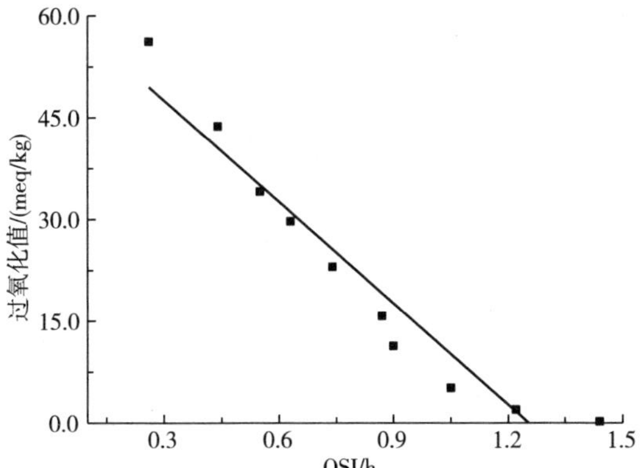

图 6-2　核桃油 OSI 与过氧化值的相关性

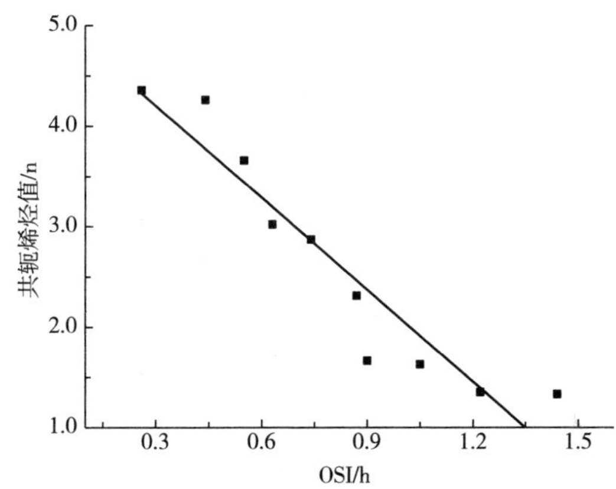

图 6-3　核桃油 OSI 与共轭烯烃值的相关性

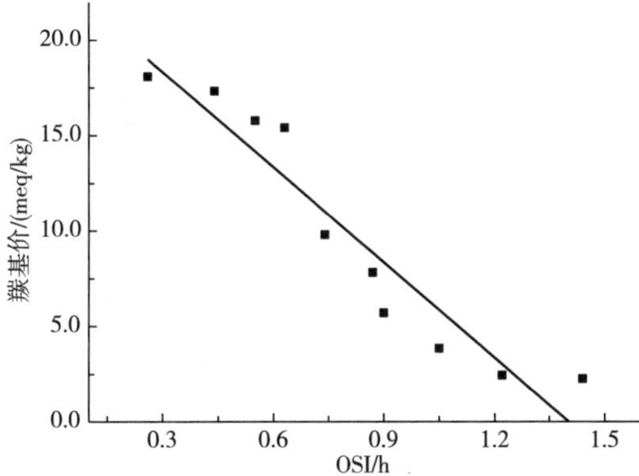

图 6-4　核桃油 OSI 与羰基价的相关性

表 6-1　Rancimat 法与 Schaal 烘箱法的相关性回归方程及相关系数

项目	回归方程	相关系数（r）
OSI 与过氧化值	Y=62.490−49.848x	−0.963
OSI 与酸价	Y=0.739−0.277x	−0.681
OSI 与共轭烯烃值	Y=5.118−3.053x	−0.941
OSI 与羰基价	Y=23.311−16.618x	−0.952

由表 6-1 可看出，核桃油脂 OSI 与其过氧化值、共轭烯烃值及羰基价的相关系数分别为−0.963、−0.941、−0.952。由于 r（0.01）9 = 0.735，而 0.963、0.941、0.952 均大于 0.735，故所建立回归方程均有意义。同时，结合图 6-2、图 6-3、图 6-4 可看出，核桃油脂 OSI 与其过氧化值、共轭烯烃值及羰基价均呈极显著线性负相关（$p<0.01$）。而 OSI 与酸价的相关系数为−0.681，且 0.681<0.735，故所建立回归方程无意义。而由于 r（0.05）9 = 0.602，且 0.681>0.602，故所建立回归方程有意义。结合图 6-1 可知，核桃油脂 OSI 与其酸价呈显著线性负相关（$p<0.05$）。

综上可见，利用 Rancimat 法可以代替 Schaal 烘箱法，简单、快速评价核桃油脂的氧化稳定性。

（二）温度对核桃油脂氧化速率及氧化反应活化能的影响

为了探究两种方法推算核桃油的货架期与实际货架寿命存在差异的原因，将 50g 核桃油脂分别置于 30，40，50，60，70，80℃烘箱中加速氧化，测定在不同温度下核桃油过氧化值的变化，不同温度下核桃油过氧化值的变化如图 6-5 所示，不同温度下核桃油 ln（过氧化值）的变化如图 6-6 所示。

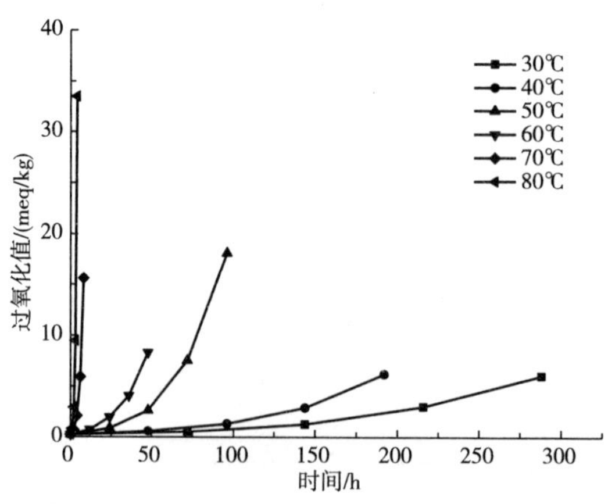

图 6-5　不同温度下核桃油过氧化值的变化

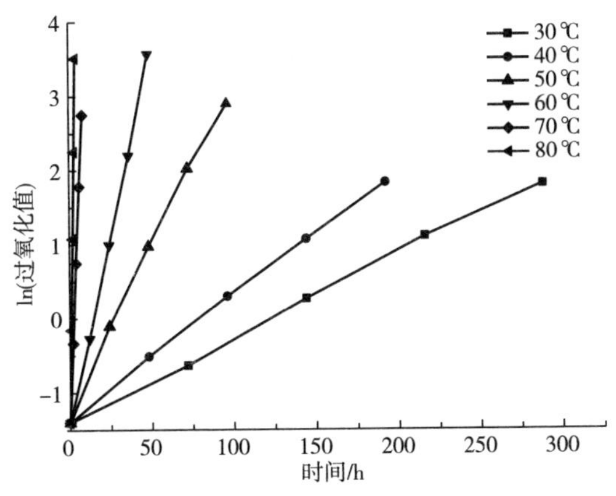

图 6-6　不同温度下核桃油 ln（过氧化值）的变化

由图 6-5、图 6-6 可看出，随着温度的升高，核桃油的过氧化值近似呈现指数趋势增长。根据 Arrhenius 公式，可得出：

$$k = A \times e^{-\frac{E_a}{RT}} \tag{6-1}$$

$$\ln k = \ln A - \frac{E_a}{RT} \tag{6-2}$$

式中　k——反应速率常数

A——指前因子

T——热力学温度，K

E_a——见表 6-2 中活化能，J/mol

R——摩尔气体常量，8.314J/(mol·k)

可见，ln$k$ 应与 $1/T$ 呈线性关系。以不同温度下核桃油的 ln$k$ 作图，不同温度下核桃油 ln$k$ 值的变化如图 6-7 所示。计算每个温度区间核桃油脂的氧化反应活化能（E_a），不同温度区间的活化能见表 6-2。

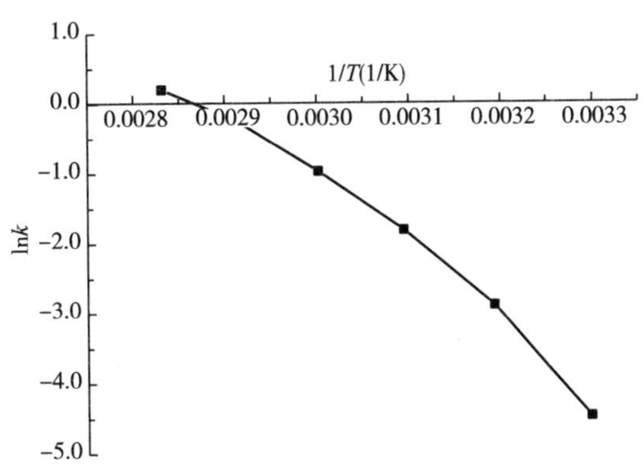

图 6-7　不同温度下核桃油 ln$k$ 值的变化

表 6-2　不同温度区间的活化能　单位：kJ/mol

项目	30~40℃	40~50℃	50~60℃	60~70℃	70~80℃
E_a	125.63	90.90	75.04	68.17	45.77

由图 6-7 和表 6-2 可知，在不同温度下，核桃油脂的反应速率常数并非定值，并且氧化反应活化能也随温度的升高而减小。众所周知，对于一般的化学反应，温度每升高 10℃，化学反应速率增加一倍，即 $k=2$。而核桃油脂氧化反应过程中反应速率常数并非定值，因此造成核桃油脂货架寿命的预测值与实际值之间存在差异。马攀等人的研究也发现汉麻籽油的氧化反应速率常数随温度的升高而减小。而 Reza 等人的研究中也提及在高温和低温下，油脂的氧化反应机理可能不同。因此，不能简单利用 Rancimant 法预测核桃油的货架期。

（三）Rancimant 法单因素试验

1. 温度对核桃油脂 OSI 的影响

温度对核桃油脂 OSI 的影响如图 6-8 所示。

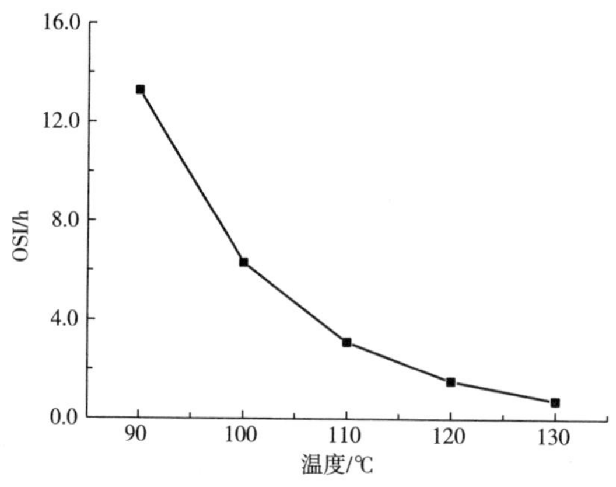

图 6-8　温度对核桃油脂 OSI 的影响

由图 6-8 可知，随着测定温度的升高，核桃油脂的 OSI 显著下降（$p<0.05$）。因此，测定温度越高，所需的测定时间越短。但有研究表明，当测定温度为 100~120℃时，Rancimat 法与 AOM 法的测定结果比较接近一致。因此选择 100，110，120℃ 3 个水平进行响应面实验。

2. 气流速度对核桃油脂 OSI 的影响

气流速度对核桃油脂 OSI 的影响如图 6-9 所示。

测定过程中发现，当气流速度为 7L/h 时，电导率随时间变化曲线的曲率半径较大，无法自动评估核桃油脂的 OSI。通过方差分析发现，当气流速度为 10L/h 及 15L/h 时，核桃油脂的 OSI 差异不显著（$p>0.05$），而 15，20，25L/h 三个条件

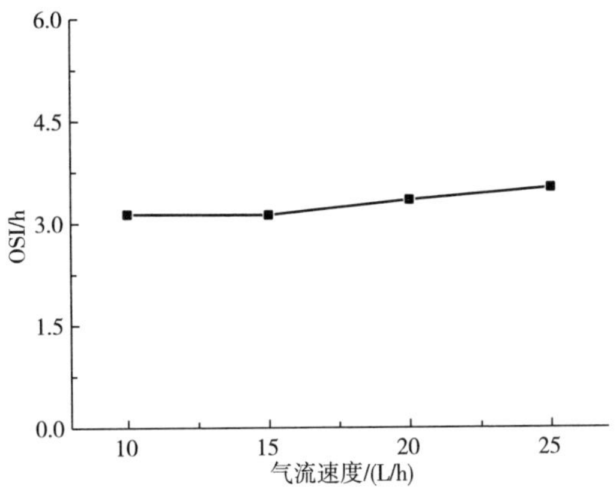

图 6-9 气流速度对核桃油脂 OSI 的影响

下核桃油脂的 OSI 差异显著（$p<0.05$）。因此选取 15，20，25L/h 三个水平进行响应面实验。

3. 样品质量对核桃油脂 OSI 的影响

样品质量对核桃油脂 OSI 的影响如图 6-10 所示。

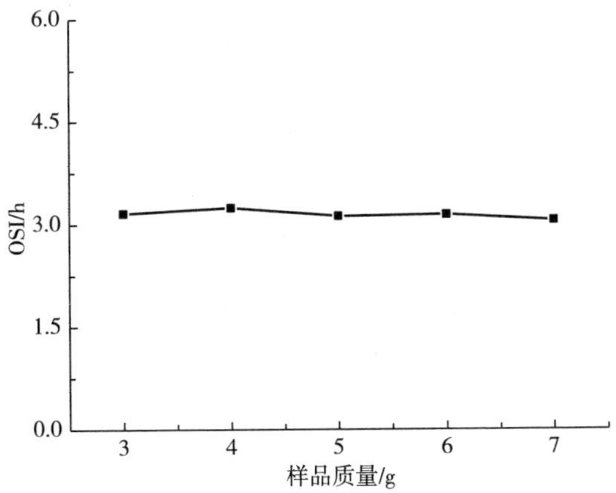

图 6-10 样品质量对核桃油脂 OSI 的影响

结合图 6-10，并进行方差分析后发现，不同质量核桃油脂的 OSI 差异不显著（$p>0.05$）。因此，从节省样品质量的角度来考虑，分别选取样品质量为 3，4，5g 三个水平进行 BBD 实验。

4. Box-Behnken 响应面设计实验

根据单因素实验结果，进行 BBD 响应面优化设计。只有温度和温度的二次项对核桃油 OSI 测定有极显著影响（$p<0.0001$），各因素间交互作用不显著；模型 $P<0.0001$，达到极显著，失拟项 $P=0.3784>0.05$，不显著，说明模型建立成功，因此可以通过此模型预测核桃油的 OSI。核桃油脂 OSI 预测值与实测值的相关性如图 6-11 所示。

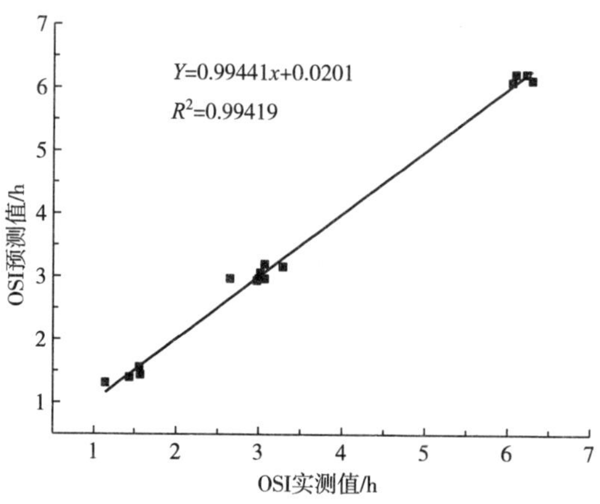

图 6-11　核桃油 OSI 预测值与实测值相关性

由图 6-11 可知，核桃油脂 OSI 预测值与实测值相关系数为 0. 994，两者之间相关性良好。因此，可以利用此模型确定 Rancimat 法测定核桃油 OSI 的最优条件，且优化条件为：温度 120℃，气流速度 18L/h，样品质量 3. 00g。

三、结论

分别采用 Rancimat 法和 Schaal 烘箱法来评价核桃油的氧化稳定性，并研究两者之间的相关性，结果表明：

（1）核桃油的 OSI 与其过氧化值、共轭烯烃值以及羰基价呈极显著线性负相关（$p<0.01$），相关系数分别为-0. 963、-0. 941、-0. 952；与其酸价呈显著负相关（$p<0.05$），相关系数为-0. 681。

（2）同时研究了温度对核桃油脂的氧化速率常数及氧化反应活化能的影响。结果表明：核桃油脂氧化速率常数并非定值，氧化反应活化能也随温度的升高而减小。因此造成核桃油脂货架寿命的预测值与实际值之间存在较大差异。

（3）对 Rancimat 法测定核桃油脂 OSI 的仪器参数进行优化。单因素实验发现，测定温度对核桃油脂 OSI 有极显著影响（$p<0.01$）；气流速度对核桃油脂 OSI 有显著影响（$p<0.05$），而样品质量对核桃油脂 OSI 无显著影响（$p>0.05$）；测定温度、气流速度、样品质量三因素之间交互作用不显著（$p>0.05$）。通过 BBD 实验预测核桃油脂的 OSI 值与实测值之间相关性良好（$r^2=0.994$）。最终得到 Rancimat 法测定核桃油脂 OSI 的最佳条件：温度 120℃，气流速度 18L/h，样品质量 3. 00g。

Rancimat 法虽然可以代替 Schaal 烘箱法简单、快速评价核桃油脂的氧化稳定性，但不能简单利用 Rancimat 法直接推算核桃油的货架期，要准确地预测核桃油货架寿命还有待开发新的方法。

第二节　核桃油脂肪酸组成对油脂氧化稳定性的影响

研究发现油脂的氧化稳定性与其脂肪酸组成密切相关，脂肪酸的种类、含量、比例模式等都会对油脂的氧化速率产生影响。且不同地区栽种的同种油料，其油脂的脂肪酸组分含量差异显著。分析比较我国核桃主产区核桃油脂的理化性质、脂肪酸组成及氧化稳定性，研究核桃油脂的各脂肪酸组分与其氧化稳定性的相关性，以期为我国核桃资源开发利用提供科学依据。

一、材料与方法

1. 主要材料与试剂

核桃仁：新疆、甘肃、陕西、山西、河北、云南；石油醚、三氯甲烷、冰乙酸、碘化钾、硫代硫酸钠、无水乙醇、异辛烷、可溶性淀粉、盐酸、三氯化碘，分析纯：天津市天力化学试剂有限公司。

2. 主要仪器

旋转蒸发器：上海亚荣生化仪器厂；阿贝折光仪：上海光学仪器五厂；743 型 Rancimat 油脂氧化测定仪：瑞士万通公司；Auto System XL 气相色谱仪：美国 PerkinElmer 公司；DV－Ⅲ型流变仪：美国博勒飞公司；101－2 型电热鼓风干燥箱：北京科伟永兴仪器有限公司；BS224S－电子天平：赛多利斯科学仪器（北京）有限公司。

3. 实验方法

（1）油脂提取　核桃油脂的提取采用溶剂浸提法，其工艺流程如下：

核桃仁→去皮→烘干→粉碎→过 40 目筛→
石油醚浸提→抽滤→回收溶剂→核桃毛油

（2）核桃油脂的理化性质测定

①相对密度：依据 GB/T 5526—1985 测定。

②折光指数：依据 GB/T 5527—2010 测定。

③皂化值：依据 GB/T 5534—2008 测定。

④碘值：依据 GB/T 5532—2008 测定。

⑤过氧化值：依据 GB 5009.227—2016 测定，滴定法。

（3）核桃油脂的脂肪酸组成及含量测定　气相色谱法测定。色谱分析条件：FFAP 弹性石英毛细管柱（30m×0.25mm×0.3μm）；柱温：50℃保持 5min，以

10℃/min 升温速率升到 230℃，保持 20min；检测口：270℃（FID）；进样口：250℃。

（4）核桃油脂的氧化稳定指数（OSI）测定　采用 743 型 Rancimat 油脂氧化稳定仪进行测定。测定条件：温度 120℃、气流速度 15L/h、样品质量 3g。向收集池中加入 60mL 蒸馏水，达到设定温度后开始测定，以电导率的二阶导数最大时作为终点，自动评估核桃油脂 OSI。

二、数据处理与统计分析

采用 SPSS 19.0 软件进行方差分析、变异分析及回归分析。

（1）六个主产区核桃油的理化性质比较　依据国标方法分别测定 6 种核桃油脂的相对密度、折射率、酸价、碘值、皂化值及过氧化值，并进行差异分析和变异分析，六种核桃油脂的理化性质见表 6-3。

表 6-3　六种核桃油脂的理化性质

项目	新疆	甘肃	陕西	山西	河北	云南
相对密度	0.879e	0.881d	0.884c	0.880e	0.887a	0.885b
折射率	1.466a	1.465a	1.466a	1.464a	1.466a	1.467a
酸价/(mg/g)	0.454b	0.606a	0.359c	0.303d	0.454b	0.482b
碘值/(mg/g)	134.82a	126.38f	134.08b	130.92d	129.97e	133.78c
皂化值/(mg/g)	154.96b	150.30c	132.76f	162.79a	144.97d	142.38e
过氧化值/(meq/kg)	1.12a	0.65c	0.43e	0.67b	0.43e	0.45d

注：a，b，c，d，e，f 表示结果差异性，不同字母标示的结果之间差异显著（$p<0.05$）。

由表 6-3 可知，6 种不同产地核桃油脂的理化性质存在差异。其中，6 种核桃油脂的折射率差异均不显著（$p>0.05$），而碘值、皂化值均有显著差异（$p<0.05$）；新疆、山西两地核桃油脂的相对密度无显著差异（$p>0.05$），而与其他四个地区的核桃油脂差异显著（$p<0.05$）；新疆、河北、云南三地核桃油脂的酸价无显著差异（$p>0.05$），而与甘肃、陕西、山西三地核桃油脂差异显著（$p<0.05$）；陕西、河北两地核桃油脂的过氧化值无显著差异（$p>0.05$），而与其他四个地区的核桃油脂差异显著（$p<0.05$）。六种核桃油脂的理化性质变异分析见表 6-4。

表 6-4　六种核桃油脂的理化性质变异分析

项目	最大值	最小值	平均值	变幅	变异系数
相对密度	0. 887	0. 879	0. 883	0. 008	0. 004
折射率	1. 467	1. 464	1. 466	0. 002	0. 001
酸价/(mg/g)	0. 606	0. 303	0. 443	0. 303	0. 237
碘值/(mg/g)	134. 82	126. 38	131. 66	5. 44	0. 024
皂化值/(mg/g)	162. 79	132. 76	148. 03	30. 03	0. 071
过氧化值/(meq/kg)	1. 12	0. 43	0. 62	0. 68	0. 424

由表 6-4 可知，6 种核桃油脂的相对密度、折射率、酸价、碘值、皂化值及过氧化值的变异系数分别为 0. 004，0. 001，0. 237，0. 024，0. 071 和 0. 424。因此，6 种核桃油脂的理化性质差异程度依次为：过氧化值>酸价>皂化值>碘值>相对密度>折射率。

（2）六个主产区核桃油脂的脂肪酸组成比较　对新疆、甘肃、陕西、山西、河北、云南六个主产区的核桃油脂进行脂肪酸组成及含量分析，同时进行差异分析和变异分析，六种核桃油脂肪酸组成见表 6-5，六种核桃油脂肪酸成分变异分析见表 6-6。

表 6-5　六种核桃油脂肪酸组成　单位:%

项目	新疆	甘肃	陕西	山西	河北	云南
棕榈酸（$C_{16:0}$）	5. 70d	6. 80a	5. 20e	6. 30c	6. 30c	6. 50b
棕榈一烯酸（$C_{16:1}$）	0. 10a	0. 10a	0. 10a	0. 10a	0. 10a	0. 10a
硬脂酸（$C_{18:0}$）	3. 20a	2. 60c	2. 80b	2. 50d	2. 40e	2. 40e
油酸（$C_{18:1}$）	16. 60e	14. 40f	20. 20b	19. 90c	17. 60d	20. 50a
亚油酸（$C_{18:2}$）	64. 00a	59. 30d	61. 50b	58. 70e	60. 40c	58. 10f
亚麻酸（$C_{18:3}$）	10. 40e	16. 80a	10. 20f	12. 50c	13. 10b	12. 30d
不饱和脂肪酸	91. 00	90. 50	91. 90	91. 10	91. 10	90. 90

注：a，b，c，d，e，f 表示结果差异性，不同字母标示的结果之间差异显著（$p<0.05$）。

表 6-6　六种核桃油脂肪酸成分变异分析

项目	最大值	最小值	平均值	变幅	变异系数
棕榈酸（$C_{16:0}$）	6. 80	5. 20	6. 10	1. 60	0. 10
棕榈一烯酸（$C_{16:1}$）	0. 10	0. 10	0. 10	0	0
硬脂酸（$C_{18:0}$）	3. 20	2. 40	2. 70	0. 80	0. 12
油酸（$C_{18:1}$）	20. 50	14. 40	18. 20	6. 10	0. 13
亚油酸（$C_{18:2}$）	64. 00	58. 10	60. 30	5. 90	0. 04
亚麻酸（$C_{18:3}$）	16. 80	10. 20	12. 60	4. 60	0. 19

由表 6-6 可知，6 种核桃油脂的脂肪酸组成基本相同，不饱和脂肪酸含量均在 90%以上，与前人的研究结果一致，但除棕榈一烯酸外的各脂肪酸组分含量差异显著（$p<0.05$）。根据变异分析结果可知，6 种核桃油脂的脂肪酸含量差异程度依次为：亚麻酸>油酸>硬脂酸>棕榈酸>亚油酸。

（3）六个主产区核桃油脂的氧化稳定性比较　通过 Rancimat 法评估 6 种核桃油脂的 OSI，并进行差异分析，六种不同产地核桃油的 OSI 值如图 6-12 所示。

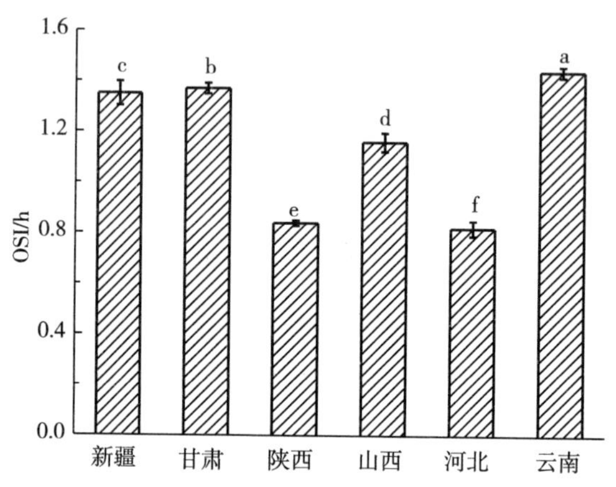

图 6-12　六种不同产地核桃油的 OSI 值

注：a，b，c，d，e，f 表示结果差异性，不同字母标示的结果之间差异显著（$p<0.05$）。

由图 6-12 可知，6 种核桃油脂的 OSI 差异显著（$p<0.05$），其中云南核桃油的氧化稳定性最好（1.44h），而河北核桃油脂的氧化稳定性最差（0.82h）。6 种不同产地核桃油脂的氧化稳定性依次为：云南、甘肃、新疆、山西、陕西和河北。

（4）核桃油脂脂肪酸组成与 OSI 的相关性　通过回归分析研究核桃油脂各脂肪酸组成与其 OSI 的相关性，得到回归方程：$OSI(h) = 3.348\times(C_{16:0})\%+3.507\times(C_{18:0})\%+0.475\times(C_{18:1})\%-5.903\times(C_{18:2})\%-0.424\times(C_{18:3})\%$，其中 $r^2=0.983$。由此可见，棕榈酸、硬脂酸、油酸与核桃油脂的 OSI 呈显著正相关（$p<0.05$），而亚油酸、亚麻酸与核桃油脂的 OSI 呈显著负相关（$p<0.05$）。由于回归方程的系数大小表示该自变量对因变量影响程度的大小，因此进一步分析比较各脂肪酸组分对核桃油脂氧化稳定性的影响程度，核桃油脂各脂肪酸组分对其 OSI 的影响程度见表 6-7。

表 6-7　　核桃油脂各脂肪酸组分对其 OSI 的影响程度　　单位:%

项目	棕榈酸	硬脂酸	油酸	亚油酸	亚麻酸
系数	3. 348	3. 507	0. 475	5. 903	0. 424
影响程度	24. 51	25. 68	3. 48	43. 22	3. 10

由表 6-7 可知，核桃油中各脂肪酸组分对其 OSI 的影响程度依据其权重依次为：亚油酸、硬脂酸、棕榈酸、油酸和亚麻酸。Yan-Hwa 等人发现，影响植物油脂氧化稳定性的主要脂肪酸组分为棕榈酸、硬脂酸、油酸、亚油酸以及亚麻酸。Felix 等人的研究表明，葵花籽油中亚油酸对其氧化稳定性的影响最为显著。Antonella 等人也发现，在橄榄油中加入棕榈油，其氧化稳定性会提高的主要原因也是因为改变了橄榄油的脂肪酸组成。综合本实验结果，核桃油的脂肪酸组成会对其氧化稳定性产生显著影响。

三、结论

比较分析了新疆、甘肃、陕西、山西、河北、云南六个我国核桃主产区核桃油脂的理化性质、脂肪酸组成及氧化稳定性，并进一步研究了核桃油脂的脂肪酸组成与其氧化稳定性的相关性，得到以下主要结论。

（1）不同产地和来源的核桃油脂的理化性质均有不同程度的差异，差异程度依次为：过氧化值>酸价>皂化值>碘值>相对密度>折射率。

（2）不同产地和来源的核桃油脂的脂肪酸组成相同，但棕榈酸、硬脂酸、油酸、亚油酸、亚麻酸含量差异显著（$p<0.05$），且差异程度依次为：亚麻酸、油酸、硬脂酸、棕榈酸和亚油酸。

（3）核桃油脂的脂肪酸组成与其 OSI 有显著相关性。其中，棕榈酸、硬脂酸、油酸与 OSI 呈显著正相关（$p<0.05$），而亚油酸和亚麻酸与 OSI 呈显著负相关（$p<0.05$）。且核桃油脂各脂肪酸组分对其 OSI 的影响程度依据其权重依次为：亚油酸、硬脂酸、棕榈酸、油酸和亚麻酸。

第三节　核桃油中微量组分对油脂氧化稳定性的影响

油脂的氧化稳定性除了与其脂肪酸组成密切相关外，还与油脂中的微量组分有关。核桃油中的微量组分主要包括两类，即促进氧化与抗氧化微量组分。其中，具有促进氧化作用的微量组分主要是共轭烯烃和羰基化合物，而具有抗氧化作用的主要是生育酚、多酚、黄酮等。已有研究表明，植物油脂中的多酚、生育酚、黄酮等物质具有良好的抗氧化功效和营养价值。核桃中含有丰富的酚类物质，具有较强的体外抗氧化作用。本节旨在分析比较我国新疆、甘肃、陕西、山西、河北、云南六个核桃主产区的核桃油脂中上述微量组分含量，并利用回归分析研究核桃油脂中微量组分含量及其氧化稳定性的关系。

（一）材料与方法

1. 主要材料与试剂

核桃仁：新疆、甘肃、陕西、山西、河北、云南；ABTS、DPPH，分析纯：美国 Sigma 公司；β-胡萝卜素、亚油酸、芦丁、α-生育酚，标准品：美国 Sigma 公司。Folin-Phenol，超级纯：美国 Sigma 公司；环己烷、无水乙醇、苯、2，4-二硝基苯肼、三氯乙酸、三氯甲烷、2,2′-联吡啶、三氯化铁、甲醇、95%乙醇、没食子酸、石油醚、亚硝酸钠、硝酸铝、氢氧化钠、氢氧化钾，分析纯：天津市天力化学试剂有限公司。

2. 主要仪器

743 型 Rancimat 油脂氧化测定仪：瑞士万通 Metrohm 公司；759 S 型紫外分光光度计：上海荆和分析仪器有限公司；101-2 型电热鼓风干燥箱：北京科伟永兴仪器有限公司；RE-52 A 旋转蒸发仪：上海亚荣生化仪器厂；电热恒温水浴锅：北京科伟永兴仪器有限公司；BS224S-电子天平：赛多利斯科学仪器（北京）有限公司。

3. 实验方法

（1）核桃油脂提取　核桃油脂提取采用溶剂浸提法，提取工艺流程如下：

核桃仁→去皮→烘干→粉碎→过 40 目筛→石油醚浸提→抽滤→回收溶剂→核桃毛油

（2）核桃油脂氧化稳定指数（OSI）测定　采用 743 型 Rancimat 油脂氧化稳定仪进行测定。测定条件：温度 120℃、气流速度 15L/h、样品质量 3g。向收集池中加入 60mL 蒸馏水，达到设定温度后开始测定，以电导率的二阶导数最大时作为终点，自动评估核桃油脂 OSI。

（3）核桃油脂微量组分含量测定

①共轭烯烃含量测定：依据 GB/T 22500—2008；

②羰基化合物含量测定：依据 GB 5009. 230—2016；

③磷脂含量测定：依据 GB/T 5537—2008；

④生育酚含量测定，具体如下：取油样 0. 2mL 于 10mL 容量瓶中，加入 5mL 三氯甲烷、3. 5mL 2,2′-联吡啶（质量浓度 0. 07%，95%乙醇）及 0. 5mL $FeCl_3$（质量浓度 0. 2%，95%乙醇），用 95%乙醇定容至 10mL，混合均匀，静置 1min。以不加油样的试剂作空白，在 520nm 处测定吸光值。

分别取 10g/L 的 α-生育酚标准品溶液 10，15，20，25，30，35μL，按上述方法测定，绘制标准曲线。

⑤总酚含量测定。

总酚的提取：取油样 1. 0mL，用甲醇溶液等体积萃取三次，合并萃取液。将萃取液40℃旋转蒸发，浓缩至近干，用5mL甲醇溶液分别多次洗出于10mL离心管中，10000r/min冷冻离心10min，取上层醇相进行测定。

总酚的测定：取待测液2.0mL于25mL容量瓶中，加入0.5mL Folin-Phenol、1mL Na_2CO_3（质量浓度10%，95%乙醇），用95%乙醇定容至25mL，混合均匀，35℃下反应120min，于725nm下测定吸光值。

分别取1mg/mL的没食子酸标准液2.5，5.0，7.5，10.0，15.0，20.0mL，按上述方法测定，绘制标准曲线。

⑥β-胡萝卜素含量测定：取油样0.5mL于25mL容量瓶中，用石油醚定容，混合均匀，于450nm下测定吸光度。

分别取10μg/mL β-胡萝卜素标准液1.0，2.0，3.0，4.0，5.0，6.0mL，按上述方法测定，绘制标准曲线。

⑦黄酮含量测定：取油样7.0mL于50mL容量瓶中，用无水乙醇定容至刻度。吸取该稀释液1.0mL于25mL容量瓶中，加入 $NaNO_2$ 溶液（质量浓度5%，95%乙醇）1mL，静置6mim；再加入 $Al(NO_2)_3$ 溶液（质量浓度10%，95%乙醇）1mL，静置6min；最后加入NaOH溶液（质量浓度4%，95%乙醇）10mL，用无水乙醇定容至刻度，混合均匀，静置15min，以不加油样的溶液做空白，于360nm下测定吸光值。

分别取0.2mg/mL的芦丁标准液0.5，1.0，1.5，2.0，2.5，3.0mL，按上述方法测定，绘制标准曲线。

⑧数据处理与统计分析：采用SPSS 19.0软件，分别进行方差分析、相关分析和回归分析。

（二）结果与分析

1. 标准曲线

生育酚、多酚、黄酮及胡萝卜素含量标准曲线如图6-13至图6-16所示。

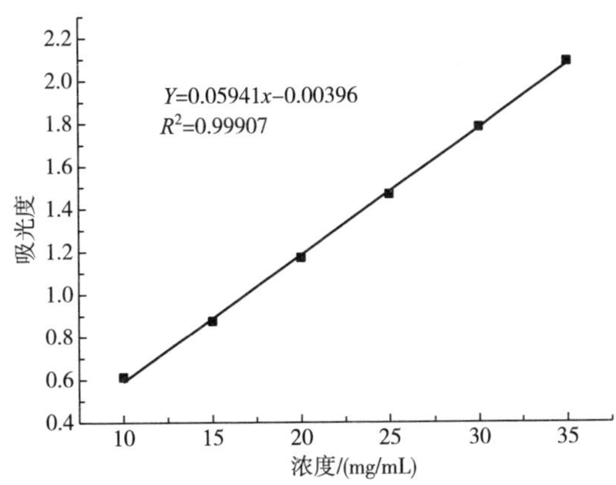

图6-13　生育酚含量标准曲线

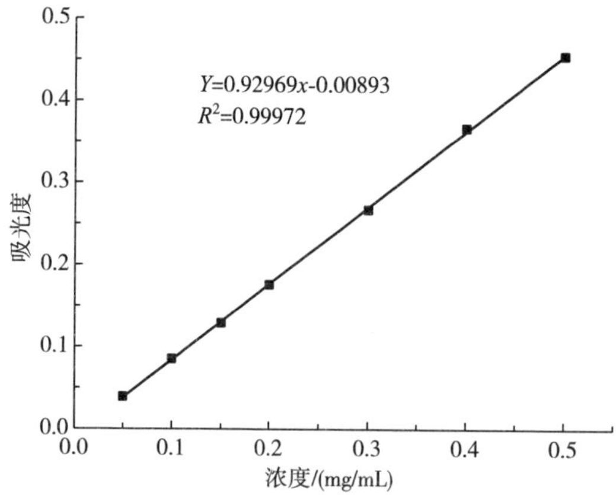

图 6-14 多酚含量标准曲线

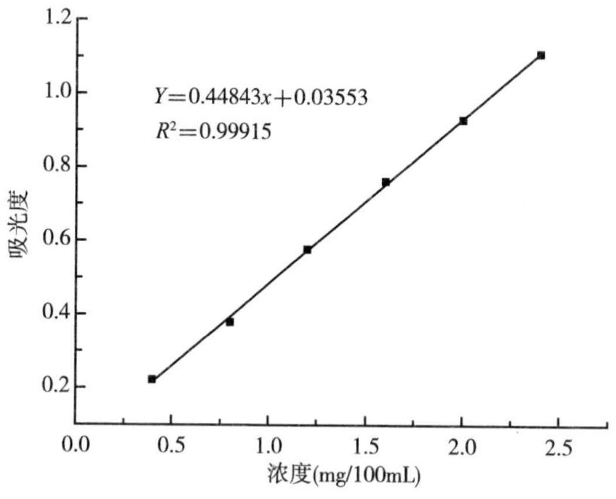

图 6-15 黄酮含量标准曲线

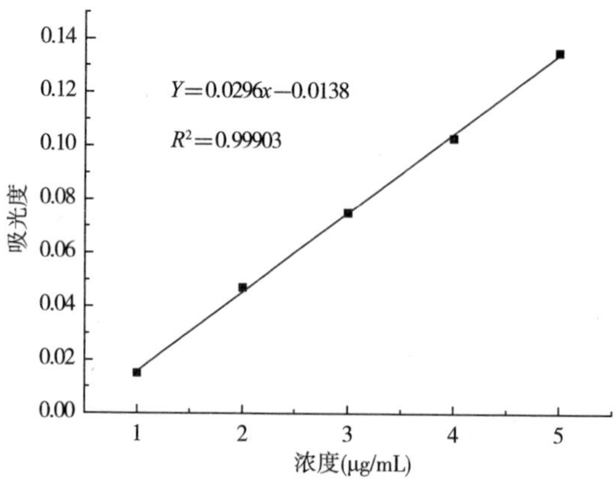

图 6-16 β-胡萝卜素含量标准曲线

2. 六个主产区核桃油脂的微量组分含量比较

分别测定新疆、甘肃、陕西、山西、河北、云南六个产地核桃油脂的7种微量组分含量，并进行差异分析和变异分析，六种核桃油脂的微量组分含量见表6-8，六种核桃油微量组分含量变异分析见表6-9。

表6-8　　六种核桃油脂的微量组分含量

项目	新疆	甘肃	陕西	山西	河北	云南
共轭烯烃	2.49d	2.47d	2.76b	2.56c	3.02a	2.07e
羰基化合物/(meq/kg)	1.00c	0.99c	1.09b	1.01c	1.12a	0.94d
生育酚/(mg/mL)	0.77c	0.95b	0.73c	0.75c	0.69d	1.26a
β-胡萝卜素/(μg/mL)	1.21bc	1.40b	1.21bc	1.45b	1.04c	1.70a
磷脂/%	0.13a	0.16a	0.11a	0.11a	0.10a	0.19a
多酚/(mg/mL)	0.05c	0.06b	0.04e	0.05d	0.04e	0.09a
黄酮/(mg/100mL)	1.87cd	1.89b	1.86cd	1.87bc	1.85d	1.92a

注：a，b，c，d，e表示结果差异性，不同字母标示的结果之间差异显著（$p<0.05$）。

表6-9　　六种核桃油微量组分含量变异分析

项目	最大值	最小值	均值	变幅	变异系数
共轭烯烃	3.02	2.07	2.56	0.95	0.12
羰基化合物/(meq/kg)	1.12	0.94	1.02	0.19	0.07
生育酚/(mg/mL)	1.26	0.69	0.86	0.57	0.25
β-胡萝卜素/(μg/mL)	1.70	1.04	1.33	0.63	0.17
磷脂/%	0.19	0.10	0.13	0.09	0.26
多酚/(mg/mL)	0.09	0.04	0.05	0.05	0.33
黄酮/(mg/100mL)	1.92	1.85	1.88	0.06	0.01

由表6-8结果可看出，6种核桃油脂的微量组分含量具有不同程度的差异。其中，新疆和甘肃核桃油的促氧化微量组分（共轭烯烃、羰基化合物）含量无显著差异（$p>0.05$），而与其他四个地区的核桃油脂差异显著（$p<0.05$）；新疆、陕西、山西三地核桃油脂的生育酚含量差异不显著（$p>0.05$），而与其他三个地区的核桃油脂差异显著（$p<0.05$）；新疆、甘肃、陕西、山西四个地区核桃油脂的β-胡萝卜素含量差异不显著（$p>0.05$），而与河北、云南两地的核桃油脂差异显著（$p>0.05$）；陕西与河北两地核桃油脂的多酚含量差异不显著（$p>0.05$），而与其他四个地区的核桃油脂差异显著（$p>0.05$）；甘肃和山西两地，新疆、陕西、河北三地核桃油脂的黄酮含量差异不显著（$p>0.05$），而云南核桃油脂的黄

酮含量与其他五个产地的核桃油脂差异显著（$p<0.05$）；六个产地核桃油脂的磷脂含量无显著差异（$p>0.05$）。综上可知，不同的地理环境、气候等因素和栽培措施都对核桃油中微量组分含量造成显著影响。

由表6-9可知，6种核桃油脂的微量组分含量差异程度依次为：多酚、磷脂、生育酚、β-胡萝卜素、共轭烯烃、羰基化合物和黄酮。其中，河北核桃油脂的共轭烯烃和羰基化合物含量最高，分别为3.02meq/kg和1.12meq/kg；而云南核桃油脂的共轭烯烃和羰基化合物含量最低，分别为2.07meq/kg和0.94meq/kg。同时，云南核桃油脂的生育酚、多酚、β-胡萝卜素、黄酮、磷脂含量均为最高，可见，云南核桃油中抗氧化微量组分含量最高，而促氧化的微量组分含量最低，因此，云南核桃油脂理论上应具有最好的氧化稳定性。结合之前对六个主产区核桃油脂氧化稳定性的比较研究结果发现，六种核桃油脂中云南核桃油脂的OSI最大（1.44h），与上述结论一致。综合核桃油的氧化稳定性研究结果，其油脂中微量组分与其氧化稳定性之间存在相关性。

3. 核桃油脂微量组分含量与其OSI的相关性

结合之前研究结果中新疆、甘肃、陕西、山西、河北、云南六个核桃主产区核桃油脂的OSI，分析核桃油脂中微量组分含量与OSI的相关性，核桃油微量组分含量与OSI相关性见表6-10。

表6-10　　核桃油微量组分含量与OSI相关性

项目	共轭烯烃	羰基化合物	生育酚	β-胡萝卜素	多酚	黄酮
相关系数	-0.893	-0.948	0.711	0.708	0.818	0.802
p	<0.01	<0.01	<0.01	<0.01	<0.01	<0.01

由表6-10可知，核桃油脂中6种微量组分含量与其OSI均有良好的相关性（$p<0.01$）。其中，共轭烯烃和羰基化合物含量与OSI呈极显著负相关。这是由于共轭烯烃和羰基化合物是油脂氧化过程中的初级和次级氧化产物，即共轭烯烃和羰基化合物含量越高则油脂氧化程度越深。而总酚、生育酚、黄酮、β-胡萝卜素含量与OSI呈极显著正相关，说明核桃油脂中的总酚、生育酚、黄酮、β-胡萝卜素均有一定的抗氧化能力。生育酚可以钝化单线态氧至基态，从而降低光照引起的油脂氧化，且与类胡萝卜素、磷脂之间具有良好的抗氧化协同作用。Luis等人研究了橄榄油中酚类物质的抗氧化作用，结果表明橄榄油的氧化稳定性与其总酚含量高度相关。此外，Jana等人的研究发现黄酮类物质能够抑制油脂氧化的主要原因是它能够抑制油脂与氧的反应，从而起到抗氧化作用。同时，Jierong等人的研究发现类胡萝卜素可以有效抑制光照引起的鱼油氧化，且与生育酚之间具有良好的协同作用。

利用回归分析进一步比较核桃油脂中 7 种微量组分与其 OSI 的相关程度，核桃油脂微量组分含量对其 OSI 影响程度见表 6-11。

表 6-11　　核桃油脂微量组分含量对其 OSI 影响程度　　单位：%

项目	共轭烯烃	羰基值	β-胡萝卜素	总酚	黄酮	生育酚
系数	0.287	0.684	0.070	0.704	0.078	1.855
影响程度	7.80	18.60	1.90	19.14	2.12	50.44

通过回归分析得到的回归模型 $p=0.032<0.05$，模型有意义。由于回归方程各项系数大小表示该自变量对因变量影响程度的大小，因此由表 6-11 可知，核桃油脂的 6 种微量组分对其 OSI 的影响程度依次为：生育酚、总酚、羰基化合物、共轭烯烃、黄酮、β-胡萝卜素。在抗氧化微量组分中，生育酚对核桃油脂氧化稳定性的影响最大（50.44%），其次为总酚（19.14%）、黄酮（2.12%）以及 β-胡萝卜素（1.90%）。而具有促进氧化作用的共轭烯烃和羰基化合物对核桃油脂 OSI 的影响程度分别为 7.80%和 18.60%。

4. 核桃油脂抗氧化微量组分对其初、次级氧化的影响

共轭烯烃是油脂氧化过程中的初级产物指标，而羰基化合物是油脂氧化的主要次级产物，因此可以用共轭烯烃值和羰基价分别代表油脂初、次级氧化程度。由表 6-11 可知，β-胡萝卜素、总酚、黄酮及生育酚 4 种微量组分均具有一定的抗氧化能力，因此进一步利用回归分析研究 4 种抗氧化微量组分与核桃油脂初、次级氧化的相关程度，核桃油中微量组分含量对初、次级氧化的影响程度见表 6-12。

表 6-12　　核桃油中微量组分含量对初、次级氧化的影响程度　　单位：%

项目	初级氧化		次级氧化	
	系数	影响程度	系数	影响程度
总酚	1.034	33.97	1.840	39.89
β-胡萝卜素	0.304	9.99	0.391	8.48
黄酮	0.499	16.39	0.682	14.78
生育酚	1.207	39.65	1.700	36.85

由表 6-12 可知，生育酚、总酚、黄酮、β-胡萝卜素对初级氧化和次级氧化的抑制程度不尽相同。其中，4 种抗氧化微量组分对初级氧化的抑制作用分别为 39.65%、33.97%、16.39%和 9.99%，而对次级氧化的抑制作用分别为 36.85%、39.89%、14.78%以及 8.48%，可见生育酚核桃油的初级氧化抑制作用大于次级氧化，而总酚对核桃油次级氧化的抑制作用大于初级氧化；黄酮和 β-胡萝卜素

对核桃油脂初级氧化和次级氧化的抑制作用相差不大。

（三）结论

通过以上分析研究，可以得到以下主要结论。

（1）新疆、甘肃、陕西、山西、河北、云南核桃主产区六种核桃油中的微量组分存在不同程度的差异。其中，云南核桃油脂的抗氧化微量组分含量最高，氧化稳定性最好。

（2）核桃油脂的微量组分含量及其氧化稳定性存在显著相关性。其中具有促进氧化作用的是共轭烯烃和羰基化合物，而多酚、生育酚、黄酮、β-胡萝卜素具有抗氧化作用。4 种抗氧化微量组分抑制核桃油脂氧化的能力依次为：生育酚、总酚、黄酮和胡萝卜素；核桃油中微量组分抗氧化机制存在区别，其中，抑制初级氧化作用依次为：生育酚、总酚、黄酮及胡萝卜素，而抑制次级氧化作用依次为：总酚、生育酚、黄酮及胡萝卜素。

第四节　核桃油及核桃坚果调和油的氧化稳定性

油脂加工业中，通常依靠添加抗氧化剂来提高油脂氧化稳定性。有研究表明，长期食用人工合成类抗氧化剂可能会产生慢性毒副作用，而天然抗氧化剂成本高、易降解且抗氧化功效不及合成类抗氧化剂，因此难以普及。研究发现，不同植物油脂理化特性、脂肪酸组成、微量组分含量等性质差异显著，而不同的脂肪酸组成（含量及比例模式）、内源性抗氧化剂（生育酚、多酚等）含量等都会对植物油脂氧化稳定性产生显著影响。本节旨在通过将杏仁油、扁桃油与核桃油按照不同比例复配调和，对比核桃油与其各比例调和油的理化性质、体外抗氧化能力、氧化稳定性及贮藏稳定性，以期为通过油脂调和手段提高核桃油氧化稳定性的实现提供可靠科学依据。

一、材料与方法

（一）主要材料与试剂

核桃仁：陕西商洛；扁桃仁：陕西榆林；大扁杏仁：新疆乌鲁木齐；β-胡萝卜素、亚油酸，标准品：美国 Sigma；DPPH、ABTS，分析纯：美国 Sigma；石油醚、氢氧化钠、三氯甲烷、冰乙酸、可溶性淀粉、碘化钾、硫代硫酸钠、氢氧化钾、邻苯二甲酸氢钾、无水乙醇、95%乙醇、环己烷、三氯化碘、纯碘、无水碳酸钠、重铬酸钾、过硫酸钾、丙酮，分析纯：天津天力化学试剂公司。

（二）主要仪器

RE-52A 旋转蒸发仪：上海亚荣生化仪器厂；2WAJ 型阿贝折光仪：上海光学仪器五厂；DV-Ⅲ型流变仪：美国博勒飞公司；759S 型紫外分光光度计：

上海荆和分析仪器有限公司；电热恒温水浴锅：北京科伟永兴仪器有限公司；743 型 Rancimat 油脂氧化测定仪：瑞士万通 Metrohm 公司；101-2 型电热鼓风干燥箱：北京科伟永兴仪器有限公司；BS323S 电子天平：赛多利斯科学仪器有限公司。

（三）实验方法

1. 油脂提取

3 种坚果油采用溶剂浸提法提取，其工艺流程如下：

坚果原料→去皮→烘干→粉碎→过 80 目筛→石油醚浸提→抽滤→回收溶剂→坚果毛油

操作要点如下。

（1）烘干　温度 40℃。

（2）石油醚浸提　每次 3h，浸提 3 次。

（3）回收溶剂　45℃旋转蒸发。

2. 理化性质测定

（1）折射率　依据 GB/T 5527—2010 测定。

（2）皂化值　依据 GB/T 5534—2008 测定。

（3）不皂化物　依据 GB/T 5535. 1—2008 测定。

（4）碘值　依据 GB/T 5532—2008 测定。

（5）酸价　依据 GB 5009. 229—2016 测定。

（6）过氧化值　依据 GB 5009. 227—2016 测定，滴定法。

（7）黏度　采用 DV-Ⅲ型流变仪进行测定。

测定条件：温度 17. 6℃、转速 175r/min、时间 6min。

（8）色泽　采用分光光度法测定。

取 2. 0mL 油样于 10mL 容量瓶中，用石油醚定容至刻度，混匀。取稀释后的油样分别于 460，550，620，670nm 下测定吸光度，色泽指数按公式（6-3）计算：

$$色泽指数=1.29(A_{460})+69.7(A_{550})+41.2(A_{620})-56.4(A_{670}) \tag{6-3}$$

3. 清除 DPPH·能力测定

准确称取（0. 020±0. 001）g DPPH 于 250mL 容量瓶中，用无水乙醇溶解并定容至刻度，混匀后得到浓度为 2×10^{-4}mol/L 的 DPPH·溶液。

将一定量的油样稀释 2，4，6，8，10 倍。分别取 0. 5mL 不同稀释度的油样于具塞试管中，加入 19. 5mL DPPH·溶液，混合均匀后反应 30min。以无水乙醇作参比，不加油样的溶液作对照，于 515nm 处测定溶液吸光度，根据公式（6-4）计算清除率。

$$清除率=\left(1-\frac{A_i}{A_c}\right)\times100\% \tag{6-4}$$

式中 A_i——油样与 DPPH· 溶液混合后的吸光度

A_c——对照溶液的吸光度

4. 清除 ABTS·+ 能力测定

精确称取（0.192±0.001）g ABTS 于 50mL 容量瓶中，用 95%乙醇定容至刻度，混合均匀后即得到浓度为 7mmol/L 的 ABTS·+ 溶液，再加入（0.033±0.01）g 过硫酸钾，使过硫酸钾的浓度为 2.45mmol/L，混合均匀后避光反应 12h 即为 ABTS·+ 储备液。将此储备液用无水乙醇稀释，使其在 734nm 下的吸光度为 0.70±0.02，即得到 ABTS·+ 工作液。

将一定量的油样稀释 2，4，6，8，10 倍。分别取不同稀释度油样 0.5mL 与 19.5mL ABTS·+ 工作液于同一具塞试管中混合均匀，反应 60min。以无水乙醇作参比，不加油样的溶液作对照，不加 ABTS·+ 的溶液作空白，在 405nm 下测其吸光度，根据公式（6-5）计算清除率。

$$清除率 = \left(1 - \frac{A_s - A_c}{A_{max}}\right) \times 100\% \tag{6-5}$$

式中 A_s——油样与 ABTS·+ 工作液混合后的吸光度

A_c——空白溶液的吸光度

A_{max}——对照溶液的吸光度

5. β-胡萝卜素脱色法测定体外抗氧化能力

准确称取（0.0050±0.0001）g β-胡萝卜素，用 10mL 氯仿溶解，混合均匀后 40℃旋转蒸发除去氯仿。再加入（0.120±0.001）g 亚油酸、（1.20±0.01）g 吐温 40 以及 300mL 丙酮，混合均匀后即得到 β-胡萝卜素工作液。

将一定量的油样稀释 2，4，6，8，10 倍。分别取不同稀释度的油样 0.5mL 以及工作液 4.4mL 于同一具塞试管中，混合均匀。以丙酮作参比，不加油样的溶液作对照，不加 β-胡萝卜素的溶液作空白，于 470nm 下测定其吸光度。之后置于 50℃水浴中反应 3h，在同样条件下测定其吸光度。根据公式（6-6）计算抗氧化活性。

$$氧化活性 = \left[1 - \frac{(A_0 - A'_0) - (A_t - A'_t)}{A_c - A'_c}\right] \times 100\% \tag{6-6}$$

式中 A_0——起始时油样与工作液混合后的吸光度

A'_0——3h 后油样与工作液混合后的吸光度

A_t——起始时空白溶液的吸光度

A'_t——3h 后空白溶液的吸光度

A_c——起始时对照溶液的吸光度

A'_c——3h 后对照溶液的吸光度

6. 氧化稳定性测定

采用 743 型 Rancimat 油脂氧化测定仪测定 3 种坚果油及其各比例混合油的 OSI 进行比较。

测定条件：温度 120℃、气流速度 15L/h、样品质量 3g。

向收集池中加入 60mL 蒸馏水，达到设定温度后开始测定，以电导率的二阶导数最大时作为终点，自动评估油脂 OSI。

7. 贮藏稳定性比较

分别取核桃油及其不同比例调和油各 50g，于 25℃、密封、避光条件下保存 30d，期间每隔 5d 测定几种油脂的过氧化值。

（四）数据处理与统计分析

采用 SPSS 19.0 软件进行方差分析和回归分析。

二、结果与分析

（一）核桃油及其不同比例调和油的理化性质比较

分别将扁桃油和杏仁油以 20%、40%、50%的比例与核桃油混合，测定 3 种坚果油及其不同比例调和油的理化性质，核桃油、扁桃油、杏仁油及其各比例调和油的物理性质见表 6-13，核桃油、扁桃油、杏仁油及调和油的化学性质见表 6-14。表中 1 号：核桃油；2 号：扁桃油；3 号：杏仁油；4 号：在核桃油中加入 20%（体积分数）扁桃油；5 号：在核桃油中加入 40%（体积分数）扁桃油；6 号：在核桃油中加入 50%（体积分数）扁桃油；7 号：在核桃油中加入 20%（体积分数）杏仁油；8 号：在核桃油中加入 40%（体积分数）杏仁油；9 号：在核桃油中加入 50%（体积分数）杏仁油。

表 6-13 核桃油、扁桃油、杏仁油及其各比例调和油的物理性质

项目	折射率（n_D^{20}）	色泽	黏度/(10^{-3}Pa·s)
1 号	1.47a	1.15f	26.60e
2 号	1.47a	0.97g	30.04b
3 号	1.46a	2.82b	31.60a
4 号	1.46a	1.42e	28.45cd
5 号	1.47a	1.42e	29.10bcd
6 号	1.47a	0.99g	29.95b
7 号	1.46a	2.26d	29.20bc
8 号	1.46a	2.46c	28.15d
9 号	1.46a	2.93a	28.70cd

注：a，b，c，d，e，f，g 表示结果差异性，不同字母标示的结果之间差异显著（$p<0.05$）。

表 6-14　　核桃油、扁桃油、杏仁油及调和油的化学性质

项目	酸价 /(mg/g)	过氧化值 /(meq/kg)	碘值 /(g/100g)	皂化值 /(mg KOH/g 油)	不皂化物 /%
1 号	0. 37e	1. 80d	145. 31a	184. 98b	0. 50d
2 号	0. 25h	1. 47h	104. 15h	187. 85ab	0. 99c
3 号	1. 51a	1. 55g	110. 73f	188. 30a	1. 16b
4 号	0. 29g	2. 01a	108. 59g	185. 28ab	0. 43e
5 号	0. 34f	1. 89c	131. 47c	187. 33ab	0. 31f
6 号	0. 33f	1. 71e	125. 22e	187. 41ab	0. 34f
7 号	0. 59d	1. 98b	141. 53b	185. 26ab	0. 96c
8 号	0. 75c	1. 56g	131. 29c	186. 84ab	0. 97c
9 号	0. 83b	1. 65f	127. 55d	187. 49ab	1. 41a

注：a，b，c，d，e，f，g，h 表示结果差异性，不同字母标示的结果之间差异显著（$p<0.05$）。

由表 6-13 和表 6-14 可知，在核桃油中按不同比例加入扁桃油和杏仁油对核桃油的折射率和皂化值没有显著影响（$p>0.05$），而对色泽、黏度、酸价、碘值、过氧化值及不皂化物的影响显著（$p<0.05$）。

（二）核桃油及其不同比例调和油的体外抗氧化活性比较

通过测定核桃油、扁桃油、杏仁油及其不同比例调和油对 DPPH·、ABTS·+的清除能力，结合β-胡萝卜素脱色实验，综合评价了 3 种坚果油及其各比例调和油的体外抗氧化活性，核桃油、扁桃油、杏仁油及不同比例调和油对 DPPH·的半抑制浓度（mg/mL）见表 6-15，核桃油、扁桃油、杏仁油及其各比例调和油对 ABTS·+的半抑制浓度（mg/mL）见表 6-16，核桃油、扁桃油、杏仁油及其各比例调和油β-胡萝卜脱色半效应浓度（mg/mL）见表 6-17。表中 1 号：核桃油；2 号：扁桃油；3 号：杏仁油；4 号：在核桃油中加入 20%（体积分数）扁桃油；5 号：在核桃油中加入 40%（体积分数）扁桃油；6 号：在核桃油中加入 50%（体积分数）扁桃油；7 号：在核桃油中加入 20%（体积分数）杏仁油；8 号：在核桃油中加入 40%（体积分数）杏仁油；9 号：在核桃油中加入 50%（体积分数）杏仁油。

同时，对三种坚果油及其不同比例调和油对 DPPH·、ABTS·+的半抑制浓度及β-胡萝卜素脱色半效应浓度进行差异分析，核桃油、扁桃油、杏仁油及其各比例调和油对 DPPH·的半抑制浓度如图 6-17 所示，核桃油、扁桃油、杏仁油及其各比例调和油对 ABTS·+的半抑制浓度如图 6-18 所示，核桃油、扁桃油、杏仁油及其各比例调和油的β-胡萝卜脱色半效应浓度如图 6-19 所示。图 6-17、图 6-18、图 6-19 中 1 号：核桃油；2 号：扁桃油；3 号：杏仁油；4 号：在核桃

油中加入20%（体积分数）扁桃油；5号：在核桃油中加入40%（体积分数）扁桃油；6号：在核桃油中加入50%（体积分数）扁桃油；7号：在核桃油中加入20%（体积分数）杏仁油；8号：在核桃油中加入40%（体积分数）杏仁油；9号：在核桃油中加入50%（体积分数）杏仁油。

表6-15　　核桃油、扁桃油、杏仁油及不同比例调和油对DPPH·的半抑制浓度

项目	方程	相关系数	半抑制浓（IC_{50}）/(mg/mL)
1号	Y=23.274x+0.033	0.955	20.065
2号	Y=28.057x+0.049	0.978	16.085
3号	Y=25.395x+0.051	0.970	17.685
4号	Y=21.119x+0.069	0.999	20.395
5号	Y=21.792x+0.070	0.994	19.715
6号	Y=25.937x+0.041	0.984	17.687
7号	Y=23.108x+0.055	0.990	19.275
8号	Y=23.396x+0.068	0.991	18.455
9号	Y=24.746x+0.064	0.980	17.625

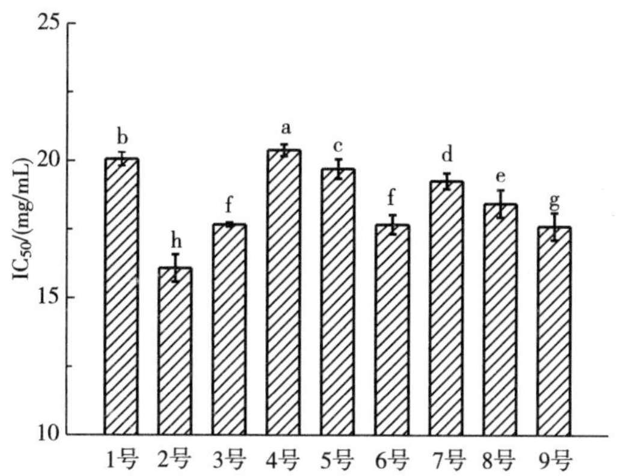

图6-17　核桃油、扁桃油、杏仁油及其各比例调和油对DPPH·的半抑制浓度

注：a，b，c，d，e，f，g，h表示结果差异性，不同字母标示的结果之间差异显著（$p<0.05$）。

表6-16　　核桃油、扁桃油、杏仁油及其各比例调和油对ABTS·+的半抑制浓度

项目	方程	相关系数	半抑制浓（IC_{50}）/(mg/mL)
1号	Y=8.511x−0.289	0.991	92.745
2号	Y=9.525x−0.301	0.994	84.105

续表

项目	方程	相关系数	半抑制浓（IC_{50}）/(mg/mL)
3号	$Y=8.888x-0.288$	0.990	88.675
4号	$Y=8.428x-0.291$	0.987	93.855
5号	$Y=8.905x-0.306$	0.989	90.475
6号	$Y=8.953x-0.276$	0.995	86.685
7号	$Y=9.073x-0.293$	0.995	87.425
8号	$Y=9.208x-0.307$	0.997	87.645
9号	$Y=9.311x-0.293$	0.997	85.165

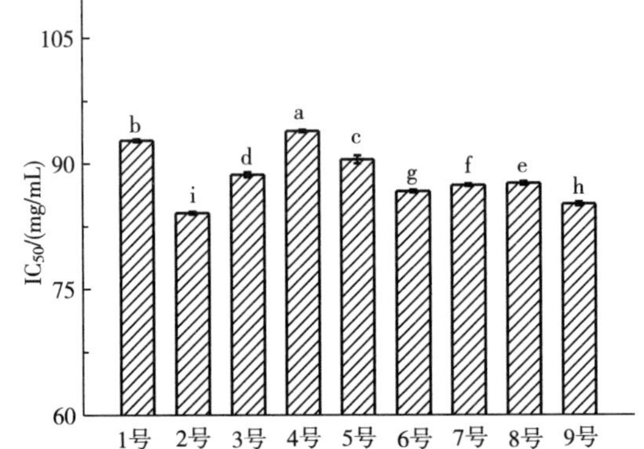

图 6-18　核桃油、扁桃油、杏仁油及其各比例调和油对 ABTS·+的半抑制浓度

注：a，b，c，d，e，f，g，h，i 表示结果差异性，不同字母标示的结果之间差异显著（$p<0.05$）。

表 6-17　核桃油、扁桃油、杏仁油及其各比例调和油 β-胡萝卜素脱色半效应浓度

项目	方程	相关系数	半效应浓度（EC_{50}）/(mg/mL)
1号	$Y=3.391x-0.047$	0.989	161.095
2号	$Y=4.024x-0.020$	0.993	129.195
3号	$Y=3.779x-0.025$	0.995	138.995
4号	$Y=3.428x-0.028$	0.984	153.895
5号	$Y=3.654x-0.048$	0.963	149.995
6号	$Y=3.569x-0.031$	0.973	148.695
7号	$Y=3.431x-0.016$	0.993	150.495
8号	$Y=3.520x-0.016$	0.986	146.695
9号	$Y=3.507x-0.005$	0.998	144.095

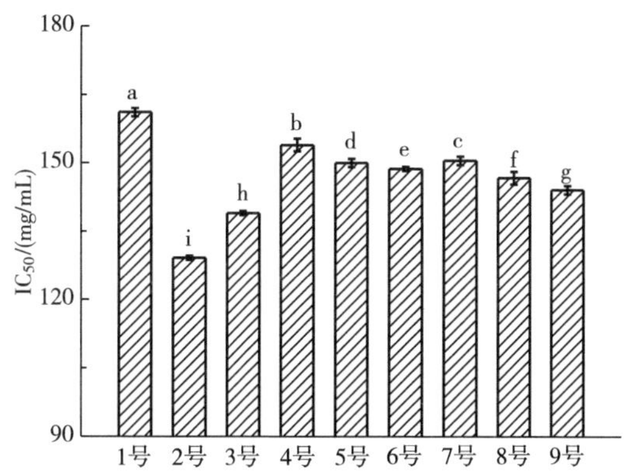

图 6-19 核桃油、扁桃油、杏仁油及其各比例调和油的β-胡萝卜素脱色半效应浓度

注：a，b，c，d，e，f，g，h，i 表示结果差异性，不同字母标示的结果之间差异显著（$p<0.05$）。

由表 6-15、表 6-16 和表 6-17 可知，3 种坚果油及其各比例调和油均有良好的体外抗氧化活性。其中，扁桃油的体外抗氧化活性最好，对 DPPH·、ABTS·+ 的半抑制浓度分别为 16.085 和 84.105mg/mL，β-胡萝卜素脱色半效应浓度为 129.195mg/mL；杏仁油居中，核桃油的体外抗氧化活性最差。

从图 6-17、图 6-18 和图 6-19 可看出，在核桃油中按不同比例加入扁桃油和杏仁油都会显著降低核桃油脂的 DPPH·、ABTS·+ 半抑制浓度以及β-胡萝卜素脱色半效应浓度（$p<0.05$）。且随着扁桃油和杏仁油的添加比例升高，核桃油体外抗氧化活性也不断增强。因此，在核桃油中添加扁桃油和杏仁油，在显著提高核桃油体外抗氧化活性的同时，还能在一定程度上提高核桃油营养价值。

（三）核桃油及其各比例调和油的氧化稳定性比较

利用 Rancimat 法以 OSI 为评价指标，比较核桃油、扁桃油、杏仁油及其各比例调和油的氧化稳定性，核桃油、扁桃油、杏仁油及其各比例调和油的 OSI 如图 6-20 所示。图 6-20 中 1 号：核桃油；2 号：扁桃油；3 号：杏仁油；4 号：在核桃油中加入 20%（体积分数）扁桃油；5 号：在核桃油中加入 40%（体积分数）扁桃油；6 号：在核桃油中加入 50%（体积分数）扁桃油；7 号：在核桃油中加入 20%（体积分数）杏仁油；8 号：在核桃油中加入 40%（体积分数）杏仁油；9 号：在核桃油中加入 50%（体积分数）杏仁油。

由图 6-20 可知，扁桃油和杏仁油 OSI 显著高于核桃油（$p<0.05$）。在核桃油中添加不同比例的扁桃油和杏仁油均能显著提高其氧化稳定性（$p<0.05$），且随着扁桃油和杏仁油添加比例升高，核桃油 OSI 也显著升高。同时发现，在核桃油中添加杏仁油对其 OSI 的提高程度比添加同比例的扁桃油更显著。

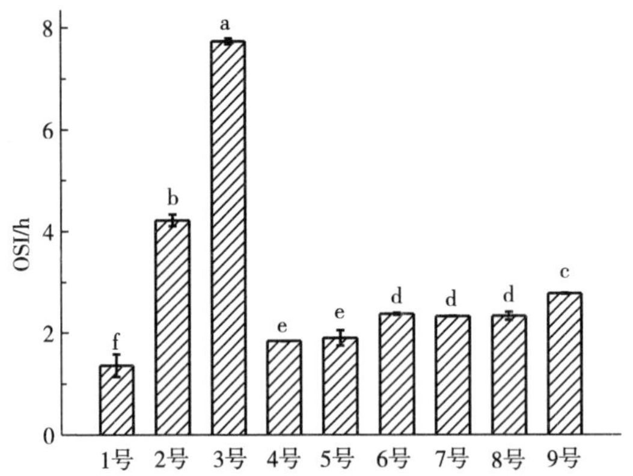

图 6-20　核桃油、扁桃油、杏仁油及其各比例调和油的 OSI

注：a，b，c，d，e，f 表示结果差异性，不同字母标示的结果之间差异显著（$p<0.05$）。

（四）核桃油及其不同比例调和油的贮藏稳定性

将核桃油及其不同比例调和油置于 25℃条件下，密封、避光放置 30d，期间每隔 5d 测定几种油脂的过氧化值，核桃油及其各比例调和油的过氧化值变化如图 6-21 所示。图 6-21 中 1 号：核桃油；2 号：在核桃油中加入 20%（体积分数）扁桃油；3 号：在核桃油中加入 40%（体积分数）扁桃油；4 号：在核桃油中加入 50%（体积分数）扁桃油；5 号：在核桃油中加入 20%（体积分数）杏仁油；6 号：在核桃油中加入 40%（体积分数）杏仁油；7 号：在核桃油中加入 50%（体积分数）杏仁油。

由图 6-21 可知，在 30d 的氧化过程中，核桃油过氧化值变化最快。添加不同比例的扁桃油和杏仁油都能有效减缓核桃油氧化速度，且随着扁桃油和杏仁油添加比例不断升高，核桃油过氧化值变化程度也逐渐减小。可见，在核桃油中添

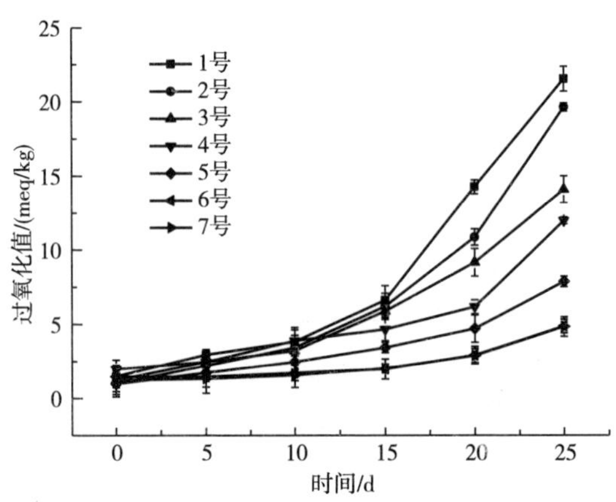

图 6-21　核桃油及其各比例调和油的过氧化值变化

加扁桃油和杏仁油都能有效延缓核桃油自动氧化，且添加杏仁油效果优于添加同比例的扁桃油。

利用回归方程推算核桃油及其各比例调和油的货架寿命，并进行差异分析，结果如表 6-18 所示。表 6-18 中 1 号：核桃油；2 号：在核桃油中加入 20%（体积分数）扁桃油；3 号：在核桃油中加入 40%（体积分数）扁桃油；4 号：在核桃油中加入 50%（体积分数）扁桃油；5 号：在核桃油中加入 20%（体积分数）杏仁油；6 号：在核桃油中加入 40%（体积分数）杏仁油；7 号：在核桃油中加入 50%（体积分数）杏仁油。

表 6-18　核桃油及其各比例调和油的货架寿命

项目	方程	相关系数	货架期/d
1 号	$Y=1.743\times\exp(x/9.804)-0.429$	0.982	17.54g
2 号	$Y=1.038\times\exp(x/8.528)+0.122$	0.999	19.21f
3 号	$Y=1.753\times\exp(x/11.790)-0.487$	0.996	21.09e
4 号	$Y=0.248\times\exp(x/6.819)+2.118$	0.971	23.59d
5 号	$Y=0.668\times\exp(x/10.494)+0.529$	0.988	27.82c
6 号	$Y=0.049\times\exp(x/5.861)+1.397$	0.998	30.28b
7 号	$Y=0.094\times\exp(x/6.813)+1.143$	0.999	30.96a

注：a，b，c，d，e，f，g 表示结果差异性，不同字母标示的结果之间差异显著（$p<0.05$）。

由表 6-18 可知，在核桃油中加入扁桃油和杏仁油均可以显著延长核桃油货架寿命（$p<0.05$）。且随着扁桃油和杏仁油添加比例升高，核桃油货架寿命也不断提高。同时发现，添加杏仁油的效果优于添加同比例的扁桃油。结合之前研究结果可知，在核桃油中加入扁桃油和杏仁油均能显著改善其氧化稳定性，且添加比例越高，效果越好。这可能是由于添加扁桃油和杏仁油改变了核桃油的脂肪酸比例模式及微量组分含量，从而提高了核桃油氧化稳定性。

三、结论

分别将扁桃油和杏仁油以 20%、40%、50%的比例与核桃油复配调和，通过比较核桃油及其各比例调和油的理化性质、体外抗氧化活性、氧化稳定性及贮存稳定性，得到以下主要结论。

（1）将扁桃油和杏仁油以不同比例分别加入核桃油中对核桃油折光指数和皂化值没有显著影响（$p>0.05$），而对色泽、黏度、酸价、碘值、过氧化值及不皂化物影响显著（$p<0.05$）。

（2）将扁桃油和杏仁油以不同比例分别加入核桃油中，对核桃油体外抗氧化活性、氧化稳定性及贮藏稳定性均有显著提高，且添加比例越高，效果越好。同时发现，添加杏仁油比添加同比例的扁桃油效果更好。

由此可见，在核桃油中添加扁桃油和杏仁油可以在提高核桃油氧化稳定性的同时，在一定程度上提高核桃油营养价值。

第五节　核桃油品质控制体系

含量丰富的不饱和脂肪酸在赋予核桃油保健功能的同时，又使得其在加工贮存过程中极易发生氧化酸败，导致核桃油品质劣变，甚至失去商品价值。如何解决两者之间的矛盾，在保证核桃油保持稳定的、较高的产品品质同时提高其贮存稳定性，已成为核桃油产业发展亟待解决的问题。本节结合企业的生产实践和参考相关文献，建立核桃油品质控制的质量保障体系，以期为产业的健康发展提供支持。

一、油脂氧化酸败的主要途径

自氧化、光氧化和酶促氧化是油脂氧化酸败的 3 种主要途径。对于避光保存的油脂，氧气含量是限制其自氧化的关键因素之一，而限制油脂与氧气的接触则可以有效减缓氧化过程。在核桃仁的贮存实验中发现，高含氧量（21%）条件下其氧化程度明显高于低含氧量（<2.5%），因此减少氧气含量可以有效延缓油脂的自氧化。

光氧化需要光和光敏剂的同时参与。光照促进了过氧化物的分解，叶绿素作为光敏剂参与了光氧化反应。此外，不同波长的光引发光氧化的能力不同。有研究表明，在可见光照射下，由光氧化导致的耗氧量在 550~650nm 范围内达到最大，同时，叶绿素等光敏剂的降解也主要发生在 650nm 和 600nm 区段。

酶促氧化指有酶参与的氧化反应。核桃贮藏期间，由于脂氧合酶的作用导致核桃仁内 9-氢过氧化物和 13-氢过氧化物的积累。这些不稳定的中间产物又作为其他酶类的底物继续参与氧化进程，如被氢过氧化物裂合酶催化分解，最终产生短链的醛、酮类物质并导致哈喇味的出现。

二、采前因素对核桃油品质及贮藏稳定性的影响

1. 品种与产地

原料的品种与地区是决定核桃油品质及贮藏稳定性的前提条件。我们前述研究已经证实，不饱和脂肪酸的种类和数量是决定核桃油氧化稳定性的因素。油酸、亚油酸和亚麻酸是核桃油中主要的脂肪酸，有文献报道，在混合体系中，这

3 种脂肪酸甲酯的氧化速率之比为 1 ∶ 10.3 ∶ 21.6。核桃油的氧化诱导期更短的原因可能在于其高含量的亚麻酸。另有研究表明，亚油酸和亚麻酸含量越高的品种，核桃油脂越不稳定，越容易氧化酸败。

核桃品种之间不饱和脂肪酸含量的差异，除了受基因型影响外，还会受到环境因素的影响。我们的研究表明，中国六大核桃主产区核桃油的氧化稳定性差异非常显著，说明环境因素对其品质和贮藏稳定性具有极显著影响。另有对国内不同核桃主栽区 107 个农家类型脂肪酸测定研究发现，云南泡核桃的饱和脂肪酸含量普遍较高，而西藏、商洛核桃的不饱和脂肪酸含量较高。因此，在发展加工专用品种时应该同时考虑榨油用核桃品种和区域化栽培，从原料开始进行质量控制。

2. 适期采收

核桃果实发育可分为 4 个时期，即速生期、果壳硬化期、油脂迅速积累（转化）期和成熟期。在油脂转化期后期至成熟期期间，核桃仁脂肪酸成指数型积累。王根宪等对种植在商洛地区的 40～50 年生晚实核桃实生树的研究发现，早采（8 月 25 日前）所得的核桃仁味涩，而 9 月 1 日后所采核桃仁具有油香味，推测原因是早采时种仁含油率未积累至一定程度。另有研究发现，核桃坚果缝合线紧密度随采收期的临近而下降，硬壳机械强度及密度随采收期的临近而上升，但硬壳密度在采前 1 周左右又呈下降趋势，这将对后期贮藏中核桃油的稳定性产生影响。因此，适期采收对于保证核桃坚果的品质十分重要，采收过早，种仁脂肪含量较低且不耐贮藏，而采收过晚，青皮的开裂会增加坚果感染霉菌的机会。

三、采后因素对核桃油品质及贮藏稳定性的影响

1. 脱青皮

核桃青皮含水量较高，若未及时脱除，很容易腐烂变黑，降低核桃仁品质。目前，脱青皮普遍采用堆沤法和乙烯利法。堆沤法较为传统，但在堆沤过程中若操作不及时，种仁容易发生霉变，品质降低。而乙烯利法虽可缩短脱皮时间，但有研究指出，喷布乙烯利催熟的核桃出仁率和种仁含油率均有所降低。另外，脱青皮机的使用可以有效提高脱皮效率和降低劳动强度，但容易发生青皮汁液污染核桃仁的现象。

2. 干燥方式

核桃的干燥能延长其保质期、加速挥发性物质的挥发且带来适宜的口感，同时也会加速核桃仁中不饱和脂肪酸的氧化。目前干燥方法主要有：晒干法、烤房烘烤法和热风干燥法。热风干燥法在干燥过程中对核桃仁中不饱和脂肪酸具有较高的保存率。研究发现相同时间内核桃仁的酸价、过氧化值等指标的变化与干燥温度呈正相关。适宜核桃干燥的温度上限为 43.3℃，超过此温度将会引起酸败及

裂壳等现象。适当的高温处理也可抑制酶促氧化反应的发生。有报道，核桃坚果分别经 55℃ 短期处理 2~10min 后，其脂肪氧合酶的活性较未处理组分别降低 54%、62%，且抑制了其贮藏中氧化酸败的发生，延长了核桃油的货架期。

3. 制油

虽然新的核桃油萃取工艺（如超临界 CO_2 萃取）等被相继提出和完善，但在实际生产中应用的主要是压榨法和溶剂浸出法。压榨法又分为冷榨和热榨 2 种类型。对比冷榨法和溶剂浸出法对核桃油品质的影响，发现虽然溶剂浸出法的出油率要高于冷榨法，但冷榨油的过氧化值低、稳定性高，且含有更多的维生素 E、多酚等天然抗氧化物质。核桃油作为一种高级食用油，其发展方向应该以初级压榨油为主。核桃仁压榨时采用热榨，出油率高但油脂易氧化；采用冷榨，出油率低但油品好。然而，最新研究表明，核桃仁经过适当的烘烤，核桃油酸价、过氧化值虽有升高，但在后期贮藏中，烘烤后压榨所得的油比未烘烤的具有更高的氧化稳定性，这可能是因为烘烤中发生了美拉德反应。

4. 贮藏

低温、避光、低氧（或绝氧）和适宜的环境湿度是油脂贮藏的必要条件，通过油脂氧化途径的分析，核桃油贮藏过程中，温度和氧气的含量高低是对其过氧化值和酸价的影响主导因素，因此要采用充氮灌装、避光、低温贮藏等措施来抑制核桃油的氧化过程，保障其质量品质。

5. 抗氧化剂的添加

为了防止油脂氧化变质，通常在油脂中加入抗氧化剂，以延缓油脂氧化，延长其保质期。根据抗氧化剂的来源，可将其分为人工合成和天然抗氧化剂。核桃油作为一种高级保健食用油，尽可能要使用国标中允许添加的天然抗氧化剂来延缓其氧化过程。目前，主要有茶多酚棕榈酸酯、抗坏血酸棕榈酸酯、迷迭香提取物、维生素 E 这 4 种天然抗氧化剂可以使用。研究发现，复合的抗氧化剂效果比单一的要好，优化的配方为：茶多酚棕榈酸酯 0.40g/kg、抗坏血酸棕榈酸酯 0.02g/kg、迷迭香提取物 0.15g/kg。

第七章　核桃蛋白制备技术

第一节　植物蛋白概述

一、蛋白质与植物蛋白

蛋白质的功能特性是指蛋白质在加工、储藏和消费过程中影响食品质构和感官的物理和化学性质。蛋白质的功能特性与其自身的理化性质（蛋白质的大小、形状、氨基酸的组成和序列、静电荷、电荷分布、疏水性、亲水性、结构和构象）有关，蛋白质与其他食品成分之间的相互作用也会影响其功能特性。由于食品蛋白功能特性的复杂多样，任何一个定义很难包含所有的功能特性。

蛋白质的功能特性按照作用机理可以分为三大类。

（1）水合性质取决于蛋白质和水（液相）的相互作用，主要包括吸收和保留、湿润性、膨胀性、黏合性、分散性、溶解度和黏度等性质。

（2）蛋白质和蛋白质的相互作用，主要包括产生沉淀作用、凝胶作用、形成各种其他结构如附着性、网状结构、面团性能、组织化、纤维化、挤压性。

（3）表面性质主要指与表面张力、乳化作用、起泡特性有关的性质。这三方面的性质不是完全独立的，而是相互关联的。

人们喜欢的食品往往是基于它的感官特性，如外观、颜色、气味和组织等。蛋白质在食品的感官特性方面起了一定的作用，但不同食品体系和应用中要求蛋白质发挥不同的功能特性，没有一种单一的蛋白质能够满足各种食品所要求的功能特性，这一方面植物蛋白表现得尤其突出。所以，充分利用来源广泛、价格便宜的植物蛋白通过改变其物化性质和功能特性，满足食品加工和食品营养的需要，越来越受关注。

目前，蛋白质酶解工艺的研究主要集中在四个方面：一是对新开发蛋白质资源的酶解工艺研究，以获得具有优越的加工功能特性的产物，为食品工业提供新的添加剂和配料；二是利用新的蛋白酶或水解工艺路线，制备出肽相对分子质量更为分布集中的水解物，例如 Manuela 等通过水解工艺的改进，使乳清蛋白水解物的肽分子质量分布基本集中在 700~8000u 和 4000~4500u 两部分；三是通过水解工艺改进提高生物活性肽的得率，并从不同来源的蛋白质中获得具有相同功效的生物活性肽，例如，ACE 抑制因子等；四是新酶解工艺技术的研究，例如，酶解与膜分离相结合技术、固定化酶技术等。

植物蛋白是植物体内各种氨基酸组成的具有特定空间结构的高分子聚合物，按其结构和构象不同可分为两大类：纤维状蛋白和球状蛋白，一般植物蛋白多数为球状蛋白。资料显示，植物蛋白中氨基酸含量较高，且各种氨基酸组成基本平衡，容易被人体消化吸收，营养价值高；同时，植物蛋白还具有多种生理功能，如降低胆固醇、抗肿瘤和改善心血管功能等。

核桃蛋白是一种优质的植物蛋白，若能被充分利用，它的营养价值和经济效益将得到最大限度发挥。

二、植物蛋白的提取和分离

（一）植物蛋白的提取

1. 浸出法

浸出法采用低温浸出和脱溶工艺，蛋白质得率高、变性概率小，水溶性蛋白含量高。但实际生产中需使用易燃溶剂，存在工艺复杂、成本高等问题。

2. 冷榨法

冷榨法在低温状态下（60℃以下）对材料进行压榨，实现油脂与蛋白的分离，优点是能够防止蛋白高温变性，较好地保持蛋白的营养价值；缺点是分离不彻底，蛋白得率较低，生产中常与浸出法联合使用。

3. 水剂法

水剂法通过水剂作用实现油脂、碳水化合物和蛋白质的分离。与传统工艺相比，水剂法不仅提高了蛋白质得率，而且不采用易燃易爆溶剂，提高了生产安全性。但水剂法存在能耗大、对生产环境的卫生条件要求较高，且产生的大量乳清液及废水需进一步回收处理等问题。

4. 膜分离法

膜分离法往往与水剂法结合使用，用水剂法分离出蛋白、油脂及不溶物。超滤提取蛋白，利用反渗透技术处理废液，可提高蛋白的氮溶解指数和生产效率，且整个过程无废料流出，节能环保。

5. 水酶法

水酶法是近年来被广泛应用的一种新工艺，该法采用对植物细胞壁或对油脂复合体具有降解活性的酶对植物细胞进行降解处理，在机械破坏的基础上，进一步“破坏分解”细胞，使油脂释放更加完全。相关功能酶主要是纤维素酶、半纤维素酶、蛋白酶、果胶酶和 β-葡萄糖酶等。大量研究表明，水酶法具有传统工艺不可比拟的优越性。

以上几种蛋白提取技术各有利弊。在实际生产中，可以将其中的几种技术相结合使用。

以核桃粕为原料提取其中所含的蛋白质，对于核桃高附加值的综合利用是一项非常有意义的工程。

（二）植物蛋白的分离

1. 粗分级分离

为提高蛋白产品的纯度，需对所提蛋白进行进一步的分离。蛋白质的溶解度受溶液 pH、离子强度、溶剂的电解质性质及温度等多种因素的影响。粗分级分离指充分利用蛋白质的不同特性，将所需蛋白与杂蛋白分离，常用方法有盐析法、低温有机溶剂沉淀法和等电点沉淀法。以上方法操作简便，样品处理量大，既可去除杂质，又可浓缩蛋白质溶液。当蛋白质提取液体积过大，又不适合用沉淀法或盐析法浓缩时，可采用超滤、凝胶过滤或其他方法进行浓缩。

2. 细分级分离

在粗分级分离的基础上，要进一步研究植物蛋白的结构和生物学功能，还需借助层析或电泳技术对蛋白产品进行分级分离。近年来，随着生物技术和生命科学的发展，一些新的蛋白质分离技术与分析测试手段应运而生。凝胶过滤、离子交换、疏水层析和亲和层析是最常用又最具实效性的蛋白分离手段。一些高分子填料的问世，使层析技术发展更加迅速，蛋白分离效果更加理想，如 HPLC、UPLC、GC 技术的发展，为蛋白分离提供了更完备的工具。同时，UV、IR、MS、NMR、荧光光谱与激光拉曼光谱和 X 射线衍射等检验技术的日益成熟，以及分离与鉴定技术的联用（LC-MS、GC-MS、LC-NMR）等，为植物功能蛋白的分离、结果鉴定和生物学功能分析奠定了基础。此外，蛋白质芯片技术、酵母双杂交技术和生物信息学的发展，为研究植物功能蛋白的相关生物学活性提供了更多手段。

分离获得具有生物活性的高纯度目的蛋白是一项十分艰巨的工作，除了组分复杂、分离难度大外，许多目标蛋白在分离过程中容易丧失活性也是一个重要问题。因此，除了提取、分离与制备过程各种方法对所获目的蛋白的生物活性进行跟踪检测。

由于蛋白产品中蛋白质量分数的不同，可以将其分为蛋白粉、分离蛋白以及浓缩蛋白。蛋白粉的蛋白质量分数为 60%以下；分离蛋白的蛋白质量分数要达到 90%以上，蛋白浓度相对较高；浓缩蛋白的蛋白质量分数一般在 70%以上，蛋白浓度高。这三种蛋白产品有不同的制作工艺。蛋白粉的制备首先要对冷榨后的核桃粕进行脱脂处理，除去冷榨过程中残存的油脂，干燥后经过超微粉碎或喷雾干燥后制得；分离蛋白的制备一般应用碱溶酸沉的方法来获取；浓缩蛋白的制备方法有多种，包括乙醇浸洗法、酸沉淀法以及乙醇浸洗和酸沉淀相结合法。

分离蛋白又被称作等电点蛋白。它的制备是以冷榨核桃粕为原料，利用核桃蛋白的特性，用碱溶酸沉的方法，除去其他杂质，得到浓度较高的核桃粕分离蛋白制品。现在制作分离蛋白的方法一般为：碱溶酸沉法、离子交换法和膜分离法。现对分离蛋白的制备最常用的方法是碱溶酸沉法，不但试验成本低，并且得到的核桃分离蛋白产品的纯度高，溶解性也良好。缺点在于蛋白的得率比较低，并且在感官上表现为色泽不佳，颜色偏深。为了提高蛋白得率，现一般运用超声波辅助的方法来提取分离蛋白，在一定程度上大大提高了蛋白得率。为了解决提取后的核桃分离蛋白存在的色泽问题，姜莉等分别利用活性炭和高岭土对核桃粕的碱溶液进行脱色处理，但效果不明显，白度依旧较差。范方宇等利用超声波辅助碱溶酸沉的方法提取核桃蛋白，发现碱液 pH 越大，核桃蛋白的颜色越深，呈紫褐色。综合考虑，调节碱溶 pH 为 7.5，这样提取的蛋白质颜色较浅，提取率为 55.83%。

浓缩蛋白的制备方法有多种，包括乙醇浸洗法、酸沉淀法以及乙醇浸洗和酸沉淀相结合法。由于乙醇对有机物质有极强的溶解能力，乙醇的加入可以将呈色和带有味道的物质脱除，得到的浓缩蛋白产品呈现的风味和色泽都较好。并且对乙醇的使用可以实现循环利用，缺点是浓缩蛋白产品的溶解性也有所降低，限制了其在食品工业的应用。目前，市场上已经出现由大豆蛋白制备的浓缩蛋白产品的出现，但是以谷蛋白为主的核桃蛋白的浓缩蛋白产品的制备，还处于实验室阶段。

国外对蛋白质水解的研究始于 100 多年前。最初的蛋白质水解研究主要是针对如何改善蛋白质加工功能特性，如水溶性、乳化性、气泡性、热稳定性及风味特性等，由于酸碱水解物存在安全问题，故而转向酶水解。然而真正使蛋白质水解成为热点和焦点的原因是人们从蛋白质酶解物中发现并分离纯化出具有一定生理活性的多肽。近年来，为了充分利用蛋白质资源，寻找生理活性多肽，对各种大宗蛋白质，特别是产量大、低质量或作为废物处理的蛋白质，如血液蛋白、葵花籽蛋白、谷物蛋白、油菜籽蛋白、豌豆蛋白、海洋蛋白等开展了相关研究工作。我国利用蛋白酶解制备生物活性肽方面的研究起步较晚，早期对蛋白质水解的研究主要集中在大豆蛋白、花生蛋白等植物蛋白加工功能特性改善方面。

三、核桃蛋白的提取

目前，应用在提取核桃蛋白质的方法主要是碱溶酸沉法、稀酸沉淀法、酶解法、超声辅助碱溶酸沉等几种方法。这几种方法都是在去除了核桃的油脂的基础上再进行蛋白质提取。其中，利用稀酸沉淀法提取蛋白质，蛋白质得率高并且操作较为简便；利用碱溶酸沉法提取蛋白质，优点是产品纯度高、质量好，缺点是蛋白质得率不是很高；而酶解法在环保和生产安全方面比利用稀酸沉淀、碱溶酸沉来说更胜一筹，并且利用酶解法提取的蛋白质，其溶解性和其他的功能性质都有改善，这是因为酶解法在提取蛋白质的同时也是进行改性的过程。

稀酸沉淀法主要用来制备浓缩蛋白。油料饼粕浓缩蛋白是指油料饼粕经过了粉碎、浸提、分离、干燥等几道加工工艺，将油料饼粕中的残留油脂除去，低分子的可溶性的非蛋白组分（主要为可溶性糖、醇溶蛋白、灰分以及各种气味物质等）也除去后所制得的产品。目前关于核桃浓缩蛋白的制备方法还很少，但是也是有报道的。Mao 等在 25℃下用核桃脱脂粉制备出了含有 75.56%高纯度的核桃饼粕浓缩蛋白。提取方法是先将核桃脱脂粉与 95%乙醇溶液搅拌，然后过滤取滤渣，再将滤渣溶于去离子水中，经过酸化、搅拌、离心、水洗沉淀等几道工序，再用 NaOH 将 pH 调至中性，最后经过冷冻干燥得到了高纯度的浓缩蛋白质。毛晓英等按照制备大豆浓缩蛋白的方法，用核桃饼粕脱脂粉为原料得到纯度达 75%的核桃饼粕浓缩蛋白制品。

现今国内外一般采用碱溶酸沉法来制备核桃分离蛋白，碱溶酸沉法制备分离蛋白的原理是利用核桃粕内蛋白质与其他非蛋白组分的酸碱性差异来对核桃蛋白进行分离提取。采用碱溶酸沉法制备的分离蛋白不仅纯度高，与浓缩蛋白相比溶解度要更好，但是采用此法的蛋白质得率一般比浓缩蛋白制备法要低。采用碱溶酸沉法制备核桃分离蛋白的工艺流程一般要经过下面几个步骤：核桃饼粕、碱溶、酸沉、水洗中和、干燥得分离蛋白。Chen 等先将核桃脱脂粉溶于 NaOH 溶液中，再经过搅拌、加酸、离心、水洗至中性，然后冷冻干燥得核桃分离蛋白。刘双凤等优化了碱溶酸沉法提取核桃蛋白的工艺条件。通过二次正交旋转组合试验设计得到了提取碱液 pH 为 9.0，酸沉等电点 5.0，提取温度 53℃，提取时间 124min，料液比 1∶22（g/mL）为碱溶酸沉法提取核桃蛋白的最佳工艺条件，在此条件下核桃蛋白质的提取率为 67.94%。利用碱溶酸沉法提取蛋白质，其过程比较复杂，提取效果会受到如 pH、料液比、温度、时间等多种因素的影响，操作控制不易。在这诸多影响因素中，pH 对蛋白质提取效果的影响最为显著。碱溶酸沉法所制得的核桃蛋白还有色泽较深的问题。有学者针对色泽这个问题进行了研究，杜蕾蕾等以山核桃分离蛋白为研究对象研究了添加活性炭、高岭土、抗坏血酸和过氧化氢对于脱色效果的影响。结果显示，添加活性炭和高岭土进行脱色对于山核桃蛋白质来说有较显著的效果，但是蛋白质的损失也会随着活性炭、高岭土的添加量增高而加大；添加抗坏血酸、过氧化氢的脱色效果不明显。综合考虑脱色效果与蛋白损失量的减少，添加 3%的高岭土会达到最佳效果。杨瑾研究了山核桃蛋白质纯化和脱色的条件。对于纯化蛋白质、研究了利用酶法去除杂质、水洗等工艺，确定了加酶处置、水洗的温度和水洗次数对蛋白质纯度的影响。结果显示，通过添加 α-淀粉酶进行处理，在40℃的温度下水洗两次能够提高蛋白质的纯度。蛋白质的脱色处理结果表明，添加高岭土对于蛋白质的脱色率可以达到70%以上，脱色效果最好，且可以把蛋白质的损失率控制在10%左右。因此对山核桃蛋白的脱色处理，可以选择低添加量的高岭土。

酶法一般采用蛋白酶提取蛋白。相比碱提酸沉法，酶法提取时间短，反应温和，无有害物质产生。在工业上具有节约能源、对反应设备要求低、生产成本低等优点。现如今，国内外对冷榨核桃粕如何被有效利用进行了一定的研究，研究主要是集中在冷榨核桃粕中的蛋白质改性，一般是采用化学或者物理的手段。通过尝试用不同的蛋白酶降解蛋白质用以提高蛋白质的溶出率，致力于制备核桃多肽和分离核桃蛋白。喻峰等将复合蛋白酶和风味蛋白酶两种酶按照 1：1 的比例复配，然后用复合酶酶解核桃粕来制备核桃多肽，既消除了核桃粕酶解产物的不良口感（苦涩），还提高了蛋白质的得率。他们还对会影响酶解效果的温度、pH、料液比和时间等因素进行了探讨。张全才等用超临界萃取法除去核桃粕中的残余油脂，然后用复合蛋白酶与风味蛋白酶酶解除油的核桃粕，得到酶解最佳水解条件为：温度 55℃，pH 5.5，酶解 4h，料液比 1：5，酶与底物比为 0.3%，核桃粕蛋白提取率为 60.3%，水解度是 15.3%。康俊杰等以核桃粕作为研究对象，在测定了其基本成分组成的基础上，将中性蛋白酶、植物蛋白酶和木瓜蛋白酶这三种蛋白酶进行复配后直接对核桃粕进行水解，来制备核桃多肽。筛选出了酶解核桃粕制备核桃多肽的最佳条件，即按照 2：1 的比例将中性蛋白酶与植物蛋白酶进行复配，在 pH 为 7.5、温度 50℃ 的条件下，按 8000u/g 的加酶量添加按照比例复配好的蛋白酶，酶解 3h。在筛选出来的最佳条件下得到了总抗氧化能力为 91.73u/mL 的酶解产物。

超声辅助碱溶酸沉法是在碱溶酸沉法的基础上，通过超声辅助来提高蛋白质的提取率。超声辅助提取技术易操作，在不影响提取产物结构与功能的前提下，提取效率显著提高，且利于环保、节能，近年来广受关注。李婷用响应面法优化了核桃粕可溶性蛋白的提取工艺。试验结果显示，超声波辅助碱提工艺是提取可溶性蛋白质的最佳工艺，优化后的工艺是在提取温度为 50℃、pH 为 10.0 的条件下，进行超声 61min，核桃粕可溶性蛋白提取率可以达到 80.56%。王琳等对碱液提取和超声波辅助提取核桃蛋白这两种方法做了对比。结果显示，利用超声波辅助提取核桃蛋白能够显著提高核桃蛋白提取率。

第二节 核桃蛋白的组成及功能

一、核桃蛋白的氨基酸组成

核桃仁的粗脂肪和氨基酸含量见表 7-1。

表 7-1　　核桃仁的粗脂肪和氨基酸含量　　单位：mg/g

氨基酸种类	铁核桃		普通核桃		平均值
	泡核桃	夹米核桃	新疆核桃	薄壳核桃	
粗脂肪	744. 211	591. 702	549. 310	579. 803	616. 257
天门冬氨酸	13. 145	22. 669	18. 535	20. 022	18. 593
苏氨酸	4. 476	7. 398	6. 594	6. 938	6. 352
丝氨酸	6. 536	11. 230	9. 659	10. 047	9. 368
谷氨酸	28. 295	48. 847	40. 614	43. 393	40. 287
甘氨酸	6. 485	11. 085	8. 732	9. 694	8. 999
丙氨酸	5. 519	9. 270	7. 941	8. 553	7. 821
缬氨酸	6. 697	10. 883	8. 683	9. 636	8. 975
甲硫氨酸	1. 882	2. 269	2. 324	2. 063	2. 135
异亮氨酸	5. 849	9. 706	7. 514	8. 183	7. 813
亮氨酸	10. 124	16. 812	13. 715	14. 611	13. 816
酪氨酸	5. 314	8. 557	7. 358	7. 519	7. 187
苯丙氨酸	6. 491	10. 746	9. 110	9. 433	8. 945
赖氨酸	6. 838	6. 838	6. 782	6. 887	6. 328
组氨酸	5. 640	5. 640	5. 005	5. 329	4. 849
精氨酸	34. 378	34. 378	30. 354	32. 155	28. 950
脯氨酸	4. 298	7. 329	9. 306	6. 685	6. 905
必需氨基酸总量	40. 322	64. 652	54. 722	57. 751	54. 362
氨基酸总量	132. 249	223. 657	192. 226	501. 148	187. 320

注：本表数据出自吴开志。

核桃多肽的氨基酸含量见表 7-2。

表 7-2 核桃多肽的氨基酸含量

氨基酸名称	含量/(mg/100mg)	氨基酸名称	含量/(mg/100mg)
天门冬氨酸（Asp）	9.11±0.71	谷氨酸（Glu）	21.03±0.63
胱氨酸（Cys）	0.46±0.06	丙氨酸（Ala）	4.69±0.02
甲硫氨酸（Met）	2.14±0.05	苏氨酸（Thr）	3.00±0.39
丝氨酸（Ser）	5.33±0.18	异亮氨酸（Ile）	4.00±0.03
甘氨酸（Gly）	4.89±0.03	缬氨酸（Val）	4.61±0.08
组氨酸（His）	2.43±0.04	赖氨酸（Lys）	2.71±0.06
苯丙氨酸（Phe）	4.63±0.04	酪氨酸（Tyr）	3.41±0.02
亮氨酸（leu）	7.76±0.01	精氨酸（Arg）	13.8±0.07
脯氨酸（Pro）	5.50±0.67	色氨酸（Trp）	0.55±0.02

由表 7-1 和表 7-2 可知，核桃蛋白和核桃多肽氨基酸种类丰富且含量较高，其中有着重要生理功能的谷氨酸含量最高，达 20%以上，谷氨酸是酸性氨基酸，不仅在生物体内的蛋白质代谢过程中有重要地位，还参与动物、植物和微生物中的许多化学反应。其必需氨基酸含量丰富，氨基酸含量总和接近 90%，所以对于人类可作为一种开发的有益食品或用作其他用途。

二、核桃蛋白的功能性质

蛋白质的理化性质是指在加工、储藏、制备及消费过程中对食品能产生影响的某些物理、化学性质。简而言之，就是除营养价值外任何影响食品最终用途的性质，如溶解性、黏度、持水性、吸油性、起泡性、乳化性和凝胶性等。酶水解蛋白质后使蛋白质具有以下三种特性：相对分子质量降低、离子性基团数目增加、疏水性基暴露出来。这些特性使蛋白质的功能性发生变化，达到改善乳化效果或增加保水性，或提高热反应能力及膳食时易为人体消化、吸收等目的。核桃蛋白经酶解后，水解产物中亲水性和疏水性侧链的存在状态及分布会出现变化，影响其功能特性。核桃蛋白轻度水解可以提高其乳化性、起泡性、溶解性等理化特性。

（一）核桃蛋白的溶解性

蛋白质的溶解度即在一定条件下离心后，上清液中蛋白质含量与样品中总蛋白含量之比，它是评价蛋白质质量的重要参数，还会影响蛋白质的其他功能特性。由于核桃种皮中酚类和单宁类物质的存在，核桃仁蛋白质本身的溶解性较差，因此，去皮后制成核桃蛋白粉、核桃饼粕浓缩蛋白和分离蛋白，其溶解性有很大提高，促进了核桃饼粕在饮料生产中的应用。此外，核桃饼粕蛋白质的溶解性还受到诸如 pH、电解质等的影响。在一定范围内，溶解度与 pH 的关系呈 U 形曲线关系，在 pH 5.0 左右时，即核桃饼粕蛋白质的等电点处溶解性最差。在盐浓度为 0.1~1mol/L 时，核桃饼粕蛋白的溶解性随着盐浓度增加而提高，相对于核桃饼粕浓缩蛋白和分离蛋白，核桃蛋白粉的增长趋势较平缓。

（二）核桃蛋白的乳化性及乳化稳定性

核桃饼粕蛋白质具有较强的乳化稳定性，它的乳化性与溶解性呈现一定的正相关性，良好的乳化能力有助于其在乳状液类型产品方面的开发。核桃蛋白粉、核桃饼粕浓缩蛋白和分离蛋白的乳化性及乳化稳定性同时受到 pH 和盐浓度的影响。蛋白质处于等电点附近时，其溶解性、乳化性及乳化稳定性最低，而在酸、碱性条件下均有明显提高。在 NaCl 浓度位于 0~0.4mol/L 时，蛋白质乳化性及乳化稳定性随着浓度增大而升高；而浓度在 0.4~1mol/L 时，两者随着浓度增大而降低。这是因为盐离子通过静电屏蔽减小了静电斥力，而高浓度电解质改变水分子的组织结构，同时也改变了非极性基团间疏水作用力的强度。此外，核桃饼粕蛋白质的乳化性及乳化稳定性还受到蛋白质浓度和外界温度的影响。

（三）核桃蛋白的起泡性及泡沫稳定性

蛋白质的起泡性是指将其振荡和搅拌后起泡的能力，泡沫稳定性是产生的泡沫稳定存在的能力，两者在泡沫型产品的后续加工中有着重要的作用，它们受到 pH、盐浓度、蔗糖等因素的影响。在等电点附近，核桃饼粕蛋白质的起泡性及泡沫稳定性达到最小值，当 pH 增大或减小时，两者均有不同幅度的增加。在 NaCl 浓度达到 0.6mol/L 时，核桃饼粕蛋白质的起泡性及泡沫稳定性达到最大值；而增大或减小 NaCl 浓度时，两者均有所下降。蔗糖是蛋白质后续加工中常见的辅料，其浓度越大，蛋白质的起泡性及泡沫稳定性越小。

（四）核桃蛋白的吸油性和吸水性

蛋白质的吸油性体现了蛋白质与脂肪的结合能力，有利于其在肉制品加工中的应用。吸油性良好的蛋白质作为肉制品添加剂或填充剂，可有助于风味保留，改善口感。根据 MAO 等的研究，核桃饼粕分离蛋白和浓缩蛋白均具有良好的吸油性，随着温度的升高，吸油性的变化趋势先降低再升高。在肉制品和烘焙食品加工中，蛋白质良好的吸水性有利于改善产品质量。核桃蛋白粉的吸水性强于核桃饼粕分离蛋白和浓缩蛋白，在一定范围内，核桃饼粕蛋白质的吸水性随着 pH 的增大先减小再增加，随着 NaCl 浓度增大先增加再减小。

（五）核桃蛋白的黏度

蛋白质的黏度是指蛋白质溶液在流动时，分子间产生内摩擦的性质，大小用黏度来表示，是一个在调整食品特性方面的重要参考指标，不仅可以稳定食品成分，还可以改善口感。核桃饼粕蛋白质的黏度主要受温度的影响，随温度的升高先升高后降低，这是由于温度升高带动分子热运动剧烈从而引起黏滞。

三、研究核桃蛋白的意义

核桃中蛋白质含量约为24%，其氨基酸组成为18种（见表7-2），其中8种为人体必需氨基酸。核桃蛋白具有很高的经济价值，可将其作为生产蛋白饮料、冲调食品、焙烤食品的蛋白质强化剂以及作为酱油等发酵产品的蛋白原料。另外，采用生物酶法在一定条件下对蛋白质进行水解，生成的多肽及氨基酸等物质具有更高的营养价值。多肽除了具有易被人体消化吸收的特性外，还具有多种生物活性，例如促进免疫、激素调节、抗菌、抗氧化、抗病毒、降血压、降血脂、降低胆固醇等生物活性。到目前为止，国内外对于核桃多肽的研究报道还不甚完全。因此，开展核桃蛋白及多肽的保健功能活性研究具有重要的现实意义。

第三节 核桃蛋白的提取工艺

一、核桃蛋白提取的工艺流程

压榨后的核桃饼粕→粉碎→浸提→脱脂核桃蛋白粉→调pH碱性→离心→去下层沉淀→上清液调pH酸性并搅拌→离心→取沉淀层→水洗调中性→冷冻干燥

核桃蛋白提取率(%)=制备得到的蛋白质量/原料中蛋白质量×100

核桃蛋白纯度(%)=蛋白质量/分离蛋白干基质量×100

二、核桃粕基本组分

对核桃原料进行测定分析，得到结果见表7-3。

表7-3　核桃原料的主要成分表

样品名称	水分/%	粗蛋白质（N×6.25）/%	粗脂肪/%	灰分/%
冷榨核桃饼	7.02	45.88	20.5	8.26
脱脂冷榨核桃饼	9.81	53.5	4.51	9.84
核桃仁	5.38	21.06	47.85	2.75

三、核桃分离蛋白制备技术

（一）碱提pH对蛋白质提取率的影响

取脱脂核桃冷榨饼2g，按料液比1∶15（g/mL），用NaOH溶液调整浸提液的 pH 分别为 7，8，9，10，11，50℃下浸提 60min，测定蛋白质提取率，提取液 pH 对蛋白质提取率的影响如图 7-1 所示。

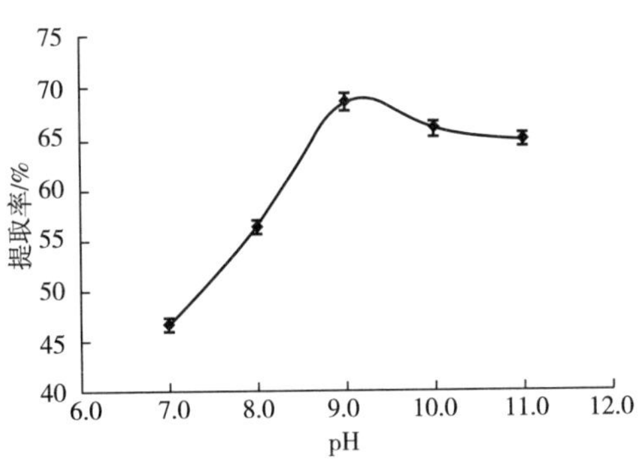

图 7-1 提取液 pH 对蛋白提取率的影响

由图 7-1 可知，提取率随着 pH 的增大先上升后下降，当 pH 为 9.0 的时候，核桃分离蛋白提率达到了最大为 68.5%，pH 过低或过高都不利于蛋白质的溶解，pH 过低，蛋白质的溶出量不够，而 pH 如果太高，则碱浓度过高导致蛋白质发生变性，降低了蛋白的提取率，所以确定 pH 为 9.0 的时候有利于核桃分离蛋白的提取。

（二）碱提温度对蛋白质提取率的影响

取脱脂核桃冷榨饼 2g，按料液比 1∶15（g/mL），浸提液 pH 为 9，分别于 40，45，50，55，60℃条件下浸提 60min，测定蛋白质的提取率，浸提温度对蛋白提取率的影响如图 7-2 所示。

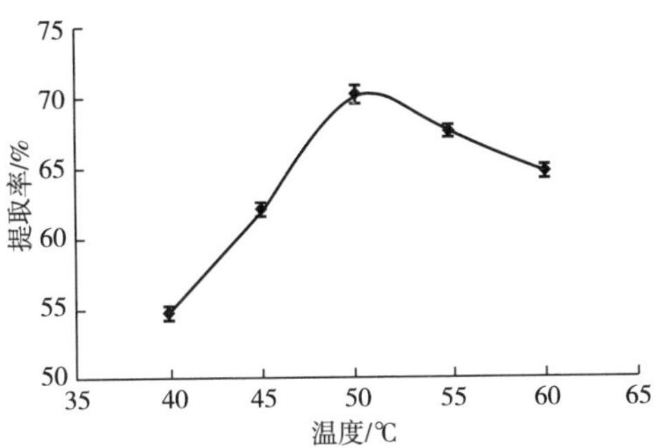

图 7-2 浸提温度对蛋白质提取率的影响

由图 7-2 可知，温度对蛋白的提取率有较大影响。碱提温度在 50℃时，核桃蛋白提取率最高，提取效果最好，继续增高温度，提取率反而下降，这可能是因为核桃分离蛋白在长时间的高温热环境下发生部分变性使得蛋白含量下降以至于提取率下降。因此，确定碱提取的温度在 50℃。

（三）碱提时间对蛋白质提取率的影响

取脱脂核桃冷榨饼 2g，按料液比 1∶15（g/mL），浸提液 pH 为 9，温度 50℃下分别浸提 40，60，80，100，120min，测定蛋白质提取率，浸提时间对蛋白提取率的影响如图 7-3 所示。

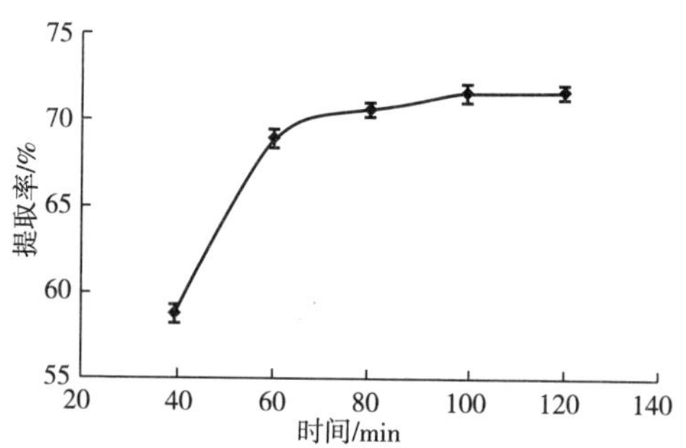

图 7-3　浸提时间对蛋白提取率的影响

由图 7-3 可知，核桃蛋白的提取率随着碱提时间的增长而增大，时间增长到 60min 后蛋白提取率的上升趋势逐渐平稳，再延长时间，提取率变化不大，综合考虑到效率问题，所以碱提时间取 60min 最佳。

（四）料液比对蛋白质提取率的影响

取脱脂核桃冷榨饼 2g，按 1∶5，1∶10，1∶15，1∶20，1∶25 不同料液比浸提，调浸提液 pH 至 9，50℃下浸提 60min，测定蛋白质的提取率，料液比对蛋白提取率的影响如图 7-4 所示。

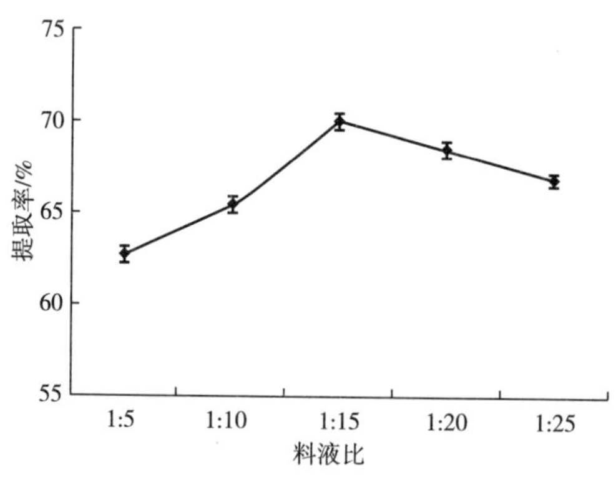

图 7-4　料液比对蛋白提取率的影响

由图 7-4 可知，当料液比低于 1∶15 时，随着料液比的逐渐增大，核桃蛋白提取率逐渐增加，但当料液比超过 1∶15 时，核桃蛋白提取率下降。当加水量过小时，蛋白溶解不彻底，溶液达到饱和部分蛋白溶解不出，当料液比过大，蛋白虽然析出彻底，但一些水溶性的杂质溶出也增加，导致提取出来的蛋白纯度下降从而降低了提取率。

（五）酸沉 pH 对蛋白质提取率的影响

取脱脂核桃冷榨饼 2g，按料液比 1∶15，温度 50℃下用 NaOH 调 pH 至 9，温度 50℃磁力搅拌浸提 1h。离心（3000r/min，20min）取上清液，分取上清液 7 份各 10mL，加盐酸调 pH 为 4.0，4.2，4.5，4.8，5.0，离心（3000r/min，20min），弃上清液后称重，重复一次，绘出沉淀量与 pH 的曲线图，图中沉淀量最大时的 pH 为蛋白等电点。酸沉 pH 对核桃蛋白提取率的影响如图 7-5 所示。

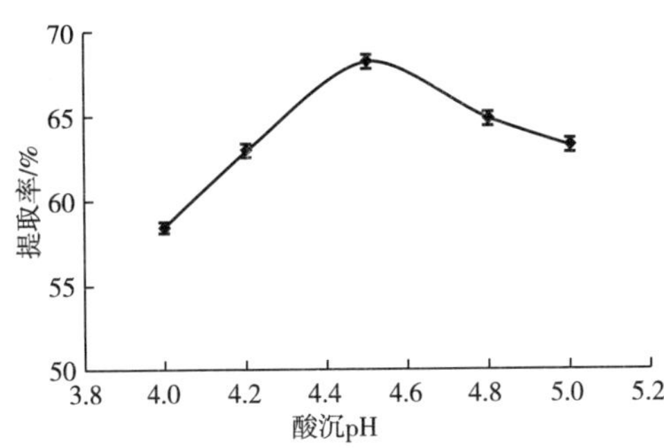

图 7-5 酸沉 pH 对核桃蛋白提取率的影响

由图 7-5 可知，pH 为 4.5 时，核桃蛋白的提取率最高。蛋白质的等电点也就是其蛋白析出量最大的时候，酸沉 pH 在 4.2~4.8 时，核桃分离蛋白的析出率达峰值，越靠近等电点，提取率的变化越来越小，由此判断，核桃分离蛋白等电点为 4.5。

（六）酸沉温度对核桃蛋白提取率的影响

取脱脂核桃冷榨饼 2g，按料液比 1∶15，浸提液 pH 为 4.5，分别于 30，35，40，45，50℃条件下浸提 80min，测定蛋白质的提取率，酸沉温度对核桃蛋白提取率的影响如图 7-6 所示。

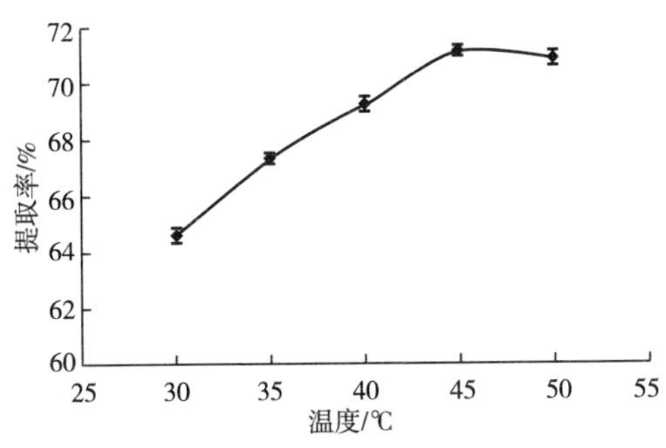

图 7-6 酸沉温度对核桃蛋白提取率的影响

由图 7-6 可知，核桃分离蛋白的提取率先上升后下降，适当的保温处理有利于酸沉时核桃分离蛋白的沉积，当温度达 45℃时提取率最大，说明酸沉温度取45℃最合适。当温度再继续升高，由于核桃蛋白的变性温度相较其他蛋白的变性温度较低，虽然 50℃还未到其变性的高温，但由于其蛋白已经析出，在较长时间的高温下仍导致了小部分蛋白发生变性，使得蛋白提取率轻微下降。

（七）酸沉时间对核桃蛋白提取率的影响

将过 80 目筛的脱脂粕取等量，按料液比 1 : 15，浸提液 pH 为 4.5，温度45℃下分别浸提 60，80，90，100，120min，测定蛋白质提取率，酸沉时间对核桃蛋白提取率的影响如图 7-7 所示。

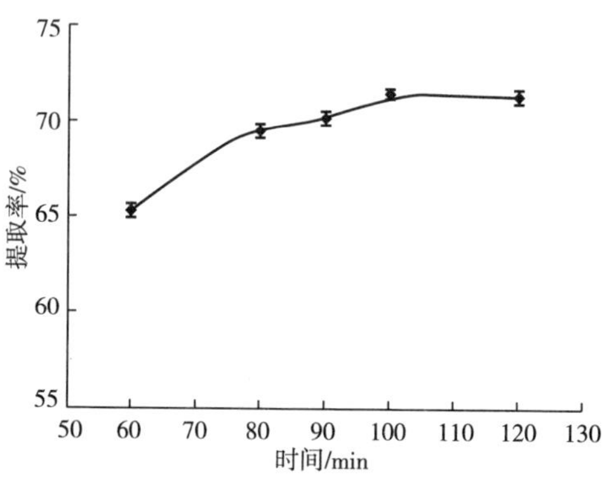

图 7-7　酸沉时间对核桃蛋白提取率的影响

由图 7-7 可知，酸沉时间的增加整体上使得提取率呈现上升趋势，在100min 后上升的趋势并不明显，这可能是由于随着时间的增长，蛋白的沉积比较彻底，当时长足够后蛋白的沉积量不再变化，所以酸沉时间取 100min 最合适。

（八）碱提工艺的优化

1. 工艺条件的优化

通过对拟合方程进行计算和分析，得到碱提酸沉法制备核桃蛋白的工艺条件为：碱提 pH 为 9.82，碱提温度 52.30℃，酸沉 pH 4.51，理论提取率可以达到74.1382%；但为了实际操作方便，在考虑实际操作和生产成本的情况下，将优化的工艺条件确定为：碱提 pH 为 9.8，碱提温度 52℃，酸沉 pH 4.51。

2. 优化工艺条件的验证

在上述优化条件下的理论核桃蛋白的提取率可以达到 74.1382%，为了验证该法的可靠性和可行性，在实际操作条件下进行 3 次平行验证试验，实际测得核桃蛋白提取率的平均值为 75.25%。结果证明经响应面法优化碱提酸沉法制备核桃蛋白的工艺切实可行，由此得到的碱提酸沉法制备核桃蛋白的工艺具有实际使用价值和参考价值。

对于碱提酸沉法制备核桃蛋白，先通过单因素实验分析各因素的影响趋势，再结合 Plackett-Burman 试验设计筛选关键因素：碱提 pH、碱提温度、酸沉 pH。考虑其各关键因素的交互作用，进而采用 Box-Behnken 响应面法试验设计，以蛋白提取率为主要指标，得到三个因素对核桃蛋白提取率的影响大小顺序为碱提 pH>碱提温度>酸沉 pH，最优组合为碱提 pH 为 9.8，碱提温度 52℃，酸沉 pH 4.51。最后通过验证优化工艺条件的可靠性和重现性，得到碱提酸沉法蛋白提取率最高达 75.25%。

四、核桃浓缩蛋白的制备技术

核桃仁富含油脂和蛋白质，是一种优良的食用油脂和蛋白资源。低温压榨生产核桃油和核桃蛋白粉工艺技术的开发应用，可以使核桃加工附加值提高。但冷榨法所得核桃蛋白粉存在的残油较高、蛋白质含量较低的问题限制了它在食品工业的应用，若能够生产蛋白质含量高、残油低的核桃浓缩蛋白，就会大大促进核桃蛋白在食品业的应用，并显著提高核桃加工的经济效益和社会效益。本节研究以冷榨核桃饼为原料的醇洗核桃浓缩蛋白工艺和条件，以期为醇洗核桃浓缩蛋白的生产提供基础和技术支持。

（一）材料及方法

1. 原料

将冷榨核桃饼脱脂得到脱脂核桃蛋白粉。

2. 主要试剂

氢氧化钠（分析纯）：天津南开化工厂；盐酸（分析纯）：天津化学试剂有限公司；硫酸钾（分析纯）：天津凯通化学试剂有限公司；硫酸铜（分析纯）：广州化学试剂厂；硫酸（分析纯）：天津化学试剂有限公司；pH 缓冲剂（分析纯）：无水乙醇（分析纯）：天津化学试剂有限公司。

3. 主要仪器

集热式磁力搅拌器，DF-101S：巩义市予华仪器有限责任公司；离心机，TD5A：湖南凯达科学仪器有限公司；自动凯氏定氮仪，K9840：济南海能仪器有限公司；pH 计，FE20：梅特勒-托利多仪器有限公司；中型冷冻干燥机：美国 Labconco 公司；数显鼓风干燥箱（101-1-S）：上海博迅实业有限公司医疗设备厂；冰箱，BCD-219K：海尔集团等。

4. 碱提酸沉法提取工艺

压榨后的铁核桃饼粕→粉碎→浸提→脱脂核桃蛋白粉→
加入一定浓度的乙醇溶液搅拌→抽滤→取下层沉淀→第二次搅拌→抽滤→
取沉淀层→冷冻干燥

5. 试验方法

（1）核桃蛋白纯度（%）= 蛋白质量/分离蛋白干基质量×100。

（2）醇洗制备核桃浓缩蛋白。称取一定量的经粉碎过筛的脱脂核桃蛋白粉样品，用乙醇水溶液对其进行搅拌浸洗，然后抽滤分离得到乙醇萃取液和固形物，固形物经干燥得核桃浓缩蛋白，乙醇萃取液经过膜得到糖蜜。测定核桃浓缩蛋白的粗蛋白含量作为评判醇洗工艺效果的主要指标。通过单因素和响应面试验确定最佳工艺条件。

（二）结果与分析

1. 单因素试验结果

（1）乙醇浓度对浸提效果的影响　称取一定量的脱脂核桃蛋白粉原料，浸提温度 50℃，浸提时间每次 60min，料液比 1∶5（g/mL），萃取次数 2 次，选取乙醇浓度为 40%，50%，60%，70%，80%。乙醇浓度对浸提效果的影响如图 7-8 所示。

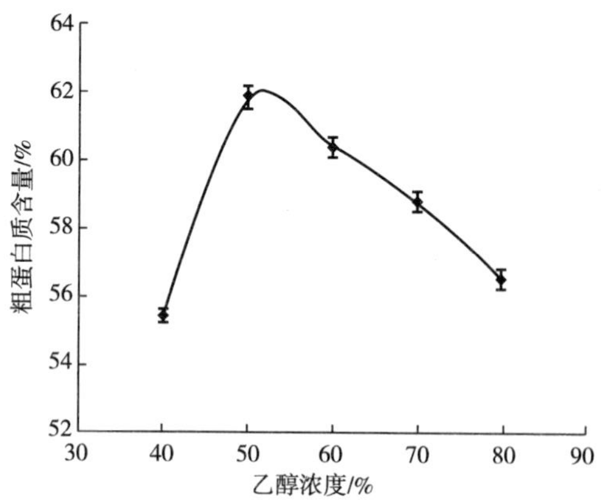

图 7-8　乙醇浓度对浸提效果的影响

当乙醇浓度达到 50%时制得的核桃浓缩蛋白的蛋白含量最高，乙醇浓度继续增大，蛋白质含量降低。这可能是因为当乙醇浓度增加至 50%以上时，蛋白质的醇变性作用，使大分子蛋白质分子聚集体转变为小分子蛋白聚集体随乙醇溶出，从而使产品的蛋白含量降低。综合考虑乙醇浓度对蛋白含量的影响，选定乙醇浓度为 50%。

（2）浸提温度对浸提效果的影响　浸提温度对浸提效果的影响如图 7-9 所示，由图 7-9 可知：当浸提温度为 50℃时，产品中的蛋白含量最高，随着浸提温度的继续升高，蛋白含量降低。这说明随着浸出温度的升高，脱脂核桃蛋白粉中可溶性糖类的溶解性增大，产品中蛋白质含量相应提高。但是当温度升高到一定程度时，脱脂核桃蛋白粉中的醇溶蛋白在乙醇溶液中的溶解性逐渐增大，因此降低了产品中的蛋白质含量。综合考虑选取浸提温度为50℃。

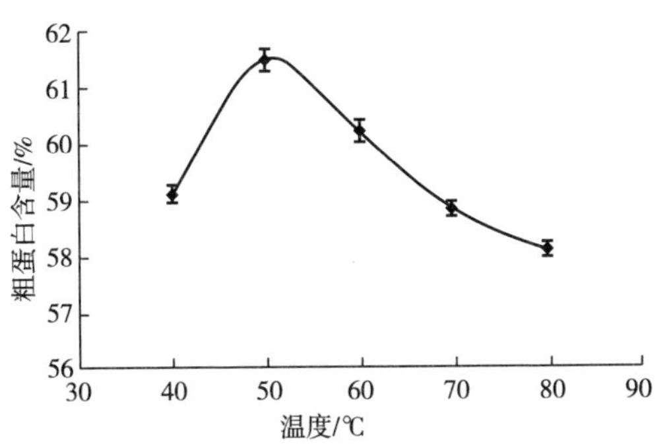

图7-9　浸提温度对浸提效果的影响

（3）浸提时间对浸提效果的影响　浸提时间对浸提效果的影响如图7-10所示，由图7-10可知：当浸提时间达到65min时，产品蛋白含量最大。浸提时间超过65min之后，产品蛋白含量的提高已不明显。这可能是由于随着浸提时间的延长（达到65min之后），乙醇溶液对脱脂核桃蛋白粉中糖类物质的溶解达到动态平衡状态，同时随着浸提时间的延长，其他成分如醇溶蛋白在乙醇溶液中的溶解度有所增大，因此产品的蛋白质含量不再有明显增加。为此，选定浸提时间为65min。

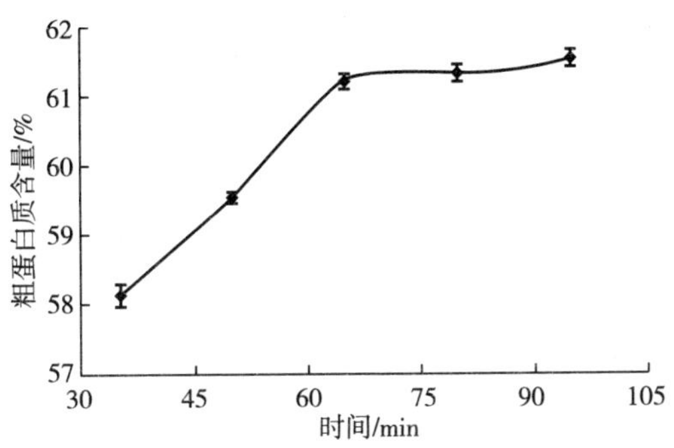

图7-10　浸提时间对浸提效果的影响

（4）料液比对浸提效果的影响　料液比对浸提效果的影响如图7-11所示，由图7-11可知：当料液比为1∶5（g/mL）时，产品的蛋白含量最高。料液比在1∶6~1∶8（g/mL）时，产品的蛋白含量基本不变。因此，确定料液比为1∶5（g/mL）。

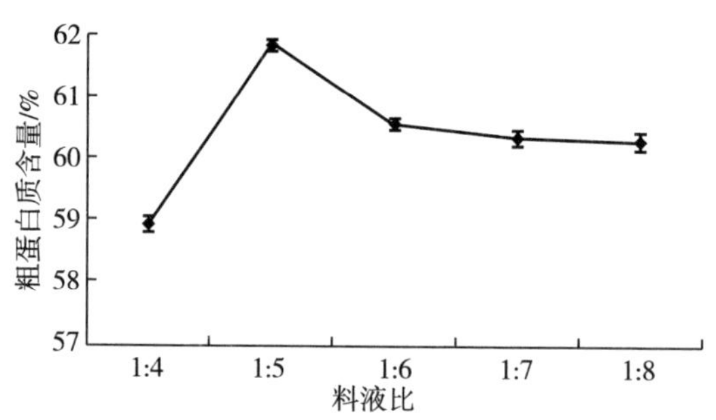

图 7-11　料液比对浸提效果的影响

（5）萃取次数对浸提效果的影响　萃取次数对浸提效果的影响如图 7-12 所示，由图 7-12 可知：对样品进行 2 次萃取之后，产品蛋白质含量达到最大值后逐渐降低，而过多的萃取次数使新鲜溶剂用量增加，生产成本升高。因此，选取萃取次数为 2 次。

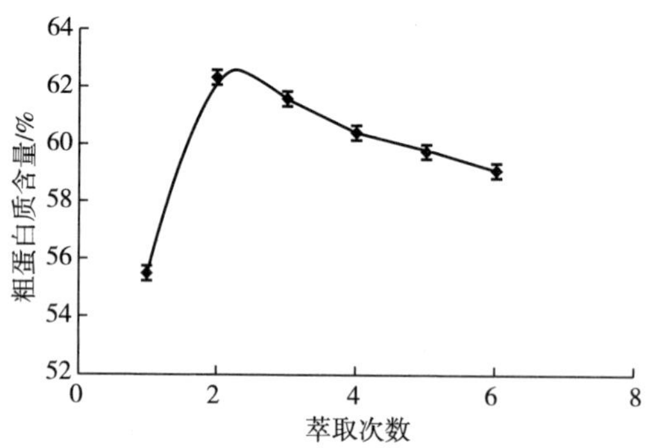

图 7-12　萃取次数对浸提效果的影响

2. 响应面试验及结论

应用响应面寻优分析方法对回归模型进行分析，寻找最优响应面结果为乙醇浓度 52.02%，温度 50.68℃，浸提时间 71.99min，理论响应面浓缩蛋白的粗蛋白含量为 72.185%。验证试验重复三次后，取平均值得到实际粗蛋白含量为 70.89%。

第四节　核桃分离蛋白的功能性

一、核桃分离蛋白溶解性、乳化性影响因素研究

核桃蛋白是一种优质的植物蛋白，主要由四种蛋白质组成，分别是谷蛋白、球蛋白、清蛋白、醇蛋白，其中谷蛋白含量高达70%。核桃蛋白中含有18种氨基酸，其中有8种人体必需氨基酸，精氨酸和谷氨酸含量很高。近年来，关于核桃分离蛋白（WNPI）特性的研究较多，研究发现核桃分离蛋白的溶解性较差，核桃分离蛋白可以作为一种表面活性剂，它能提高乳状液稳定性，其乳化性和乳化稳定性受pH、离子浓度、温度、蛋白质浓度等影响。核桃产品的加工多以核桃仁的加工为主，产品类型相对比较简单，如核桃粉、核桃乳、核桃发酵乳、核桃酱等，希望通过对核桃分离蛋白的溶解性、乳化性及乳化稳定性进行研究，为提高核桃产品的附加值，扩大核桃分离蛋白在食品行业的应用提供一定的理论依据。

（一）材料与仪器

1. 实验材料

核桃（食品级）：西安市农贸市场；石油醚（分析纯）：天津市天力化学试剂有限公司；无水氯化钙（分析纯）：天津市天力化学试剂有限公司；氯化钠（分析纯）：天津市天力化学试剂有限公司；磷酸（分析纯）：天津市天力化学试剂有限公司；阿拉伯树胶粉（分析纯）：天津市天力化学试剂有限公司；磷酸氢二钠（分析纯）：天津市科密欧化学试剂有限公司；磷酸二氢钠（分析纯）：天津市科密欧化学试剂有限公司；十二烷基磺酸钠（SDS）（分析纯）：天津市科密欧化学试剂有限公司；考马斯亮蓝G250（分析纯）：北京爱普华美生物科技有限公司；牛血清蛋白（生物试剂）：上海源叶生物科技有限公司。

2. 实验仪器

精密pH计，PB-10型：赛多利斯科学仪器北京有限公司；电子天平，JA5003B型：上海精科天美科学仪器有限公司；磁力搅拌器，84-1型：上海梅颖浦仪器仪表制造有限公司；超细匀浆器，F6/10-G型：上海弗鲁克流体机械制造有限公司；离心机，H1850型：湖南湘仪实验室仪器开发有限公司；分光光度计，UV759S型：上海荆和分析仪器有限公司；涡旋振荡器，QL901型：海南市其林贝尔仪器制造有限公司；电热鼓风恒温干燥箱，GZX-GF101-1-BS型：上海跃进医疗器械有限公司；循环水真空泵，SHZ-Ⅲ型：上海亚荣生化仪器厂；料理机，JYL-C020型：九阳股份有限公司。

（二）实验方法

1. 核桃仁、核桃脱脂粉及核桃分离蛋白（WNPI）基本成分测定

（1）蛋白质含量测定　依据 GB 5009.5—2016 测定，凯氏定氮法（核桃蛋白转换系数为 5.3）。

（2）脂肪含量测定　依据 GB 5009.6—2016 测定，索氏抽提法。

（3）水分测定　依据 GB 5009.3—2016 测定，直接干燥法。

（4）灰分测定　依据 GB 5009.4—2016 测定，干法灰化法。

2. 核桃分离蛋白的制备

核桃去壳，核桃仁水中浸泡去皮，核桃仁于 40℃ 干燥并粉碎，核桃粉末经石油醚脱脂处理［料液比 1∶6（g/mL），脱脂 2 次］，抽滤，溶剂挥发后过 40 目筛。核桃脱脂粉末与水以 1∶15（g/mL）料液比混合，0.5mol/L NaOH 调节溶液 pH 9.0，磁力搅拌器匀速搅拌 1h，5000r/min 离心 10min，收集上清液，沉淀再用 1∶5（g/mL）的料液比提取 2 次；将上述收集得到的所有上清液用 0.5mol/L HCl 调节溶液至核桃分离蛋白等电点 p*I*5.0，5000r/min 离心 10min，收集得到沉淀并水洗 5 次，冷冻干燥备用。

3. 核桃分离蛋白溶解性测定

准确称取 0.2g 蛋白质溶解于 40mL 磷酸缓冲溶液或一定浓度 NaCl、$CaCl_2$、阿拉伯胶的磷酸缓冲溶液，用 0.5mol/L 的 NaOH 或 0.5mol/L 的 HCl 调节 pH，磁力搅拌 1h，5000r/min 离心 10min 后备用，取样品溶液 20μL，补水至 100μL，加入 5mL 考马斯亮蓝，涡旋振荡器上混匀，于 595nm 处测定吸光度。蛋白溶解性计算公式：

$$\text{溶解度}\ \% = \frac{\text{上清液蛋白质含量}}{\text{样品中蛋白质含量}} \times 100 \tag{7-1}$$

4. 核桃分离蛋白乳化性及乳化稳定性的测定

准确称取 0.09g 蛋白质溶解于 45mL 磷酸缓冲溶液或一定浓度 NaCl、阿拉伯胶的磷酸缓冲溶液（pH 7.0，10mmol/L），用 0.5mol/L 的 NaOH 或 0.5mol/L 的 HCl 调节 pH，磁力搅拌 1h，加入 10mL 大豆油，手持超细匀浆机 35000r/min 均质 2min，从乳化液底部快速抽取 50μL 液体，加入 10mL 0.1% SDS 溶液，迅速摇晃使其分布均匀，于波长 500nm 处测定吸光值，此吸光值为 0min 时样品的乳化活性指数，用 A_0 表示；静置 10min 后再吸取 1 次乳化液进行如上操作，此时吸光值作为 10min 时样品的乳化活性指数，用 A_{10} 表示。

$$\text{乳化性}(m^2/g) = (2 \times T \times A_0 \times \text{稀释倍数})/(C \times \Phi \times 10000) \tag{7-2}$$

式中　T——2.303

C——蛋白质溶液的浓度

Φ——油相的体积比

A_0——0min 时在 500nm 处的吸光值

$$乳化稳定性(min) = 10A_0/(A_0 - A_{10}) \quad (7-3)$$

式中 A_{10}——10min 后在 500nm 处的吸光值

（三）结果与讨论

1. 核桃仁、核桃脱脂粉及核桃分离蛋白基本成分分析

核桃仁、核桃脱脂粉及核桃分离蛋白的主要成分见表 7-4。

表 7-4 核桃仁、核桃脱脂粉及核桃分离蛋白的主要成分

基本成分	核桃仁	核桃脱脂粉	核桃分离蛋白
蛋白质/%	17. 38±0. 55	55. 64±0. 32	80. 32±0. 15
脂肪/%	58. 06±0. 13	10. 54±0. 05	2. 72±0. 08
水分/%	4. 2±0. 02	10. 96±0. 02	10. 05±0. 03
灰分/%	1. 69±0. 05	4. 81±0. 03	3. 65±0. 06

2. 不同因素对核桃分离蛋白溶解性影响

（1）pH 影响 pH 对溶解度的影响如图 7-13 所示，核桃分离蛋白的溶解性整体呈现出一个 U 形曲线，与其他蛋白质溶解性曲线相似，由图 7-13 还可以看出，其等电点 p*I* 在 5. 0 左右，当 pH 在等电点附近，蛋白质溶解性较低，偏离等电点越远，核桃分离蛋白的溶解性越好。当核桃分离蛋白处于等电点时，其自身的静电荷为零，蛋白之间的静电排斥力较低，导致蛋白相互聚集而产生沉淀，从而降低了溶解度。碱性条件中核桃分离蛋白的溶解性略微高于酸性条件。这可能是因为在偏离等电点的酸性和碱性条件下，蛋白带正电或负电，与水分子之间的相互作用增强，溶解度增加。

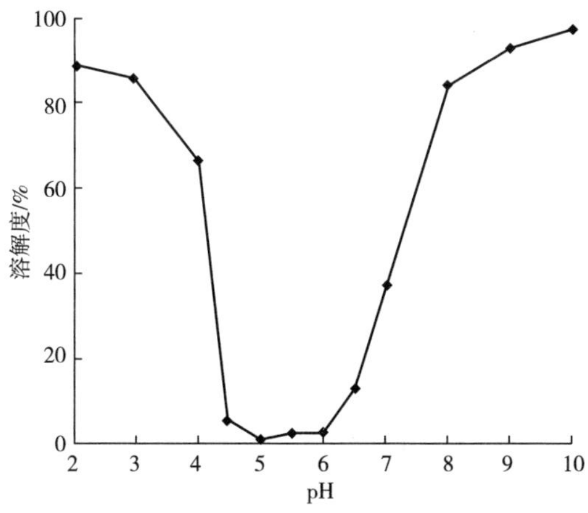

图 7-13 pH 对核桃分离蛋白溶解度的影响

（2）NaCl 影响　NaCl 对溶解度的影响如图 7-14 所示，由图 7-14（1）、图 7-14（2）可以看出，NaCl 的加入降低了溶解性。不同 pH 条件下，核桃分离蛋白的溶解性随 NaCl 浓度的增加而减小，这是由于 NaCl 加入中和蛋白质所带电荷，破坏了蛋白质表面的水膜，从而降低了蛋白质的溶解度。碱性条件下 NaCl 对核桃分离蛋白溶解性的影响较酸性条件更大。这可能是因为 pH 3.0 和 pH 8.0 时，蛋白质分别带正负两种不同的电荷，引入 NaCl 使蛋白质溶解性表现出两种不同的变化趋势。

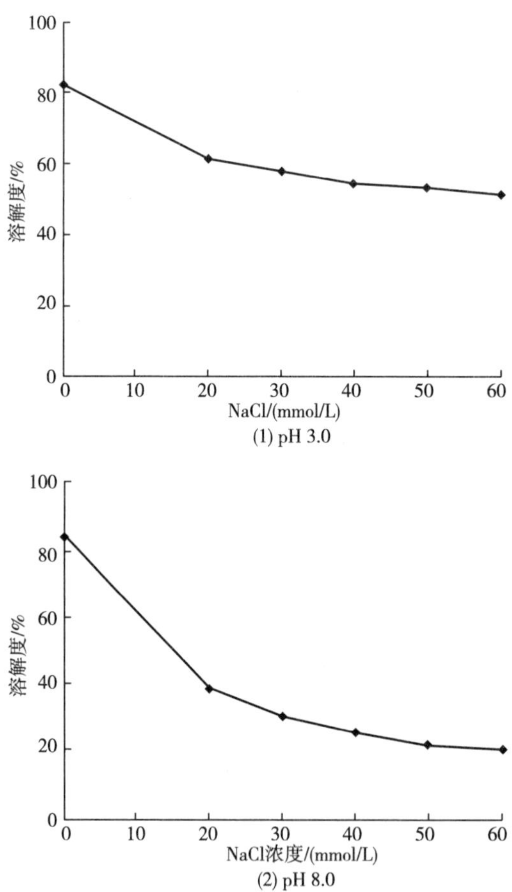

图 7-14　NaCl 对核桃分离蛋白溶解度的影响

（3）$CaCl_2$影响　图 7-15 所示为 $CaCl_2$对溶解度的影响，由图 7-15（1）、图 7-15（2）可以看出，$CaCl_2$的引入降低了蛋白质溶解性。当 pH 3.0 和 pH 8.0 时，在 0~60mmol/L 的浓度范围内，溶解度随 $CaCl_2$浓度的增加而减小。这是因为 $CaCl_2$的引入中和蛋白所带电荷，破坏了蛋白表面的水化层，使体系变得不稳定，蛋白更容易絮凝沉淀。从图 7-15（1）、图 7-15（2）还可以看出，酸性条件下 $CaCl_2$ 对核桃分离蛋白溶解性的影响较碱性条件更小。这可能是因为不同 pH 条件，蛋白质所带电荷性质和数量不同，$CaCl_2$ 加入会产生不同影响。图 7-15（1）、图 7-15（2）与图 7-14（1）、图 7-14（2）比较可以得出，$CaCl_2$ 较 NaCl 对蛋白质溶解性的影响更加明显。根据阳离子降低溶解度能力规律，Ca^{2+} 降低溶解度的能力大于 Na^+。

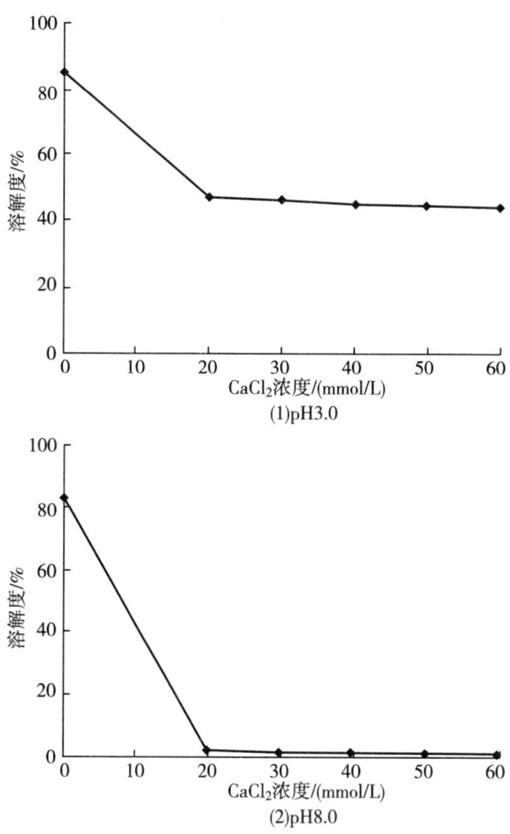

图 7-15　$CaCl_2$ 对核桃分离蛋白溶解度的影响

（4）阿拉伯胶影响　阿拉伯胶对溶解度的影响如图 7-16 所示，由图 7-16（1）、图 7-16（2）可知，加入阿拉伯胶会降低蛋白质的溶解性。pH 3.0 和 pH 8.0 下，在 0.00%~0.20%的浓度范围内，蛋白质的溶解度随阿拉伯胶浓度的增加而减小，这可能是因为阿拉伯胶本身是一种亲水性的胶体，会与蛋白质竞争性地与水结合，导致蛋白溶解性降低。从图中还可以得出，pH 3.0 时蛋白溶解度下降趋势更明显。pH 3.0 时蛋白质带正电，阿拉伯胶是一种弱酸性大分子多糖，带负电，与蛋白表面电荷中和，导致蛋白质发生沉淀，从而使溶解度降低。

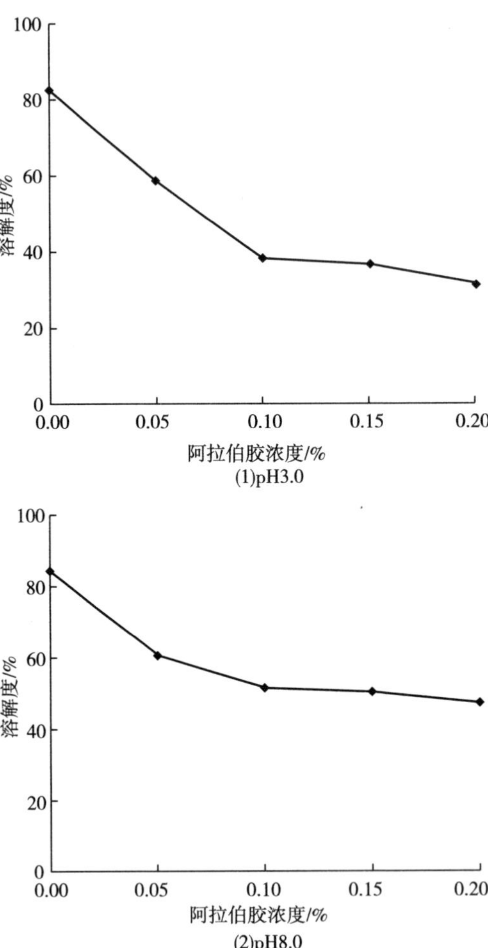

图 7-16　阿拉伯胶对核桃分离蛋白溶解度的影响

3. 不同因素对核桃分离蛋白乳化性和乳化稳定性的影响

（1）pH 影响　pH 对乳化性和乳化稳定性的影响如图 7-17 所示，由图 7-17 可以看出，乳化性和乳化稳定性整体表现出先降低后上升的趋势。pH 5.0 左右，蛋白质乳化性和乳化稳定性都较差，pH<5.0 时，乳化性和乳化稳定性随 pH 增加而减小，pH>5.0 时，乳化性和乳化稳定性随 pH 的增加而增加。原因是核桃分离蛋白的等电点在 pH 5.0 左右，此时蛋白质自身静电荷为零，蛋白质之间的静电排斥相互作用较弱，蛋白质容易絮凝聚集，溶解性最小，蛋白质向油水界面的界面吸附量少，吸附能力弱，乳化性和乳化稳定性较低，偏离等电点的环境下，蛋白质的溶解性提高，有助于提高蛋白界面载量和高黏弹膜的形成，提高了乳化性和乳化稳定性。

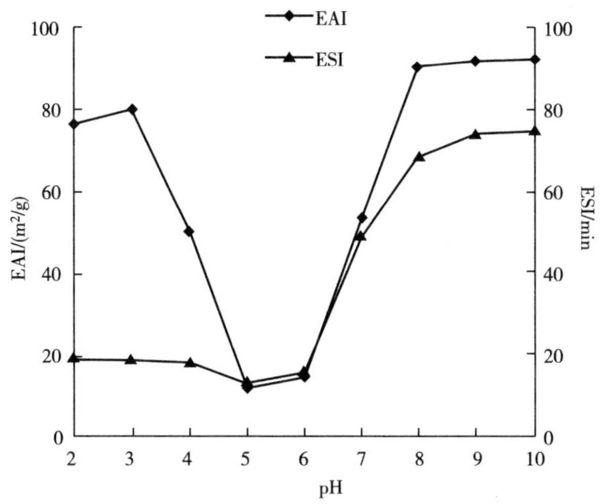

图 7-17 pH 对核桃分离蛋白乳化性和乳化稳定性的影响

（2）NaCl 的影响 NaCl 对乳化性和乳化稳定性的影响如图 7-18 所示，由图 7-18（1）、图 7-18（2）可以看出，加入 NaCl 后核桃分离蛋白的乳化性和乳化稳定性整体呈下降趋势。pH 3.0 和 pH 8.0 条件下，在 0~100mmol/L 浓度范围内，随 NaCl 浓度增加，核桃分离蛋白的乳化性和乳化稳定性降低。可能是由于 NaCl 的引入中和了蛋白质表面所带电荷，蛋白质水化层遭到破坏，蛋白质溶解性下降，因此，吸附在油水界面的蛋白质的量减少，导致乳化性、乳化稳定性降低。

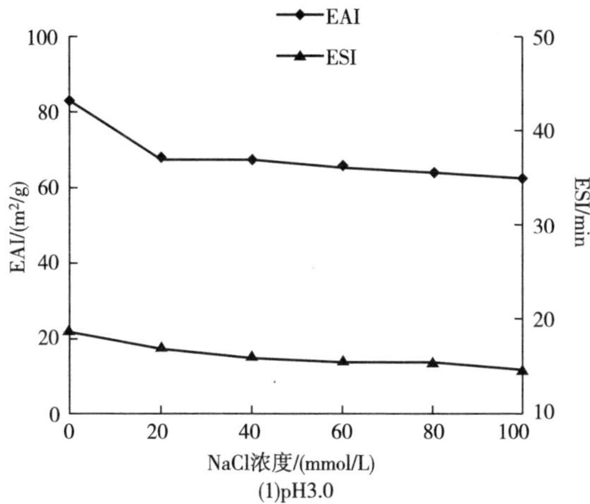

(1)pH3.0

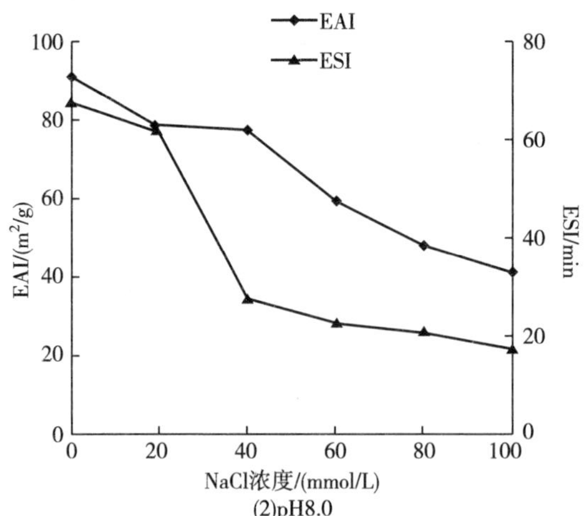

图 7-18　NaCl 对核桃分离蛋白乳化性和乳化稳定性的影响

（3）阿拉伯胶的影响　阿拉伯胶对乳化性和乳化稳定性的影响如图 7-19 所示，由图 7-19（1）、图 7-19（2）可以看出，不论是 pH 3.0 或 pH 8.0，加入阿拉伯胶均会使核桃分离蛋白的乳化性增加，且 pH 3.0 比 pH 8.0 乳化性更好，由于阿拉伯胶结构上带有部分蛋白物质及结构外表的鼠李糖，使得阿拉伯胶有优良的亲水亲油性，能在油滴周围形成一层厚的、具有空间稳定性的大分子层，是非常好的天然水包油型乳化剂，所以阿拉伯胶的引入会明显增加蛋白质的乳化性。从图 7-19（1）、图 7-19（2）还可以得出，在 0.00%~0.20%的浓度范围内，阿拉伯胶浓度使蛋白质乳化稳定性呈先减少后增加的趋势。

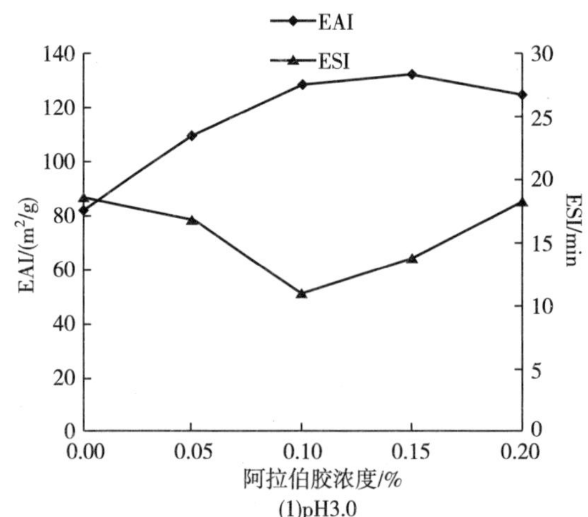

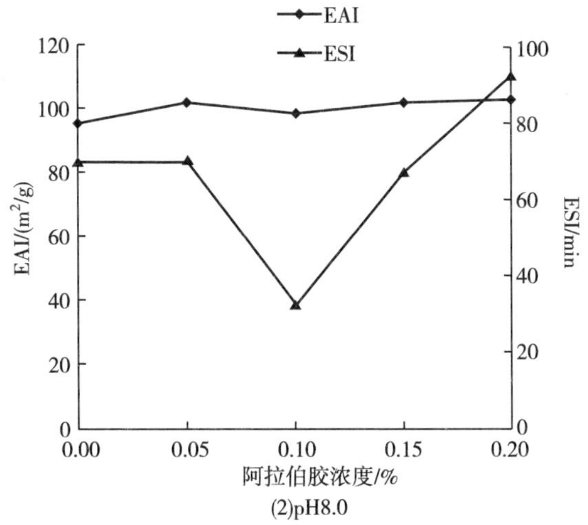

图 7-19 阿拉伯胶对核桃分离蛋白乳化性和乳化稳定性的影响

（四）小结

核桃仁去皮、粉碎、脱脂，对石油醚脱脂后的核桃脱脂粉采用碱溶酸沉法提取得到核桃分离蛋白，最终蛋白纯度达到80.32%，油脂含量降低至2.78%。本章节研究了 pH、NaCl、$CaCl_2$、阿拉伯胶对 WNPI 溶解度的影响，同时探究了 pH 3.0、8.0 条件下，不同浓度 NaCl、阿拉伯胶对 WNPI 乳化性和乳化稳定性的影响，以及不同 pH 条件下 WNPI 乳化性和乳化稳定性的变化。主要结论如下。

（1）WNPI 溶解度曲线在 pH 2.0~10.0 呈现出一个 U 形曲线，pH 5.0 为其等电点，此处溶解度最低。pH 3.0 和 pH 8.0 条件下，引入 NaCl、$CaCl_2$、阿拉伯胶均会降低蛋白质的溶解度，碱性环境中 NaCl、$CaCl_2$对 WNPI 溶解度影响更明显，且 $CaCl_2$对溶解度改变程度更大，阿拉伯胶对酸性环境中 WNPI 的影响更大。

（2）WNPI 的乳化性和乳化稳定性在 pH 2.0~10.0 先减小后增加，在等电点处最低，碱性条件下乳化性和乳化稳定性比酸性条件下高。不同 pH 条件下，NaCl 的引入会降低蛋白的乳化性和乳化稳定性，阿拉伯胶浓度从 0.00%增加到 0.20%过程中，乳化性提高，乳化稳定性先下降后上升。

二、超声对核桃分离蛋白性质的影响

近年来，随着消费者对绿色营养食品关注度的提高，植物蛋白质作为功能性成分应用于食品中的实例日益增加。蛋白质在食品生产中被广泛用作胶凝剂、发泡剂、稳定剂和乳化剂。核桃蛋白质是核桃油生产过程中的副产物，通常用作动物饲料或被丢弃，严重浪费了优质的核桃蛋白质资源。然而，谷蛋白是核桃蛋白中发现的主要组成部分（≈70%），其难溶于水的性质限制了核桃蛋白在许多食品中的应用。因此，选用超声的方法来改善核桃蛋白质的理化性质，以达到其在食品的加工生产中广泛应用的目的。

目前，超声波技术已广泛应用于食品加工产业，超声技术在食品工业中的应用分为两类。

（1）高频率（MHz），低能量（小于 $1W/cm^2$）的检测超声波；

（2）低频率（kHz），能量高（$10\sim100W/cm^2$）的功率超声波。

高频超声主要利用超声波的声速、衰减系数和声学阻抗来反映食品体系物化特性，如罐装饮料的液面高度测定、控制食品物料流速等方面。而低频超声技术，是利用超声振动能量能在介质中产生空化效应、机械效应及热效应的综合作用，来改变或者加速改变物质组织结构、状态、功能。常被用于天然物质如多糖、蛋白质的提取；食品的灭菌（最大程度地保护食品的颜色、风味、质地）；降解水体微生物难以处理的有机污染物。低频超声技术在蛋白质的改性方面近年来也有应用，Zhou 等研究超声对大豆球蛋白的影响时发现超声会改变大豆球蛋白的粒径，增加溶解性、表面疏水性。Resendiz-Vazquez 等在对木菠萝籽分离蛋白的研究中发现，超声提高了蛋白质的乳化性和乳化稳定性，增加了起泡性和泡沫稳定性。Arzeni 等发现超声处理蛋清蛋白后，其表面疏水性增加，但是总的巯基含量不会改变。

蛋白质的结构和功能特性之间有着密切的关联，本节对经过超声处理的核桃蛋白功能性质、结构变化进行研究，以期获得一种改善核桃蛋白加工性能的新方法，为优质核桃资源的有效利用提供新思路。

（一）材料与方法

1. 实验材料与试剂

核桃分离蛋白：实验室自制；β-巯基乙醇（分析纯）：北京爱普华美生物科技有限公司；丙烯酰胺（分析纯）：天津市科密欧化学试剂有限公司；甲叉双丙烯酰胺（分析纯）：天津市科密欧化学试剂有限公司；考马斯亮蓝 R250（分析纯）：北京爱普华美生物科技有限公司；冰醋酸（分析纯）：国药集团化学试剂有限公司；甲醇（分析纯）：天津大茂试剂有限公司；5,5′二硫代双（2-硝基苯甲酸）（DTNB）（分析纯）：Sigma 公司；四甲基乙二胺（TEMED）（分析纯）：Sigma 公司；乙二胺四乙酸二钠（分析纯）：天津市致远化学试剂有限公司；甘氨酸（Gly）（分析纯）：上海化学试剂公司；三羟甲基氨基甲烷（Tris）（分析纯）：上海化学试剂公司；蛋白质标准品 Mark（14.4~97.2ku）：上海源叶生物有限公司；大豆油：益海嘉里食品有限公司；透析袋（2000u）：上海源叶生物有限公司。

2. 主要实验仪器

精密 pH 计，PB-10 型：赛多利斯科学仪器北京有限公司；电子天平，LE204E/02 型：梅特勒-托利多有限公司；磁力搅拌器，84-1 型：上海梅颖浦仪器仪表制造有限公司；超细匀浆器，F6/10-G 型：上海弗鲁克流体机械制造有限公司；离心机，H1850 型：湖南湘仪实验室仪器开发有限公司；分光光度计，UV759S 型：上海荆和分析仪器有限公司；涡旋振荡器，QL901 型：海南市其林贝尔仪器制造有限公司；超声微波紫外催化合成仪，XH-300UA 型：北京翔鹄科技有限公司；荧光光谱仪，FS5 型：爱丁堡仪器有限公司；圆二色光谱仪，J-810 型：日本 JASCO 公司；激光粒度分析仪，Mastersizer 2000 型：英国 Malvern 仪器有限公司；扫描电镜，FEI Q45+EDAX Octane Prime 型：美国 FEI 和 EDAX；差示量热扫描仪，DSC-25 型：美国 TA 仪器；电泳仪，165-8001 型：美国伯乐公司；凝胶成像仪，FR-980A 型：上海福复日科技有限公司。

（二）实验方法

1. 样品的超声波处理

WNPI 粉末分散于磷酸盐缓冲溶液（10mmol/L，pH 7.0）中，配制成浓度 0.5%（质量浓度）的 WNPI 溶液，0.5mol/L NaOH 或 HCl 调节溶液 pH 至 8.0，室温搅拌 60min 使其充分溶解，再将 200mL 溶液转移进入 250mL 石英玻璃烧瓶中，使用装有直径 1.8cm 的钛探针的超声微波紫外催化合成仪对溶液进行超声处理，超声条件：0，200，400，600W，15，30min（脉冲持续时间：工作 2s，停止 1s）。

2. 粒度测定

超声处理 WNPI 样品的平均粒径和粒度分布采用激光粒度分析仪测量，该仪器可以检测直径在 0.02~2000μm 范围内的颗粒。将超声处理后的 WNPI 样品加入含有 700mL 去离子水的搅拌测量池中，直至遮光度达到 10%~15%，以避免多重散射效应。平均粒径表示为体积平均直径（D_{43}）和表面平均直径（D_{32}）。

3. 扫描电镜观察（SEM）

使用扫描电子显微镜（SEM）测定冷冻干燥后 WNPI 粉末样品的微观结构。将样品均匀分布在导电胶上，然后用离子溅射仪在氩气氛围下喷金，25kV 的电子加速电压下拍摄样品的图像。

4. 溶解性的测定

测定方法参见本节“一”。

5. 乳化性和乳化稳定性的测定

测定方法参见本节“一”。

6. 差示量热扫描（DSC）

参照 Yin 等人的方法稍作修改，采用差示扫描量热仪分析 WNPI 及超声处理 WNPI 样品的热稳定性。准确称量未处理和超声处理的 WNPI 样品（~2mg）于铝盘中，向其中加入 10μL 磷酸缓冲液（10mmol/L，pH 7.0），压盒密封，空铝盘作参比。样品在 20℃下平衡 2min，然后以 20℃/min 的速率从 20℃加热升温至 140℃。由专用仪器软件（TRIOS）分析热曲线得出热变性温度（T_d）和热变性焓（ΔH）。

7. SDS-PAGE

还原和非还原十二烷基磺酸钠-聚丙烯酰胺凝胶电泳（SDS-PAGE）测定未处理和超声处理的 WNPI 分子结构，参照 Liu 等人的方法稍作修改。对于还原型电泳，20mL 10% SDS，50mL 去离子水，5mL β-巯基乙醇，2.5mL 4%（质量浓度）溴酚蓝，12.5mL 0.5mol/L Tris-HCl 缓冲液（pH=6.8）和 10mL 甘油混合，配制 100mL 样品缓冲液待用。然后将 400μL 蛋白质溶液（2.5mg/mL）、400μL 样品缓冲液和 400μL 去离子水混合制备蛋白质样品。混合后的蛋白质样品在 95℃加热煮沸 5min，每个泳道加入蛋白质样品 10μL。对于非还原型电泳，不添加 β-巯基乙醇。5%浓缩凝胶，15%分离凝胶，使用配备 Smart View 软件的凝胶成像仪拍摄图像。

8. 圆二色谱（CD）

圆二色谱（CD）用来分析超声处理前后 WNPI 二级结构的变化。将未处理和超声处理的 WNPI 溶解于磷酸缓冲溶液中（10mmol/L，pH 7.0），配制成 0.1mg/mL WNPI 溶液，注入 0.1cm 厚的样品池中，采用 Jasco J-810 圆二色谱仪测定 WNPI 溶液的 far-UV 圆二色谱变化。扫描范围：190~250nm，扫描速率：100nm/min，响应时间 0.25s，带宽：1.0nm，八次扫描的平均值作为一个谱图。在光谱分析之前，从样品 CD 光谱中扣除空白样品的 CD 光谱，使用由 Jasco Corp. 提供的 Yang-Us，jwr 软件分析蛋白二级结构：α-螺旋，β-折叠，β-折叠和无序卷曲。

9. 表面游离巯基测定

游离巯基含量的测定参照 Zhao 等的方法稍作修改，Ellman′s 试剂的配制：4mg DTNB 试剂加入到 1mL Tris-gly 缓冲溶液（0.086mol/L Tris，0.09mol/L Gly，4mmol/L EDTA，pH 8.0）。冷冻干燥后的 WNPI 样品溶解于 Tris-gly 缓冲溶液中（0.15%质量浓度），50μL Ellman′s 试剂加入至 5mL 蛋白质溶液中，然后在（25±1）℃条件下振荡水浴 1h，在室温条件下将稀释后的样品溶液以转速 10000×g 离心 10min。最后于 412nm 处测定吸光度。不含蛋白质的缓冲溶液作试剂空白，以摩尔消光系数 13600L/(mol·cm) 计算游离巯基含量，结果以 μmol/g 蛋白质来表示。

10. 内源荧光光谱

未处理和超声处理的 WNPI 溶液（0.5%质量浓度）用磷酸盐缓冲液（10mmol/L，pH 7.0）稀释至 1.5mg/mL，在室温条件下，将稀释后的样品溶液以转速 10000×*g* 离心 10min，然后采用 FS-5 型荧光光谱仪测定 WNPI 内源荧光，激发波长 295nm，发射光谱扫描范围为 300~400nm，狭缝宽度 2.5nm，激发和发射的带宽分别为 3nm 和 2nm。

（三）结果与讨论

1. 粒度分布

未处理和超声处理 WNPI 分散液的粒度分布和平均粒径（D_{43}、D_{32}）如图 7-20、表 7-5 所示。未处理样品的粒度分布相对较宽，主要分布在 0.8~160μm，最高峰出现在 3μm 附近，这表明未经处理的 WNPI 分散液含有许多大的蛋白质聚集体。超声处理导致粒度分布变窄，平均粒径呈下降趋势。经 600W 15min 超声处理后 D_{43}从 17.8μm 下降至 1.2μm，粒径减小可能是由超声波探针产生的空化、湍流和剪切力效应引起，这些作用会破坏一些较大的不溶性蛋白质聚集体。该现象与学者们对大豆蛋白和乳清蛋白的研究结果一致。研究中还发现过度的超声处理可能导致已经被分散的蛋白质聚集体重新聚集，样品经 600W 30min 超声处理比 600W 15min 处理后平均粒度更高。这种现象可能是由于过度超声使蛋白质结构变得特别舒展，促进蛋白质聚集。因此，应优化超声处理条件，适度破坏蛋白质聚集体。

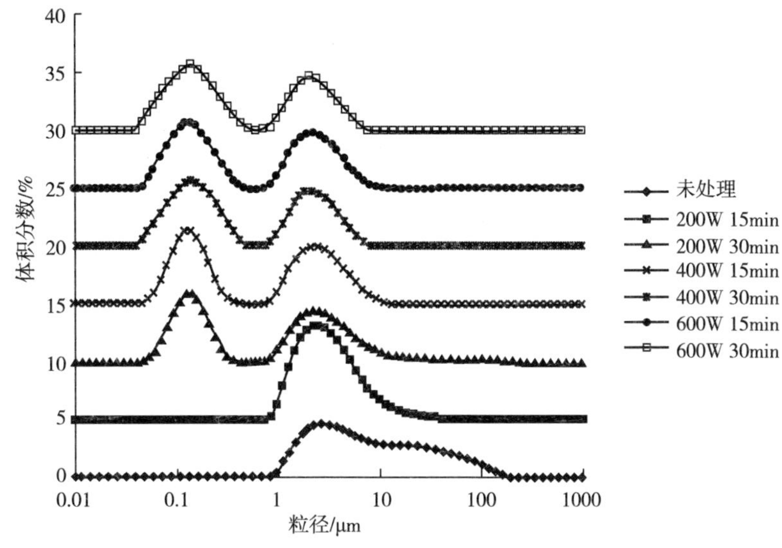

图 7-20　不同超声处理条件下 WNPI 的粒径分布

表 7-5　不同超声处理条件下 WNPI 的平均粒径（D_{43}、D_{32}）

样品	D_{43}/μm	D_{32}/μm
A（未处理）	17. 82±0. 57	4. 54±0. 03
B（200W 15min）	5. 18±0. 26	2. 76±0. 01
C（200W 30min）	5. 55±0. 35	0. 28±0. 01
D（400W 15min）	1. 73±0. 12	0. 26±0. 01
E（400W 30min）	1. 26±0. 18	0. 22±0. 02
F（600W 15min）	1. 20±0. 11	0. 21±0. 01
G（600W 30min）	1. 44±0. 13	0. 23±0. 01

2. WNPI 的微观结构

超声处理前后 WNPI 粉末的微观结构信息如图 7-21 所示。SEM 图像显示超声处理的 WNPI 粉末倾向于形成较薄的不规则片状结构，未经处理的对照样品片状结构完整，尺寸更大。从图 7-21 中还可以看出，在最高超声功率（600W）条件下，超声 30min 的样品比 15min 的样品具有更大的片状结构，表明长时间处理过程中有较大蛋白质聚集体形成，该结果与上述粒径的变化情况一致。结果表明超声处理会改变蛋白质溶液在冷冻干燥过程中形成粉末的微观结构，可能会对其功能特性产生影响。

3. WNPI 的溶解性

蛋白质良好的溶解性对其在食品工业中的应用有着重要作用，蛋白质的溶解性与功能特性密切相关，如乳化、增稠和凝胶特性，因此，研究超声处理对 WNPI 溶解性的影响很重要。超声对蛋白质溶解度的影响如图 7-22 所示。在相对低强度的功率和短时间的超声处理（200W 15min）条件下，未处理和超声处理的样品之间的蛋白质溶解度没有显著差异（$p>0.05$）。当超声功率更大和超声处理时间更长时，WNPI 溶解度显著增加。在 600W 15min 的超声处理条件下，WNPI 溶解度达到最高（93. 2%），明显高于未处理的对照样品（76. 4%）。这是因为使蛋白质分子聚集在一起的一些物理作用力遭到高强度超声的破坏，释放出较小的可溶性蛋白质聚集体。另外，超声处理可能会引起单个蛋白质分子结构和表面化学性质的改变，从而提高水溶性。研究人员对其他类型的蛋白质也进行了研究，如乳清蛋白、大豆蛋白和肉蛋白，并得到了相似的结论。

A 未处理 B 200W 15min C 200W 30min D 400W 15min E 400W 30min F 600W 15min G 600W 30min

图 7-21 超声处理后 WNPI 微观结构的变化

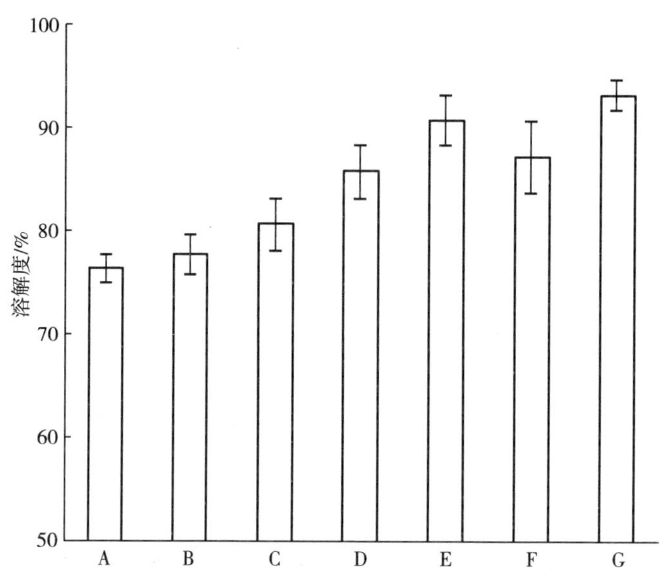

图 7-22　不同超声处理条件下 WNPI 的溶解度

A—未处理　B—200W 15min　C—200W 30min　D—400W 15min
E—400W 30min　F—600W 15min　G—600W 30min

4. 乳化性及乳化稳定性

蛋白质的乳化性对许多食品（包括饮料、酱料、调味品、甜点、蘸料和面糊）的加工生产很重要。超声处理前后 WNPI 乳化特性的变化如图 7-23 所示。从图 7-23 中可以得出，超声处理的 WNPI 样品 EAI 显著高于未处理的对照样品（$p<0.05$），随着超声功率增强，超声时间延长，EAI 逐渐增加，样品在 600W 30min 超声处理后，EAI 从 35.4m^2/g 增长到最大 44.7m^2/g，表明超声处理能促进以 WNPI 为乳化剂的乳液形成，引起蛋白质 EAI 增加。这可能是因为较大比例可溶性蛋白质吸附到油/水界面，或者是超声诱导蛋白质表面化学性质发生变化。

从图 7-23 中同时还可以看出，所有超声处理的 WNPI 样品 ESI 也高于未处理样品，说明超声处理增强了乳液的稳定性。600W 15min 超声处理 WNPI 样品与未处理样品相比，ESI 从（23.0±1.3）min 提高至（32.2±0.8）min。ESI 增加可能是因为在超声处理后蛋白质作为乳化剂形成乳液的液滴较小，或者是油滴表面化学性质改变引起液滴之间吸引/排斥相互作用的变化。经 600W 30min 超声处理后，WNPI 的 ESI 有所降低，这是由于过度超声处理反而引起了大量解折叠的蛋白质重新聚集。

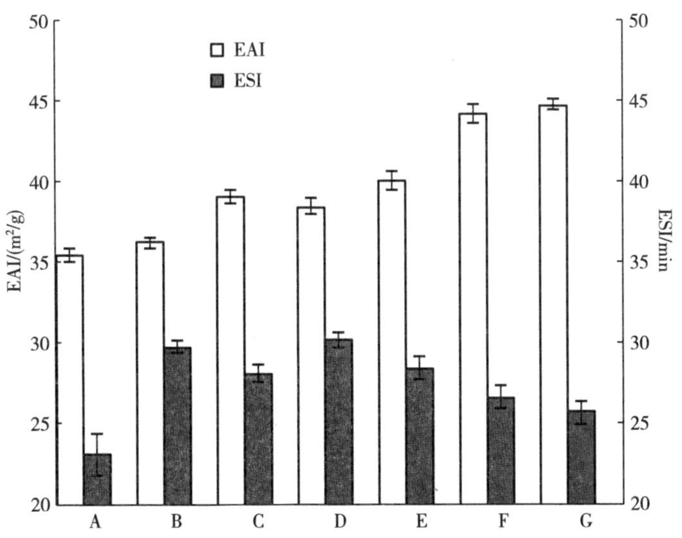

图 7-23 超声处理对 WNPI 乳化性、乳化稳定性影响

A—未处理 B—200W 15min C—200W 30min D—400W 15min
E—400W 30min F—600W 15min G—600W 30min

研究人员也发现超声处理可以提高不同种类蛋白质的乳化性能，包括卵蛋白、大豆蛋白和花生蛋白。超声处理引起蛋白质结构和表面化学性质变化，从而改善蛋白质乳化特性，蛋白质的乳化性质与其表面疏水性密切相关，优良的表面疏水性能确保蛋白质良好的水溶性和表面活性。超声促进球状蛋白质结构的部分展开，使原本存在于疏水内部的一些非极性基团暴露到周围的水相环境当中，增加蛋白质表面活性。

5. 热稳定性分析

采用差示扫描量热法测量蛋白质热稳定性获取蛋白质构象的信息。DSC 测定未处理和超声处理 WNPI 的热学特性如表 7-6 所示。未经处理的 WNPI 的变性温度 T_d= (115.87±0.02)℃，热变焓 ΔH= (67.28±0.01) J/g，经超声处理的样品 T_d、ΔH 降低，200W 15min 超声处理后可以得到明显改变，T_d = (109.69±0.30)℃，热变焓 ΔH= (1.53±0.05) J/g。这表明即使采用最温和的超声处理，大部分蛋白质也发生了变性。随着超声功率和时间的增加，T_d和 ΔH 稍微有所降低，表明变性程度仍在增加，600W 30min 超声处理后达到最低，T_d = (108.41±0.19)℃，热变焓 ΔH= (1.22±0.03) J/g。其他研究发现，超声后乳清蛋白发生变性，热变焓降低，表明超声波处理使蛋白质的结构变松散，但是，并没有发现其 T_d有明显变化。在有关蛋清蛋白的研究报道中发现，超声处理后蛋白质 T_d和 ΔH 均没有明显变化。这些结果的差异可能与蛋白质种类、环境和超声处理条件有关。

表 7-6　　超声处理对 WNPI 热稳定性影响

样品	T_d/℃	ΔH/(J/g)
A（未处理）	115.87±0.02	67.28±0.01
B（200W 15min）	109.69±0.30	1.53±0.05
C（200W 30min）	109.50±0.15	1.50±0.04
D（400W 15min）	109.48±0.28	1.43±0.09
E（400W 30min）	109.51±0.12	1.46±0.05
F（600W 15min）	109.21±0.22	1.44±0.06
G（600W 30min）	108.41±0.19	1.22±0.03

6. SDS-PAGE

还原和非还原电泳可以反映未处理和超声处理 WNPI 的分子质量大小，进而获得超声处理对 WNPI 分子特征影响的信息。图 7-24 为超声处理前后 WNPI 样品在还原和非还原条件下的 SDS-PAGE 图。

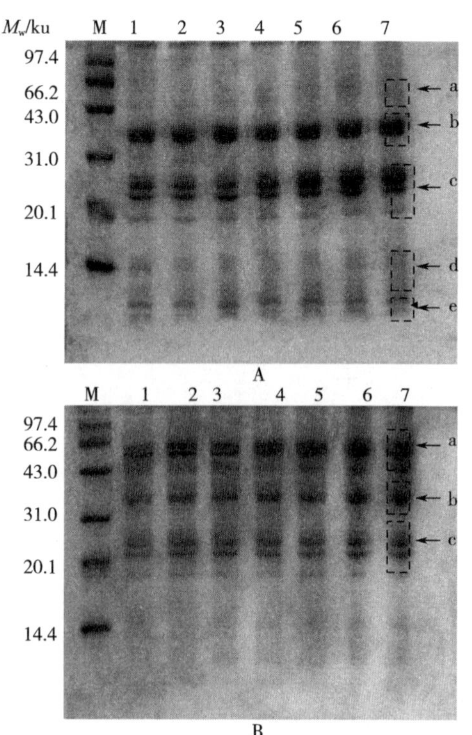

图 7-24　超声处理前后 WNPI 的电泳图谱

A 为还原电泳，B 为非还原电泳，1~7：（未处理，200W 15min，200W 30min，400W 15min，400W 30min，600W 15min，600W 30min）

从还原电泳图（图 7-24A）可以看出，所有样品均呈现出五条明显条带，分子质量分别为 44.1~62.0ku（a），35.2~39.4ku（b），21.0~27.9ku（c），~14.4ku（d），8.6~9.8ku（e），这与 Sze-Tao 等对 WNPI 的研究结果一致。与对照（L1）相比，超声处理蛋白质样品（L2~L7）的主要条带均没有发生明显变化，这表明超声处理没有引起肽键的断裂。但是，超声处理样品的电泳条带颜色明显加深，这可能与 WNPI 溶解性的改善有关。研究发现超声处理后并不会改变大豆蛋白的分子质量，相反，也有研究报道超声处理会造成蛋白质的碎裂，如菠萝蜜种子蛋白和 α-白蛋白。这些结果表明超声引起蛋白质分子质量的变化情况可能取决于蛋白质类型、溶剂种类和超声处理条件。

在非还原条件下，超声处理前后 WNPI 样品的电泳图谱也没有明显差异（图 7-24B），表明超声处理没有破坏任何二硫键，进一步证实了本研究中超声处理没有引起蛋白质分子产生碎裂的现象。同时，对比还原和非还原条件下电泳图谱发现，相同的蛋白质样品之间存在差异。非还原电泳图中，分子质量约 14.4ku（d）和 8.6~9.8ku（e）范围内的条带颜色变浅，44.1~62.0ku（a）条带的颜色加深，产生这种现象的原因可能是加入 β-巯基乙醇后破坏了多肽复合物之间的二硫键，导致小分子质量的多肽形成。

7. 二级结构

蛋白质或多肽圆二色谱图之间的差异与其二级结构紧密相关，α-螺旋结构特征峰：192nm 一个正峰，222nm 和 208nm 两个负的特征肩峰；β-折叠结构特征峰：216nm 一个负谱带，185~200nm 一个正谱带；β-转角结构特征峰：206nm 一个正谱带；左手螺旋 P2 结构在相应的位置有负的谱带。α-螺旋和 β-折叠为蛋白质二级结构的有序结构，具有高度稳定性。蛋白质的无序结构以 β-转角和无规卷曲为主。超声处理前后 WNPI 的圆二色谱图如图 7-25 所示，从图中可以看出超声处理后蛋白质特征峰发生了变化。表 7-7 反映了未处理和超声处理的 WNPI 样品的 α-螺旋、β-折叠、β-转角和无规卷曲所占的比例。可以看出超声

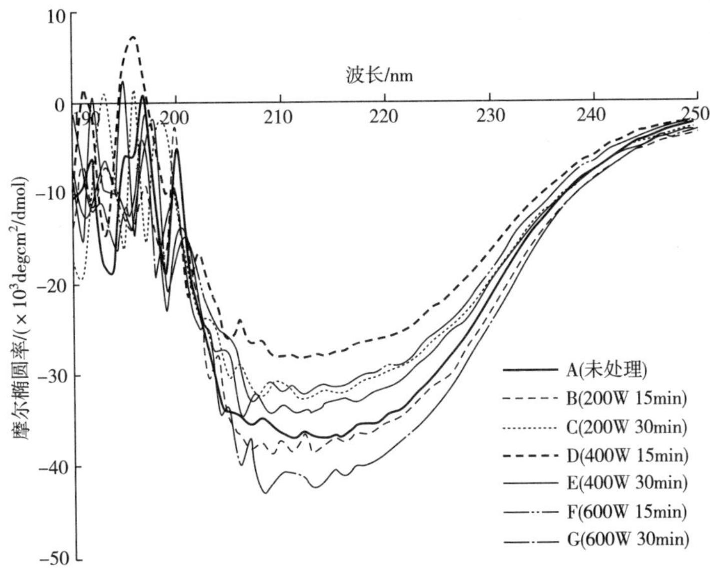

图 7-25　超声处理后 WNPI 圆二色谱图

处理对蛋白质的二级结构有轻微的影响，增加超声强度和持续时间后，α-螺旋含量降低，β-折叠、β-转角和无规卷曲含量增加。蛋白质二级结构通过各种类型的氢键维持，超声处理可能破坏了某些类型的氢键，导致部分α-螺旋结构转化为β-转角、β-折叠或无规卷曲结构。有关黑豆蛋白质和鸡肌原纤维蛋白质的研究中也有类似发现。也有学者提出，低功率超声处理会降低大豆蛋白中α-螺旋和无规卷曲的比例，而高功率超声处理得到的结果却相反。这些结果的差异可能与蛋白质类型、溶剂环境和超声条件有关。

表 7-7　　不同超声处理对 WNPI 二级结构的影响

样品	α-螺旋/%	β-折叠/%	β-转角/%	无序结构/%
A（未处理）	34.5±0.1	11.5±0.0	23.4±0.0	31.9±0.1
B（200W 15min）	34.9±0.0	11.3±0.1	23.7±0.1	31.8±0.0
C（200W 30min）	34.6±0.1	11.6±0.0	23.8±0.1	31.8±0.2
D（400W 15min）	34.5±0.2	11.7±0.0	23.5±0.1	32.1±0.0
E（400W 30min）	34.6±0.1	11.5±0.1	23.6±0.0	32.0±0.0
F（600W 15min）	34.5±0.1	11.5±0.1	23.6±0.1	32.2±0.2
G（600W 30min）	34.7±0.2	11.8±0.1	24.1±0.0	33.1±0.1

8. 游离巯基含量

位于 WNPI 表面的游离巯基（SH）含量的变化可以反映超声处理引起蛋白质分子结构的改变。如图 7-26 所示，超声后 WNPI 的游离 SH 含量增加，一方面，可能是因为超声处理破坏了蛋白质中的一些 S—S 键，促进新的 SH 形成，但是，超声处理后样品的电泳图谱却没有显示蛋白质相对分子质量的改变。另一方面，可能是超声处理过程中产生的空穴、机械、热效应促使蛋白质部分去折叠，使原本存在于蛋白质分子内部疏水结构的游离 SH 基团到达表面。从图 7-26 中还可以看出，随着超声强度的增加，游离巯基含量反而减少，这可以归因于长时间高强度超声处理产生的 H_2O_2，敏感官能团如 SH 基团在 H_2O_2的存在下极易被氧化，从而导致游离 SH 含量降低。研究人员已经发现，超声处理也可以增加卵蛋白和大豆蛋白的游离 SH 含量。也有研究报道超声处理会降低蛋白质的游离 SH 含量。不同研究中游离 SH 含量的变化可能与蛋白质类型、溶剂环境和超声处理条件的差异有关。

9. 固有荧光光谱

蛋白质溶液固有荧光光谱可以提供更多关于超声处理后 WNPI 结构变化的信息。当蛋白质发生构象变化，色氨酸、酪氨酸和苯丙氨酸的分子环境改变时，WNPI 的荧光光谱会发生变化。从图 7-27 中可以看出，未处理和超声处理样品产生最大荧光强度的荧光发射波长在 329nm 附近，最大荧光强度随着超声处理强度和时间的增加而降低，这表明超声处理后蛋白质结构或聚集状态发生了变化。超声处

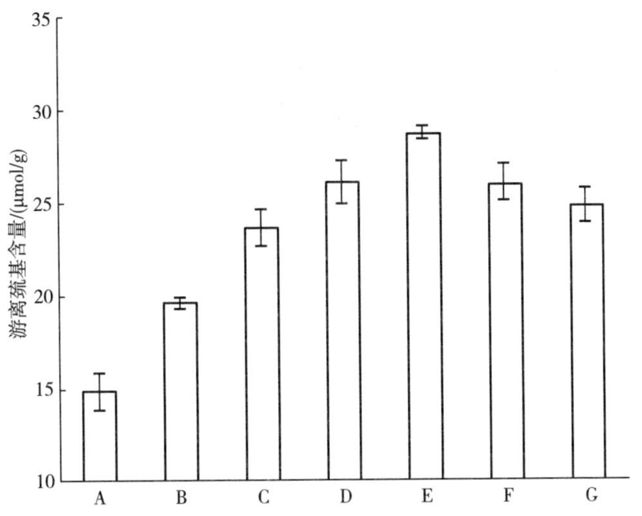

图 7-26　超声处理后游离巯基含量图

A—未处理　B—200W 15min　C—200W 30min　D—400W 15min
E—400W 30min　F—600W 15min　G—600W 30min

理过程中蛋白质三级结构的改变，引起苯酚基团所处环境的变化，最终导致蛋白质荧光强度降低。研究人员在探究超声对卵蛋白和大豆蛋白的固有荧光光谱的影响时发现，超声会降低蛋白质的荧光强度。本研究中，荧光光谱的测量结果与圆二色谱、游离巯基含量和 DSC 结果一致，表明超声处理会引起蛋白质结构的变化。

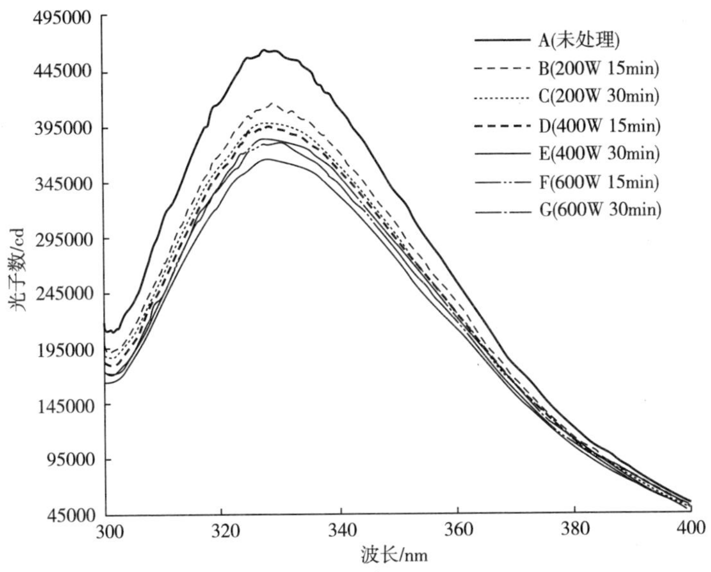

图 7-27　超声处理条件下 WNPI 的内源荧光光谱图

（四）小结

本节主要研究了经超声处理后核桃蛋白的功能性质和结构变化，测定超声前后蛋白质溶解度、乳化性、乳化稳定性和表面游离巯基含量的变化，并通过圆二色谱、荧光光谱探究二三级结构，差示量热扫描分析蛋白热稳定性，SDS-PAGE研究蛋白质相对分子质量改变，激光粒度和扫描电镜了解蛋白质大小和微观结构，得出主要结论如下。

（1）超声处理后WNPI的溶解度明显提高，乳化性、乳化稳定性得到改善，但是过度的超声处理反而会使蛋白质的功能特性有所减低。

（2）与未处理WNPI相比，超声会使蛋白质部分变性，明显降低蛋白质稳定性。

（3）WNPI粒径在超声处理后显著降低，超声功率和时间增加到一定程度后，蛋白质分子重新聚集，粒径反而增加。

（4）还原电泳图和非还原电泳图显示，超声处理不会引起肽键的断裂，没有产生新条带，但条带颜色加深，这是因为蛋白质溶解度增加。

（5）圆二色谱显示增加超声处理强度和持续时间后，WNPI的α-螺旋含量降低，β-折叠、β-转角和无规卷曲含量增加。

（6）荧光色谱和游离巯基含量的变化说明WNPI在超声过程中三级结构发生变化，蛋白质分子疏水结构遭到破坏，变得更加松散。

（7）SEM图中未处理WNPI为完整片状结构，而处理后会有许多碎片产生。

三、糖基化对核桃分离蛋白性质的影响

糖基化反应即糖类化合物的还原性羰基与蛋白质的氨基在加热条件下所发生的羰氨缩合反应，该反应无须任何催化剂，是一种大幅度提高蛋白质功能特性的方法。小分子的单糖和双糖相较于多糖，更易与蛋白质的自由氨基发生糖基化反应，但是也容易产生类黑素等美拉德反应高级阶段产物，不利于改善蛋白质功能特性。对多糖而言，其空间位阻较大，形成的蛋白质-多糖接枝物具有较高的功能特性。麦芽糊精是一种价格低廉的淀粉水解产物，不仅溶解性、乳化性良好，黏度适中，具有很好的增稠效果，而且是一种没有任何味道的营养性多糖，很容易被人体吸收，可以作为基础原料生产病人和婴幼儿童食品，特别适合应用于食品加工生产中。

在总结前人对蛋白质糖接枝改性的研究中我们发现，糖接枝后的蛋白质各方面性质显示出明显变化，大豆蛋白和葡萄糖接枝产物在酸性和高浓度盐体系中的乳化特性得到很大程度改善；王军等研究表明鸡蛋清蛋白与低聚麦芽糖交联物的乳化特性没有变化，但是其抗氧化能力、溶解度和热稳定性均提高。采用超声辅助的方式加速玉米醇溶蛋白与葡萄糖、麦芽糊精的接枝反应，接枝物溶解度明显提高，表面疏水性降低，扫描电镜图显示，接枝物聚集结构明显减少，且呈现出

大的片状结构。另外，影响糖基化反应的因素有很多，如 pH、温度、缓冲体系、蛋白质和糖的比例等，不同因素对酪蛋白与葡聚糖接枝反应的影响程度大小为：酪蛋白浓度>底物配比>pH，Kasran 等发现大豆乳清蛋白和葫芦巴胶以 1∶1 混合，生成的接枝物形成乳液的乳化稳定性最差。因此，需优化糖基化反应的条件，制备出功能特性高的接枝物。

本章节通过传统加热和超声两种方式制备核桃分离蛋白-麦芽糊精（WNPI-MD）接枝物，并对比研究了两种方式获得的接枝产物的接枝程度、颜色变化、功能特性以及二、三、四级结构的变化，以期为核桃蛋白应用领域的拓宽提供新的思路。

（一）材料与仪器

1. 实验材料与试剂

核桃分离蛋白（WNPI）：实验室自制；麦芽糊精（MD，食品级）：上海源叶生物有限公司；β-巯基乙醇（分析纯）：北京爱普华美生物科技有限公司；丙烯酰胺（分析纯）：天津市科密欧化学试剂有限公司；5,5′二硫代双（2-硝基苯甲酸）（DTNB）（分析纯）：Sigma 公司；四甲基乙二胺（TEMED）（分析纯）：Sigma 公司；甘氨酸（Gly）（分析纯）：上海化学试剂公司；三羟甲基氨基甲烷（Tris）（分析纯）：上海化学试剂公司；Mark（14.4~97.2ku）（分析纯）：上海源叶生物有限公司；透析袋（6~8ku）：上海源叶生物有限公司；邻苯二甲醛（OPA）（分析纯）：上海源叶生物有限公司；硼砂（分析纯）：天津市科密欧化学试剂有限公司。

2. 主要实验仪器

精密 pH 计，PB-10 型：赛多利斯科学仪器北京有限公司；电子天平，LE204E/02 型：梅特勒-托利多有限公司；超细匀浆器，F6/10-G 型：上海弗鲁克流体机械制造有限公司；离心机，H1850 型：湖南湘仪实验室仪器开发有限公司；分光光度计，UV759S 型：上海荆和分析仪器有限公司；超声微波紫外催化合成仪，XH-300UA 型：北京翔鹄科技有限公司；荧光光谱仪，FS5 型：爱丁堡仪器有限公司；圆二色光谱仪，J-810 型：日本 JASCO 公司；扫描电镜，FEI Q45+EDAX Octane Prime 型：美国 FEI 和 EDAX；电泳仪，165-8001 型：美国伯乐公司；分光测色仪，CM-5 型：日本柯尼卡美能达公司。

（二）实验方法

1. 糖基化产物的制备

核桃分离蛋白（质量浓度 1%），麦芽糊精（质量浓度 1%）分散于磷酸缓冲溶液中（20mmol/L，pH 8.0），0.5mol/L NaOH 调节 pH 至 8.0。磁力搅拌 1h，使二者混合均匀。对溶液进行传统加热和超声处理，传统加热条件：80℃，传统加热 12h，24h；超声处理条件：80℃，超声功率 200，400，600W，处理时间

40min（脉冲持续时间：工作 2s，停止 1s）。经过处理后的溶液先冷却至室温，然后在 4℃冰箱中透析 24h，经透析处理过的样品冷冻干燥，样品 4℃冰箱保存。

2. 接枝度（DG）的测定

OPA 法测定自由氨基，参照 Vigo 等人的方法稍作修改。配制 OPA 试剂（此试剂要现配现用），准确称取 40.0mg 的 OPA 溶解于 1.0mL 甲醇中，再加入 20%（质量分数）十二烷基硫酸钠（SDS）2.5mL，硼砂（10mmol/L）25.0mL，β-巯基乙醇 100μL，最后用蒸馏水定容到 50mL。取 4.0mL OPA 试剂于试管中，加入 200μL（2.0mg/mL）样品，混合均匀，于 35℃水浴加热反应 2min，在 340nm 下测吸光值。另取 4.0mL OPA 试剂于试管中，加入 200μL 水作为空白对照，用相同的方法，以赖氨酸代替样品作出标准曲线。

$$DG = \frac{A_0 - A_t}{A} \times 100 \tag{7-4}$$

式中 A_0——核桃分离蛋白和 MD 混合物的自由氨基酸含量

A_t——核桃分离蛋白和 MD 糖基化产物的自由氨基酸含量

A——核桃分离蛋白自由氨基酸含量

3. 溶解性的测定

测定方法参见本节“一”。

4. 乳化性及乳化稳定性的测定

测定方法参见本节“一”。

5. 颜色变化

用色差计测定样品颜色的变化。样品置于透明自封袋中，放置在光滑黑色平板上，以此平板测量值为空白。色差仪提供 3 个色泽数值：L^*（黑-白值），a^*（红-绿值），b^*（黄-蓝值），接枝产物的色差 ΔE 可以由公式 7-5 计算得出。

$$\Delta E = \sqrt{(\Delta L^*)^2 + (\Delta a^*)^2 + (\Delta b^*)^2} \tag{7-5}$$

式中 ΔL^*，Δa^* 和 Δb^*——样品与标准的色泽参数之间的差值

6. 其他

SDS-PAGE、游离巯基含量测定、内源荧光光谱分析、圆二色谱（CD）、扫描电镜观察（SEM）的方法参见本节“二”。

（三）结果与讨论

1. 接枝度

接枝度的大小可以反映传统加热和超声处理多糖的还原性末端和蛋白质自由氨基反应的程度。经传统加热和超声处理后 WNPI 与麦芽糊精的接枝度如图 7-28 所示，从图 7-28 中可以看出，延长传统加热处理时间，增加超声功率均能提高混合物的接枝度。控制反应温度 80℃，与传统加热处理相比，超声处理的 WNPI 与麦芽糊精的混合物能在较短的时间内获得更高的接枝度，超声处理

（200W/40min）比传统加热（24h）接枝度提高了近 15.08%。有研究显示，超声所引起的空穴效应会产生高强度的剪切力、压力、温度、湍流，同时，超声能产生更高能量和更多自由基，促进分子的运动，促使蛋白质链伸展，蛋白结构变得更加松散，有利于蛋白质和多糖发生美拉德反应。Li 等在研究花生蛋白与阿拉伯胶、葡聚糖接枝反应的过程中也发现与传统加热相比，超声处理更能促进糖接枝反应。

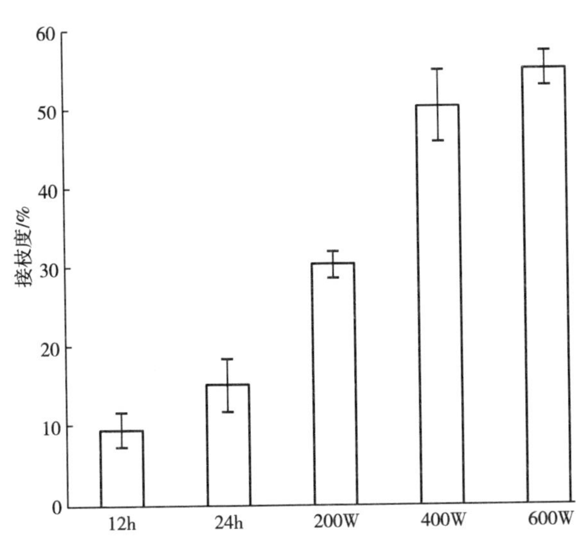

图 7-28 传统加热（12，24h）与超声处理（200，400，600W，40min）对 WNPI 和麦芽糊精接枝度的影响

2. 溶解度

不同 pH 条件下 WNPI 和 WNPI-MD 接枝物溶解度的变化如图 7-29 所示，从图 7-29 可以看出，WNPI 及 WNPI-MD 接枝产物的溶解度均呈现出一个 U 形曲线，核桃分离蛋白及其接枝产物的等电点（pI）在 5.0 左右，当 pH>5，传统加热和超声处理后，WNPI-MD 接枝产物的溶解性均呈现不同程度的提高，且 pH=6.0 时，与超声处理相比，传统加热对 WNPI-MD 接枝产物的溶解性影响更大。蛋白质的溶解性、蛋白质-溶剂（亲水）、蛋白质-蛋白质（疏水）相互作用之间平衡密切相关，WNPI 接枝后其表面的亲水性/疏水性平衡的改变影响其溶解度的变化。MD 是一种易溶于水的亲水性多糖。WNPI 经过传统加热和超声处理后结构变松散，在发生美拉德反应的过程中 WNPI 与 MD 共价结合，使 WNPI 亲水性增加，同时抑制了 WNPI 与水分子间的疏水相互作用。Tang 等发现芸扁豆蛋白和葡萄糖接枝产物的溶解度在偏离等电点的条件下会明显降低，这与本研究结果有一定差异，这可能与接枝物特性差异有关，其中芸扁豆蛋白在糖接枝后表面疏

水性增加。pH<5 时，不同处理的 WNPI-MD 接枝产物的溶解性呈现不同程度的降低，且传统加热处理后，WNPI-MD 接枝产物的 p*I* 向酸性条件偏移。这可能是因为 WNPI 表面的氨基与 MD 的羰基缩合，导致蛋白质表面氨基含量减少，所带负电荷相对增加，致使该条件下 WNPI 及其接枝物的溶解度降低。

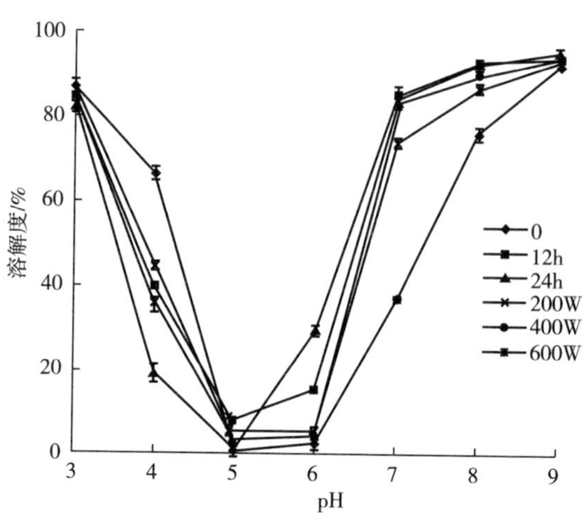

图 7-29　传统加热（12，24h）与超声处理（200，400，600W，40min）的 WNPI-MD 接枝物在不同 pH 条件下的溶解度

3. 乳化性和乳化稳定性

WNPI 及不同处理获得的 WNPI-MD 接枝产物乳化性及乳化稳定性如图 7-30 所示，由图 7-30 中归纳得出，WNPI 在发生糖基化反应后乳化性和乳化稳定性都得到较大程度的改善。传统加热处理后，WNPI 的 EAI 从 35.37m^2/g 提高到 74.71m^2/g；超声处理后，WNPI 的 EAI 增加到 61.89m^2/g，这是因为 WNPI-MD 溶解度增加，使在油水界面上吸附的蛋白质含量增加，且 MD 分子链较长，黏度较大，有利于在油水界面形成高黏弹的膜，促进乳液的形成。接枝物乳化稳定性也有所增加，这是因为 WNPI-MD 覆盖在油水界面上，减小了界面张力，使形成乳滴的尺寸更小。

由图 7-30 同时发现，超声处理后接枝物乳化性及乳化稳定性反低于传统加热，且乳化性及乳化稳定性随超声功率的增加呈现出减小的趋势，这是因为较好的乳化性和乳化稳定性需要界面达到良好的亲水亲油平衡，适度接枝有助于提高 WNPI-MD 的乳化性和乳化稳定性，与之相反，较高的接枝度会引入更多的亲水性基团，从而打破此平衡，导致乳化性和乳化稳定性的降低；另外，传统加热处理的 WNPI-MD 接枝物 α-螺旋减少，无序结构增加，比超声处理得到的接枝物结构更加松散，蛋白质松散结构能提高乳化性和乳化稳定性。

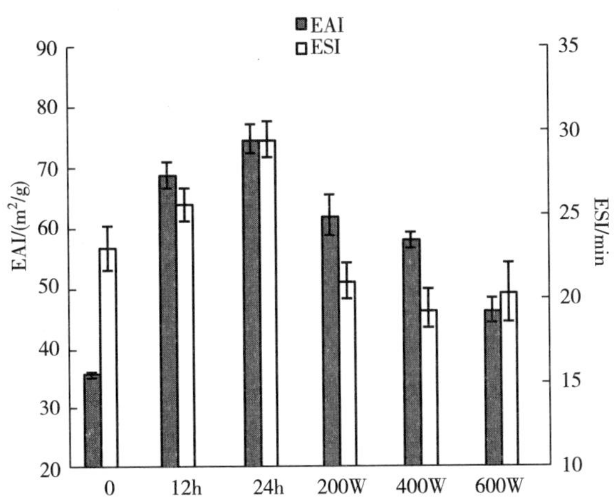

图 7-30 传统加热（12，24h）与超声处理（200，400，600W，40min）对 WNPI-MD 接枝物乳化性和乳化稳定性的影响

4. 色泽

WNPI 和不同处理得到的 WNPI-MD 色泽的变化见表 7-8，由表 7-8 可知，处理后 WNPI-MD 的 L^* 值逐渐增加，a^* 值减小，b^* 值增加，ΔE 值减小，超声处理后 a^*、ΔE 值减小幅度以及 L^*、b^* 值增加幅度明显高于传统加热。色泽是判断美拉德反应程度的重要特征指标，美拉德反应是一系列复杂的化学反应，该反应对产物的颜色、风味和结构造成重要影响，Moreles 等发现大多数有颜色物质的产生主要发生在该反应的最后阶段，尽管由于糠醛或糖基化缩合在此阶段产生了无氮聚合物，但不饱和的棕色含氮聚合物和共聚物形成是该反应的主要特征。经处理后的接枝物 ΔE 低于空白对照，可能是因为 WNPI 与 MD 的反应正处在美拉德反应的初级阶段。传统加热和超声处理之间色泽的差异可能与两种处理方式下蛋白质与多糖反应机理不同有关，其中，超声处理过程中副反应比较少。从表 7-8 还可以看出，超声功率增加到 600W，ΔE 突然增加，这可能是因为超声功率过大，蛋白质与多糖反应迅速，有类黑素物质生成。

表 7-8 WNPI 和 WNPI-MD 接枝物的 L^*、a^*、b^* 和 ΔE 值变化

样品	L^*	a^*	b^*	ΔE
0（未处理）	66.46±0.11	5.73±0.01	15.00±0.00	25.44±0.11
12h	69.28±0.13	5.38±0.01	18.50±0.05	23.46±0.14
24h	70.04±0.59	5.63±0.04	18.67±0.16	23.24±0.60

续表

样品	L^*	a^*	b^*	ΔE
200W	73.94±0.55	4.47±0.06	15.42±0.10	18.07±0.56
400W	75.01±0.01	4.39±0.05	14.55±0.14	16.85±0.05
600W	71.68±0.59	4.90±0.11	15.06±0.06	20.25±0.60

5. SDS-PAGE

传统加热和超声处理的接枝物 WNPI-MD 与未处理的 WNPI 的还原电泳图如图 7-31 所示，WNPI 电泳图呈现出 5 个主要的条带，分子质量分别是 44.1～62.0ku（a），35.2～39.4ku（b），21.0～27.9ku（c），～14.4ku（d），8.6～9.8ku（e）。从图 7-31 可以看出，与 WNPI 相比，经传统加热处理的 WNPI-MD 有新的条带约 81.8ku（f）生成，a 消失，c 颜色明显变浅，这是因为加热处理过程中蛋白质的自由氨基和多糖的还原性末端共价结合，形成分子质量更大的蛋白质-多糖复合物；另外，蛋白质与蛋白质之间聚集也会生成大分子物质，a 主要参与接枝反应，条带消失，c 部分参与了接枝反应，导致蛋白质浓度降低，颜色变浅。超声处理的 WNPI-MD 和传统加热相比，也有新的条带 f 生成，a 变化不明显，c 颜色变更浅，而 e 颜色加深，这可能是因为两种不同处理导致蛋白质和多糖接枝反应机理有所差异，超声过程产生高能量、高压强以及湍流促使蛋白质的结构变化更加明显，导致较多的自由氨基从分子内部暴露，与多糖的羰基结合形成 WNPI-MD 接枝物，同时伴随着小分子质量物质的形成。

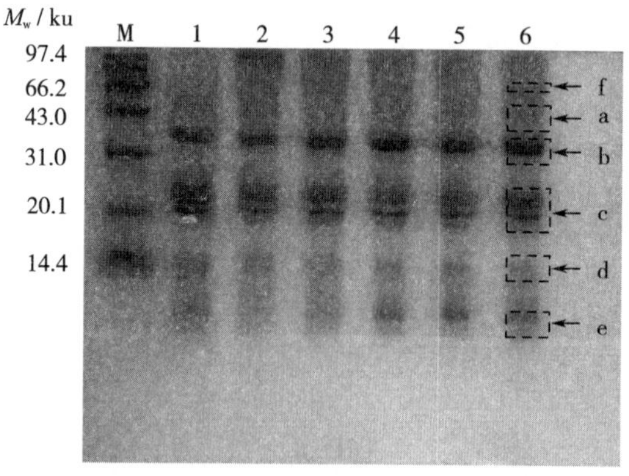

图 7-31　接枝反应前后 WNPI 的还原电泳图谱

1：未处理；2～3：传统加热处理 12，24h；4～6：超声处理 200，400，600W，40min

6. 游离巯基含量

WNPI 及不同处理条件下获得的 WNPI-MD 接枝物游离巯基变化如图 7-32

所示，从图 7-32 可知，WNPI 在发生接枝反应后巯基含量明显降低，且随传统加热时间延长以及超声功率提升而降低；另外，超声处理对巯基的影响较传统加热更大。这是因为巯基参与蛋白质的交联反应，形成二硫键，此外，多糖在与蛋白质发生糖基化反应时会改变蛋白质的结构，并导致部分的巯基被氧化。超声过程产生的空穴效应、热效应、机械效应会促使蛋白质链迅速延展，由刚性变为柔性，与多糖分子发生反应，因此，与传统加热相比，其反应效率更高，产物的接枝度也更高，巯基含量减少得更多。

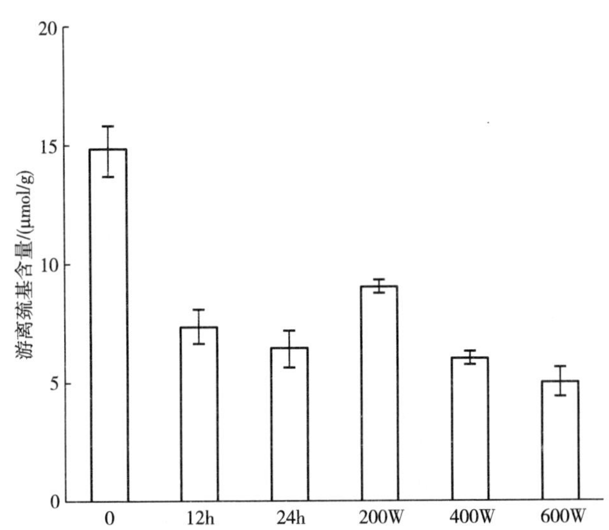

图 7-32　WNPI 及不同处理的 WNPI-MD 接枝物游离巯基含量变化

7. 荧光光谱分析

WNPI 和 WNPI-MD 接枝物的内源荧光强度变化如图 7-33 所示，从图 7-33 可以看出，经传统加热处理的 WNPI-MD 接枝物荧光强度减弱，且加热时间越长，荧光强度越弱，经超声处理的 WNPI-MD 接枝物荧光强度随着超声功率的增大而减小；与超声处理相比，传统加热处理得到的 WNPI-MD 接枝物荧光强度更低。WNPI 和 WNPI-MD 接枝物的荧光强度及发射波长与 Trp 残基的含量有关，WNPI 的最大荧光发射波长在 329nm 处，而 WNPI-MD 接枝物最大荧光发射波长有红移的趋势（1～2nm），有更多的 Trp 暴露在溶剂环境中，说明经接枝反应后 WNPI 的三级结构变得松散。WNPI-MD 接枝后荧光强度减弱，这可能是因为多糖链的存在对 Trp 荧光产生屏蔽，导致多糖链与蛋白质的接枝程度越高，其荧光减弱程度越大。图 7-33 同时显示，传统加热与超声处理 WNPI-MD 荧光强度存在差异，可能与两种处理 WNPI 与 MD 接枝方式不同有关；另外，SDS-PAGE 图谱和 CD 光谱也同时验证了两种处理方式得到的接枝物结构上存在差异。

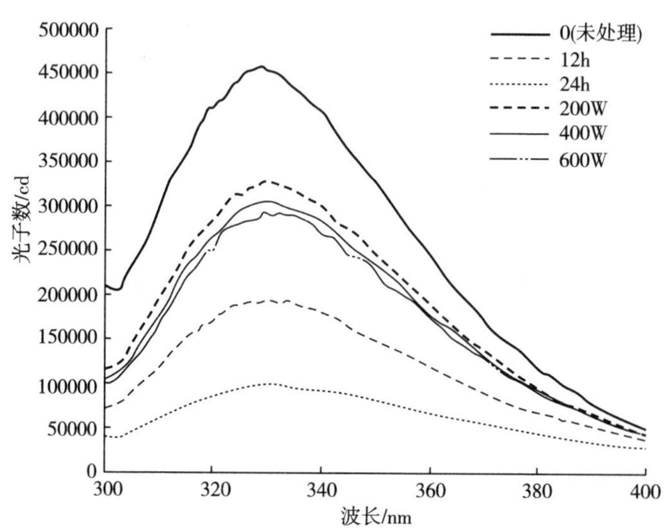

图 7-33　传统加热（12，24h）与超声处理（200，400，600W，40min）对 WNPI-MD 接枝物内源荧光强度的影响

8. 圆二色谱（CD）

经传统加热和超声处理的接枝物 WNPI-MD 与未处理的 WNPI 的圆二色谱图如图 7-34 所示，从图 7-34 可以看出，与未处理的 WNPI 相比，传统加热 WNPI-MD 接枝物在负峰的强度增加，超声处理的 WNPI-MD 接枝物在正峰的强度增加，且负峰有蓝移趋势（峰值波长变小）。WNPI-MD 接枝物与 WNPI 的二级结构分析如表 7-9 所示，传统加热 12h 后，WNPI-MD 接枝物的 α-螺旋、β-转角含量急剧减小，β-折叠、无序结构增加，随着加热时间延长，α-螺旋、β-转角的含量稍微有所增加，分别为 0.8%、0.2%左右，这种现象可能由以下因素引起：一方面，在加热的过程中蛋白质肽链断裂，结构变松散，与多糖接枝形成聚合物，该过程破坏了多肽链（—CO）和（NH—）间维持蛋白质二级结构稳定的氢键；另一方面，加热过程中蛋白质发生热变性，改变其结构。与空白对照相比，200W 超声处理得到的 WNPI-MD 接枝物 α-螺旋、β-转角含量较低；但是，随着超声功率的增加，WNPI-MD 接枝物 α-螺旋、β-转角含量反而增加，WNPI-MD 的二级结构变得更加稳定，产生这种现象的原因可能与超声条件下 WNPI-MD 获得较高接枝度有关（>50%），Tang 等研究芸豆蛋白和葡萄糖接枝中发现，当蛋白质和糖的摩尔比为 1∶100，分别加热 2.5，5.0，10h，接枝物的 α-螺旋增加，无序结构减少。

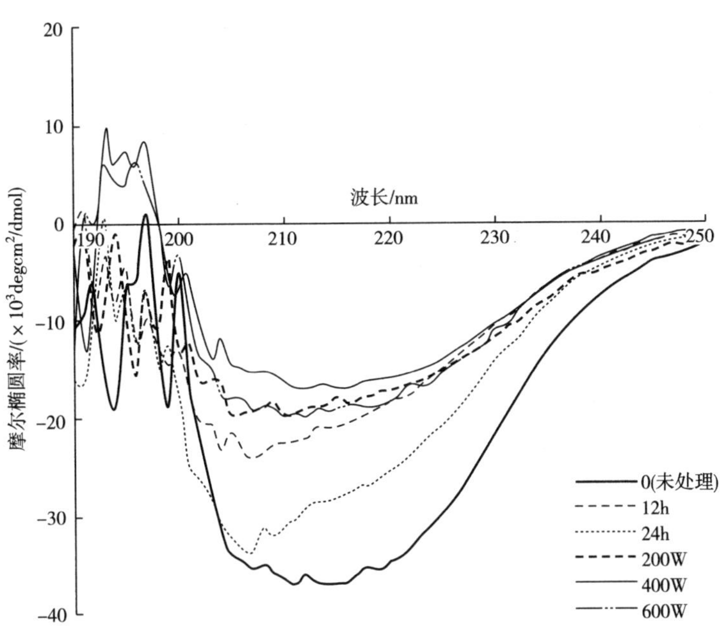

图 7-34 WNPI 和不同处理得到的 WNPI-MD 接枝物圆二色谱图

表 7-9 糖接枝反应对 WNPI 二级结构的影响

样品	α-螺旋/%	β-折叠/%	β-转角/%	无序结构/%
WNPI	34. 5±0. 1	11. 5±0. 0	23. 4±0. 0	31. 9±0. 1
12h	20. 0±0. 1	23. 7±0. 1	19. 3±0. 1	40. 4±0. 2
24h	20. 8±0. 0	24. 4±0. 0	19. 5±0. 0	36. 7±0. 0
200W	27. 7±0. 1	17. 3±0. 1	20. 9±0. 0	36. 0±0. 1
400W	34. 7±0. 1	11. 4±0. 1	23. 8±0. 0	31. 9±0. 0
600W	35. 8±0. 0	12. 2±0. 0	24. 3±0. 0	32. 9±0. 0

9. 扫描电镜（SEM）分析

经传统加热和超声处理的接枝物 WNPI-MD 与未处理的 WNPI 的 1000×SEM 图如图 7-35 所示，与未处理的 WNPI 相比，传统加热（12h）和超声处理（200W）的接枝物片状结构更小，有不规则碎片产生，但随着加热时间延长以及超声功率的增加，WNPI-MD 接枝物的结构变得更加规整，片状结构更大、更薄。这是因为 MD 与 WNPI 通过共价键结合形成接枝物，接枝度越大，形成接枝物越均匀完整。

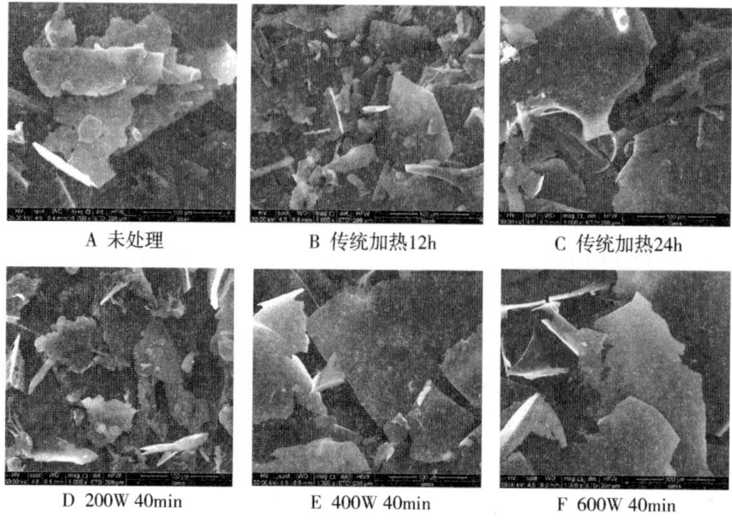

图 7-35　接枝反应后 WNPI 微观结构的变化

（四）小结

研究了传统加热和超声处理两种方式对 WNPI 进行糖接枝改性，对比探究了两种处理方式处理得到的 WNPI-MD 接枝物与未处理 WNPI 之间的差异，包括功能特性、微观结构、分子质量大小和二三级结构的变化，得出主要结论如下。

（1）超声比传统加热更能促进糖接枝反应。

（2）两种方式处理制备的 WNPI-MD 接枝物溶解度都获得不同程度提高，且传统加热处理的接枝物等电点有向酸性条件偏移的趋势。

（3）WNPI-MD 接枝物乳化性和乳化稳定性较未处理 WNPI 得到明显改善，但是 WNPI 接枝程度过高反而导致乳化性和乳化稳定性降低。

（4）WNPI-MD 接枝物有新的大分子质量物质生成，且两种方式处理 WNPI-MD 接枝物的条带存在差异。

（5）WNPI-MD 接枝物的片状结构更薄更大。

（6）传统加热后接枝物的 α-螺旋、β-转角含量急剧减少，β-转角、无序结构含量增加，超声强度增加（400W、600W）后接枝物的 α-螺旋、β-转角含量也随着增加。

（7）WNPI 与麦芽糊精共价结合，固有荧光强度减弱，三级结构发生变化。

四、酶解对核桃分离蛋白性质的影响

核桃蛋白是一种优质的植物蛋白资源，具有相当高的营养价值，含有 18 种氨基酸，其中 Lys 和 Glu 含量尤其丰富，必需氨基酸含量均衡，生物利用率高。核桃蛋白氨基酸组成以疏水氨基酸和酸性氨基酸居多，导致其溶解性较差，限制了在食品生产加工中的应用。酶解改性条件温和、反应速度快、安全性高，不仅如此，酶解改性后蛋白质水解物还具有很多独特的理化特性、生物活性以及易消化吸收的特点。因此采用酶解的方式对核桃蛋白改性，使其结构一定程度上发生变化，且功能特性得到明显改善。Severrin 等研究发现乳清蛋白经碱性蛋白酶和复合蛋白酶水解后游离氨基酸含量、溶解度均增加，随着水解度的增加，多肽的平均分子质量减小，未经处理的乳清蛋白乳化性和起泡性明显低于水解产物。薛洋等研究表明核桃蛋白的中性蛋白酶水解产物抗氧化能力增强，能明显抑制亚油酸的氧化。张然等发现中性蛋白酶酶解处理核桃蛋白后，其水解物溶解性增加，表面疏水性降低，乳化性、起泡性在适度水解条件下增加。郭浩楠等采用胰蛋白酶、风味蛋白酶、中性蛋白酶、木瓜蛋白酶、复合蛋白酶、碱性蛋白酶分别对鲢鱼肉蛋白酶解改性，对比研究发碱性蛋白酶水解效果最佳，同时得出限制性酶解鲢鱼肉蛋白能提高其乳化和起泡特性。

碱性蛋白酶是一种非特异性的肽链内切酶，催化作用位点较多，而胰蛋白酶特异性较强，仅作用于 Lys 和 Arg。本章节对比研究了碱性蛋白酶和胰蛋白酶在最适宜的条件下，经相同时间处理后水解度、电位、荧光强度、微观结构、二级结构、游离巯基含量、SDS-PAGE、水解度、乳化性及乳化稳定性的变化情况，以期通过酶解改性的研究能够充分发掘出核桃蛋白这种潜在的功能性配料，为食品的加工生产提供新思路。

（一）材料与仪器

1. 实验材料与试剂

碱性蛋白酶（食品级）：上海源叶生物有限公司；胰蛋白酶（食品级）：上海源叶生物有限公司；核桃分离蛋白：实验室自制；丙烯酰胺（分析纯）：天津市科密欧化学试剂有限公司；5,5′-二硫代双（2-硝基苯甲酸）（DTNB）（分析纯）：Sigma 公司；甘氨酸（Gly）（分析纯）：上海化学试剂公司；三羟甲基氨基甲烷（Tris）（分析纯）：上海化学试剂公司；Mark（14.4～97.2ku）（分析纯）：上海源叶生物有限公司；透析袋（2000u）：上海源叶生物有限公司。

2. 主要实验仪器

精密 pH 计，PB－10 型：赛多利斯科学仪器北京有限公司；电子天平，LE204E/02 型：梅特勒-托利多有限公司；超细匀浆器，F6/10-G 型：上海弗鲁克流体机械制造有限公司；离心机，H1850 型：湖南湘仪实验室仪器开发有限公司；分光光度计，UV759S 型：上海荆和分析仪器有限公司；荧光光谱仪，FS5 型：爱丁堡仪器有限公司；圆二色光谱仪，J-810 型：日本 JASCO 公司；扫描电镜，FEI Q45+EDAX Octane Prime 型：美国 FEI 和 EDAX；电泳仪，165-8001 型：

美国伯乐公司；纳米表面电位分析仪，NANO-ZS90 型：英国 Malvern 仪器有限公司；超级恒温器，501A 型：上海实验仪器厂有限公司。

（二）实验方法

1. 核桃分离蛋白碱性蛋白酶酶解产物的制备

制备底物浓度 2%的核桃分离蛋白悬浊液，85℃加热预处理 10min 后，冷却至室温，0. 5mol/L NaOH 调节 pH 至 8. 0，按 $E/S=3\%$（酶/底物蛋白含量）的比例加入碱性蛋白酶，磁力搅拌，采用高温循环器加热维持恒定温度 55℃，过程中滴加 1. 0mol/L NaOH 保持体系 pH 不变，在反应时间分别为 30，60，90min 后结束，取出酶解液，85℃加热处理 10min 后终止酶解反应，冷却至室温，转速 5000r/min 条件下离心 10min，上清液透析 24h 后冷冻干燥，保存待用。

2. 核桃分离蛋白胰蛋白酶酶解产物的制备

制备底物浓度 2%的核桃分离蛋白悬浊液，85℃加热预处理 10min 后，冷却至室温，0. 5mol/L NaOH 调节 pH 至 8. 0，按 $E/S=3\%$（酶/底物蛋白含量）的比例加入碱性蛋白酶，磁力搅拌，采用高温循环器加热维持恒定温度 37℃，过程中滴加 1. 0mol/L NaOH 保持体系 pH 不变，在反应时间分别为 30，60，90min 后结束，取出酶解液，85℃加热处理 10min 后终止酶解反应，冷却至室温，转速 5000r/min 条件下离心 10min，上清液透析 24h 后冷冻干燥，保存待用。

3. 水解度的测定

采用 pH-Stat 法测定，参照 Adler-Nissen 的方法稍作修改，酶解核桃分离蛋白的水解度，计算公式如 7-6：

$$DH(\%) = \frac{B \times N_b}{\alpha \times M_p \times h_{tot}} \times 100 \tag{7-6}$$

式中 DH——水解度,%

B——消耗碱液体积，mL

N_b——NaOH 浓度，mol/L

α——α-氨基解离度

M_p——底物中的蛋白质质量，g

h_{tot}——底物蛋白质中肽键总数，mmol/g 蛋白，核桃蛋白 $h_{tot}=7.35$mmol/g

4. 溶解度的测定

测定方法参见本节“一”。

5. 乳化性及乳化稳定性的测定

测定方法参见本节“一”。

6. 表面电荷的测定

酶解处理后的样品溶解于磷酸缓冲溶液中（10mmol/L，pH 7.0），配成浓度为0.2%的蛋白质溶液，0.5mol/L NaOH 或 HCl 调节 pH 7.0，室温条件下采用ζ电位仪测定表面电荷含量。

7. 其他

SDS-PAGE、游离巯基含量测定、内源荧光光谱分析、圆二色谱（CD）、扫描电镜观察（SEM）的方法参见本节“二”。

（三）结果与讨论

1. 水解度

WNPI 在 Alcalase 和 Trypsin 作用下水解 30，60，90min 后的水解度如图 7-36 所示，从图 7-36 可以看出，水解时间相同，Alcalase 比 Trypsin 水解效果好，随时间延长，水解度逐渐增加，水解 90min 后，Alcalase 水解度达到 13.25%±0.74%，比相同条件下 Trypsin 高出约 9%。这可能与 WNPI 的氨基酸组成和结构有关，Alcalase 来源于微生物，是一种非特异性的肽链内切酶，催化作用位点较多，主要作用于含疏水性羰基如 Phe、Tyr、Trp 的肽键，而 Trypsin 来源于动物，特异性较强，仅作用于 Lys 和 Arg，Alcalase 较 Trypsin 的酶切位点更多，易于将大分子的蛋白质催化降解为小分子多肽。

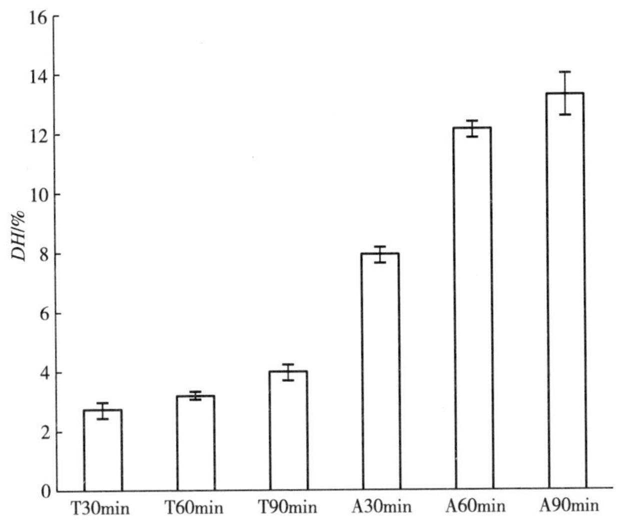

图 7-36 经 Alcalase 和 Trypsin 处理后 WNPI 的水解度

2. 溶解度

WNPI 在 Alcalase 和 Trypsin 作用下水解 30，60，90min 溶解度如图 7-37 所示，从图 7-37 可以看出，酶解能显著改善 WNPI 溶解度，随酶解时间延长，

WNPI 溶解度增加。蛋白质的亲水性/疏水性、蛋白质分子间的静电排斥均与蛋白质的溶解度紧密相关，未处理的 WNPI 具有刚性的大分子结构，亚基由分子间和分子内的二硫键连接，经有限水解后，蛋白质分子质量降低，肽链折叠结构展开，可溶性蛋白质从不可溶的聚集体和沉淀中释放出来，水解处理同时增加了可解离氨基和羰基的含量，进而提高了 WNPI 水解物的溶解；另外，水解处理后，WNPI 有序结构减少，无序结构增加，这可能也与水解物溶解度的改善有关。从图 7-37 还可以看出，与 Trypsin 处理相比，Alcalase 处理更大程度提高了 WNPI 水解物的溶解度，这可能与水解度有关：水解度越高，更多的可溶性多肽通过水解释放出来，溶解性改善越明显。Yust 等采用固定化碱性蛋白酶水解鹰嘴豆蛋白，同样发现水解度与蛋白质的溶解度紧密相关。

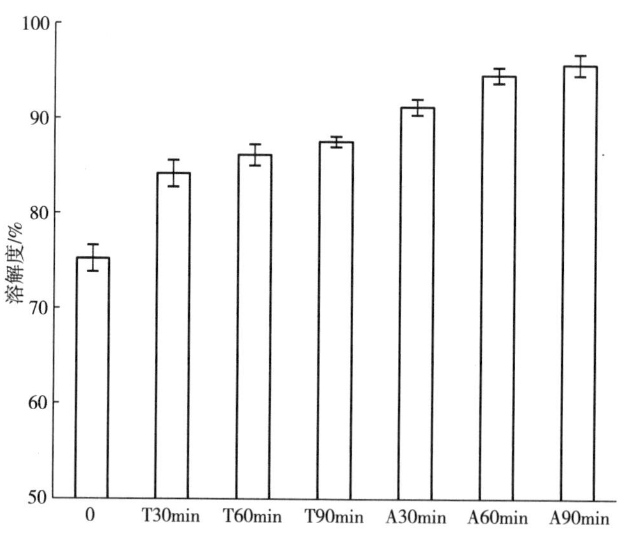

图 7-37　经 Alcalase 和 Trypsin 处理后 WNPI 的溶解度

3. 乳化性及乳化稳定性

WNPI 经过 Alcalase 和 Trypsin 水解后，其水解物的乳化性及乳化稳定性如图 7-38 所示，从图 7-38 可以看出，Trypsin 作用下，WNPI 的乳化性及乳化稳定性随水解时间的增加逐渐升高；在 Alcalase 水解过程中，WNPI 的乳化性及乳化稳定性随水解时间延长反而逐渐降低，且经相同时间处理后 Trypsin 水解物的乳化性及乳化稳定性明显高于 Alcalase 水解物。乳化性是蛋白质形成乳液的能力，乳化稳定性是指乳液保持分散而不分层、絮凝、凝聚的能力。WNPI 经酶处理水解成为分子质量更小、结构更松散的产物，部分疏水结构暴露于蛋白质表面，进而有利于酶解产物在油水界面展开，形成黏弹性的膜，减小界面张力；同时，经水解后蛋白质的溶解性得到改善，有更多的蛋白质吸附在油水界面，这些因素都有利于提高蛋白质的乳化性和乳化稳定性。但是水解度过高，会形成更小分子质量的多肽，导致 WNPI 水解物的疏水性和亲水性残基失衡，降低 WNPI 的两亲性，不利于形成稳定乳液。有相关研究发现，适度水解谷蛋白、大麻蛋白能够提高蛋白质的乳化性和乳化稳定性，过度水解反而不利于乳液的形成和稳定。

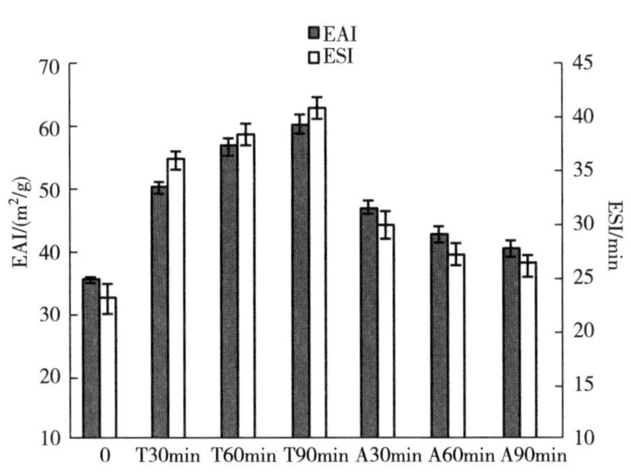

图 7-38 经 Alcalase 和 Trypsin 处理后 WNPI 的乳化性和乳化稳定性

4. ζ 电位

ζ 电位可以提供界面处净表面电荷和潜在电荷分布。蛋白质是一种包含许多氨基酸残基的聚合物，所以它们可以携带正电荷或负电荷。WNPI 在 Alcalase 和 Trypsin 作用下水解 30，60，90min ζ 电位如图 7-39 所示，从图 7-39 可以看出，经 Trypsin 水解后 WNPI ζ 电位升高（-23.5～-21.35mV），Alcalase 水解后 WNPI ζ 电位降低（-28.00～-23.5mV），二者之间有明显的差别。WNPI p*I* 5.0 左右，pH 8.0，蛋白质带负电，故 ζ 电位为负值。Alcalase 和 Trypsin 酶切位点不同，暴露于溶剂的氨基酸残基极性不同，导致两种蛋白酶产生的水解物 ζ 电位存在差异。Yust 等发现随着水解度的增加，鹰嘴豆蛋白水解物的电位降低。

5. SDS-PAGE

图 7-40 为 Alcalase 和 Trypsin 酶解处理 WNPI 水解物的还原电泳图，WNPI 的电泳图呈现出 5 个主要的条带，分子质量分别是 44.1～62.0ku（a），35.2～39.4ku（b），21.0～27.9ku（c），～14.4ku（d），8.6～9.8ku（e）。从图 7-40 可以看出，在 Trypsin 作用下，b 最先消失，可能是这部分 Lys、Arg 含量较高，最易水解，c、d、e 条带颜色加深，出现新条带约 29.6ku（f）和约 12.1ku（g），反应时间超过 30min 后 a 逐渐消失，水解继续进行，c 颜色变浅。在 Alcalase 的

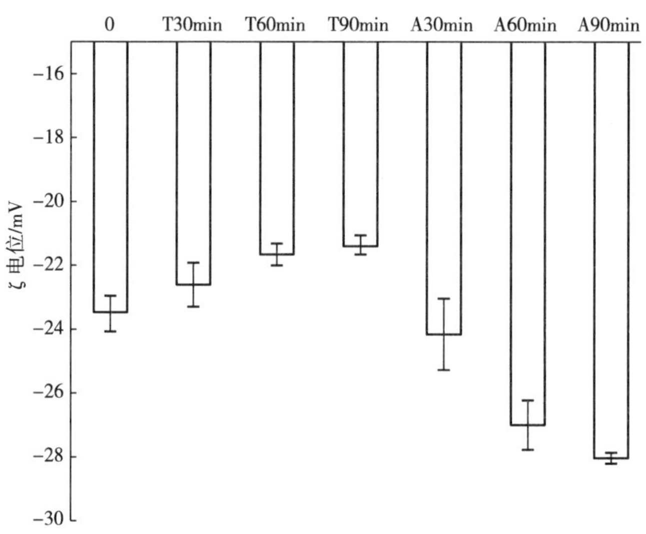

图 7-39 经 Alcalase 和 Trypsin 处理后 WNPI 的 ζ 电位

作用下，WNPI 的水解程度较高，反应 30，60，90min 后产生的条带几乎相同，从 L5、L6、L7 可以看出，a、b 条带完全消失，c、d 条带部分水解，出现新条带～16.6ku（h）。综述分析，Alcalase 和 Trypsin 的酶解作用促使 WNPI 结构发生明显变化，酶解作用促使蛋白质聚集体的肽键断裂，产生小分子蛋白质亚基和多肽，导致蛋白质三、四级结构发生改变。

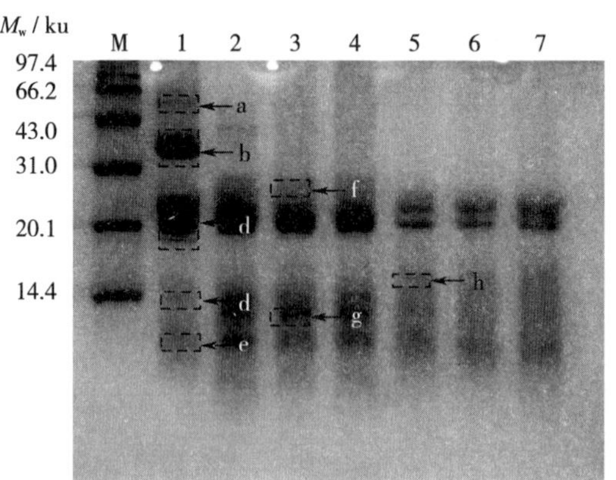

图 7-40 Alcalase 和 Trypsin 酶解后 WNPI 的还原电泳图谱

1：未处理；2～4：Trypsin 处理（30，60，90min）；

5～7：Alcalase 处理（30，60，90min）

6. 游离巯基含量

WNPI 在 Alcalase 和 Trypsin 酶解处理后游离巯基含量如图 7-41 所示，从图 7-41 可以看出，经 Alcalase 和 Trypsin 水解后，WNPI 游离巯基含量显著升高，酶解时间延长可进一步提升游离巯基含量，在相同处理时间下，Trypsin 酶解物游离巯基含量高于 Alcalase 酶解物。这归因于蛋白水解促进蛋白质/多肽部分结构展开，导致部分巯基暴露于分子表面，同时，二硫键断裂，重新形成巯基，随着水解进一步进行，蛋白质变成小相对分子质量的多肽，更多的基团从分子内部暴露出来，巯基的含量增加。两种酶水解物巯基含量的差异可能是两种酶活性位点不同，水解方式不同所致。

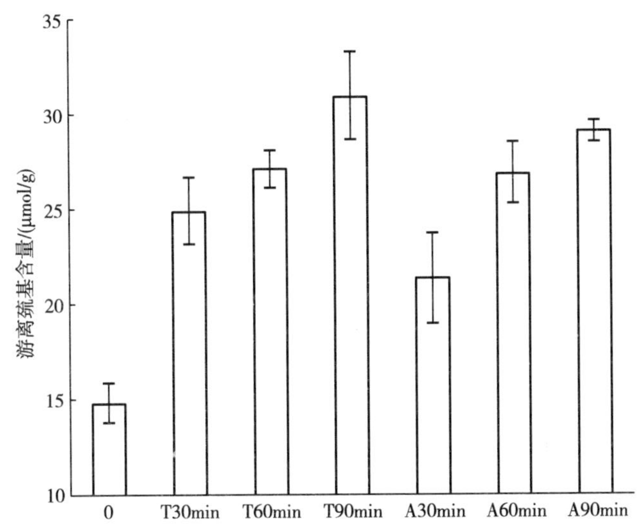

图 7-41　经 Alcalase 和 Trypsin 处理后 WNPI 的游离巯基含量

7. 荧光光谱

WNPI 在 Alcalase 和 Trypsin 作用下水解 30，60，90min 荧光光谱图如图 7-42 所示，从图 7-42 可以看出，Trypsin 水解产物的荧光强度增强，最大荧光发射波长红移约 3nm，Alcalase 水解产物荧光强度减弱，最大荧光发射波长红移 8～10nm。内源荧光光谱检测的蛋白质三级结构的变化与 Phe、Tyr、Trp 残基有关，Alcalase 是肽链内切酶，催化作用位点主要作用于含疏水性羰基如 Phe、Tyr、Trp 肽键，WNPI 经水解产生多肽和小分子蛋白，内部疏水结构破坏，芳香族氨基酸残基暴露到溶剂中，在溶剂环境中 Phe、Tyr、Trp 残基发生荧光猝灭，导致荧光强度减弱。WNPI 在 Trypsin 酶解作用下水解度较小，最大荧光发射波长红移不明显，Trypsin 仅催化作用于 Lys 和 Arg，而具有荧光特性的 Phe、Tyr、Trp 残基较少暴露于溶剂环境中，导致荧光强度增加。与 Trypsin 相比，WNPI 经 Alcalase 处理水解度较大，致使较多疏水性氨基酸暴露于蛋白质表面，蛋白质结构有较大改变，因此，波长红移范围较宽。

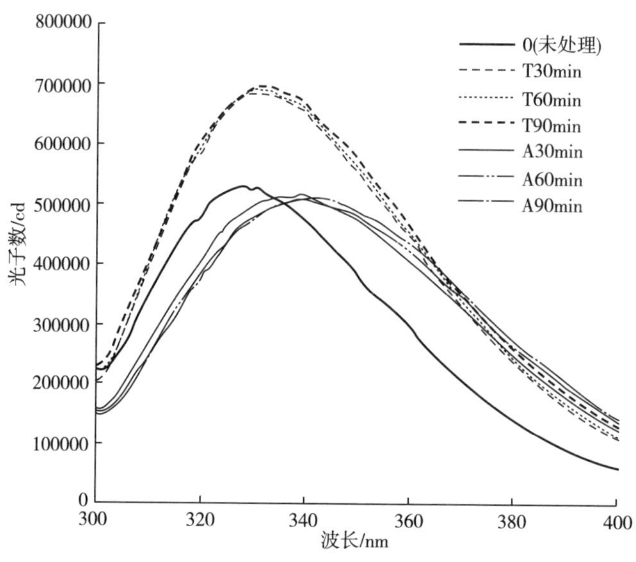

图 7-42　经 Alcalase 和 Trypsin 处理后 WNPI 的内源荧光强度

8. 圆二色谱（CD）

WNPI 在 Alcalase 和 Trypsin 作用下酶解后水解产物的圆二色谱图如图 7-43 所示，从图 7-43 可以看出，Alcalase 和 Trypsin 的酶解产物在负峰的强度减弱，且负峰有蓝移趋势（峰值波长变小）。Alcalase 和 Trypsin 酶解产物的二级结构分析见表 7-10，WNPI 经 Trypsin 处理后，水解度从 2.70%增加到 3.97%，α-螺旋、β-转角含量显著减少（$p<0.05$），β-折叠、无序结构显著增加（$p<0.05$），WNPI 经 Trypsin 水解 30min 后 α-螺旋和 β-转角分别减少至 20.7%、19.3%；经 Alcalase 处理后，水解度从 7.94%增加到 13.25%，二级结构变化与 Trypsin 处理的结果差异不大，α-螺旋、β-转角、β-折叠和无序结构含量均在 20%、19%、24%、38%左右。以上结果显示，水解度达到 2.7%左右时，蛋白质的二级结构已经发生明显变化，随着酶解反应进行，肽键不断断裂；然而水解度进一步增加，蛋白质的二级结构并没有发生明显改变。WNPI 经酶解处理，无序结构增加，稳定性降低，对其功能特性产生影响。Xu 等在对胰蛋白酶处理的大米谷蛋白水解物研究中发现，随着水解度的增加，蛋白质的 α-螺旋、无序结构增加，β-折叠、β-转角含量减少，与本研究结果有一定差异，这可能是由于蛋白原料以及采用蛋白酶不同所致。

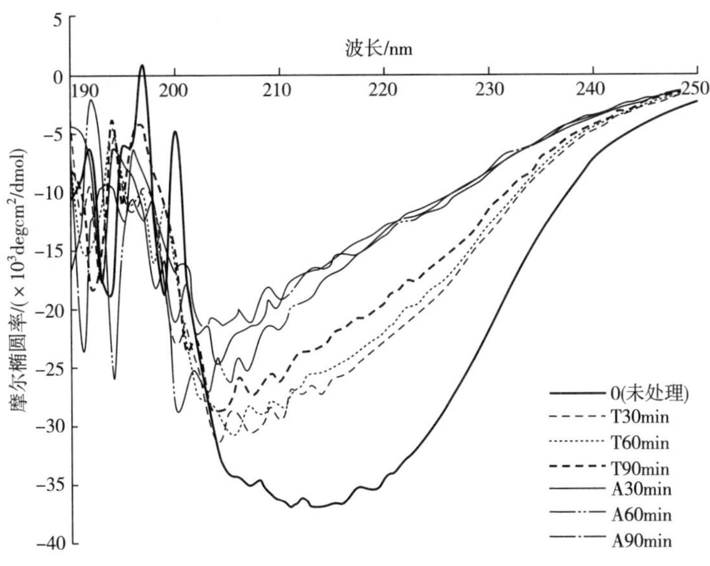

图 7-43 Alcalase 和 Trypsin 酶解 WNPI 的圆二色谱图

表 7-10 Alcalase 和 Trypsin 酶解处理对 WNPI 二级结构的影响

样品	α-螺旋/%	β-折叠/%	β-转角/%	无序结构/%
WNPI	34. 5±0. 1	11. 5±0. 0	23. 4±0. 0	31. 9±0. 1
T30min	20. 7±0. 0	24. 4±0. 0	19. 3±0. 0	37. 0±0. 0
T60min	20. 5±0. 0	24. 2±0. 0	19. 4±0. 0	38. 9±0. 0
T90min	20. 5±0. 1	24. 3±0. 0	19. 5±0. 0	38. 7±0. 1
A30min	21. 4±0. 0	24. 3±0. 0	19. 4±0. 0	38. 5±0. 0
A60min	20. 6±0. 0	24. 6±0. 1	19. 3±0. 1	36. 9±0. 2
A90min	20. 5±0. 1	24. 6±0. 0	19. 6±0. 0	38. 5±0. 1

9. 扫描电镜（SEM）分析

WNPI 经 Alcalase 和 Trypsin 水解 30，60，90min 后的 1000×SEM 图如图 7-44 所示，从图 7-44 可以看出，未处理的 WNPI 为完整的大片状结构，Trypsin 水解产物的片状结构依然比较完整，但是片状结构表面出现蜂窝状的空穴，这是 Trypsin 与 WNPI 催化位点结合发生催化作用所致，比较水解 30，60，90min 的酶解产物，蛋白质的片状结构大小差异不明显。与之相反，Alcalase 的酶解产物结构发生了明显的变化，大的片状结构遭到破坏，较小的碎片聚集在一起，且随着水解程度的加深，碎片越来越多。可见，不同蛋白酶对蛋白质形貌影响较大。

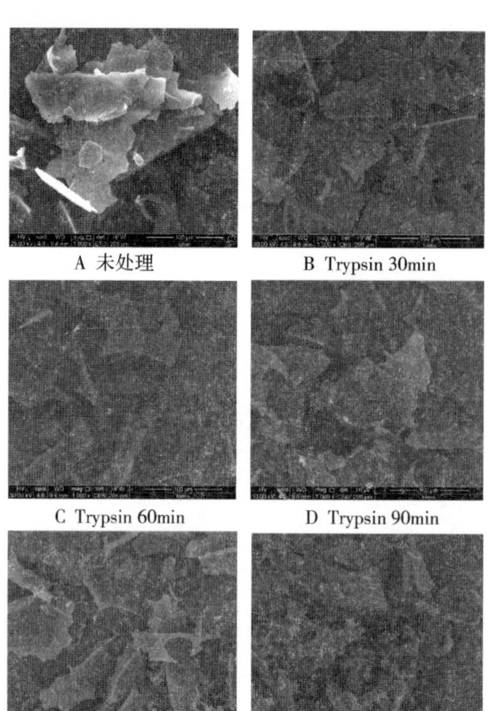

A 未处理　B Trypsin 30min

C Trypsin 60min　D Trypsin 90min

E Alcalase 30min　F Alcalase 60min

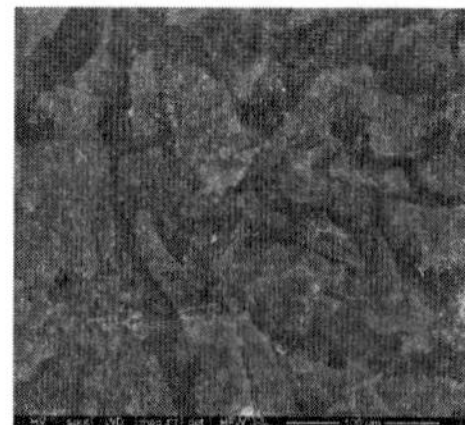

G Alcalase 90min

图 7-44　经 Alcalase 和 Trypsin 处理后 WNPI 的微观结构变化

(四) 小结

对比研究了 WNPI 经 Trypsin、Alcalase 酶解改性产物的功能特性和结构变化，采用荧光光谱、圆二色谱研究酶解物二、三级结构变化，SDS-PAGE 图分析蛋白质分子质量改变，SEM 观察微观结构差异，ζ 电位仪测定蛋白质表面电位的变化，并研究了水解前后 WNPI 溶解性、乳化性、乳化稳定性以及游离巯基含量的差异，得出以下结论。

(1) Alcalase 对 WNPI 的水解能力高于 Trypsin。

(2) 水解产物溶解度明显提高，且 Alcalase 酶解物溶解度高于 Trypsin 酶解物。

(3) 适度水解能提高乳化性和乳化稳定性，Trypsin 酶解产物乳化性和乳化稳定性随水解度增加而提升，Alcalase 酶解产物乳化性和乳化稳定性变化趋势与之相反。

(4) Trypsin 酶解物 ζ 电位随水解度增加而增大；Alcalase 酶解产物 ζ 电位随水解度增加反而减小。

(5) WNPI 经酶水解后游离巯基含量增加。

(6) Trypsin 酶解产物最大荧光发射波长都有红移现象；与 WNPI 相比，Alcalase 酶解产物内源荧光强度减弱，而 Trypsin 酶解产物内源荧光强度增强。

(7) 酶解处理显著增加 WNPI 的无序结构，减少有序结构含量，两种酶处理的产物的 α-螺旋、β-折叠、β-转角、无序结构含量没有明显差异。

(8) 由蛋白质水解生产的小分子聚集体和多肽随水解程度提高而提升。

(9) Trypsin 酶解物可保留比较完整的片状结构，Alcalase 酶解物则有许多小的聚集体出现。

第八章　核桃乳饮料生产技术

一、植物蛋白饮料

植物蛋白饮料是以各种天然食物蛋白为原料，经磨浆、调配等加工工艺，再经高温杀菌或无菌包装制得的乳状饮料。其中既有蛋白质形成的悬浮液，又有脂肪形成的乳浊液，还有糖等形成的溶液，是一种复杂的热力学不稳定体系。

用来生产植物蛋白的原料中，除含丰富的蛋白质外，一般都还含有很多的油脂，如核桃中就含高达60%以上的油脂。在生产植物蛋白饮料时，蛋白质变性、沉淀和油脂上浮是最常见，也是最难解决的问题。此外，植物蛋白原料中一般都还含淀粉、纤维素等物质，其榨出来的汁（或打出来的浆）是一个十分复杂而又不稳定的体系。影响植物蛋白饮料稳定性的因素很多，生产的各个环节都要进行严格控制。

（一）原料

原料质量的好坏与最终产品质量的优劣密切相关。劣质原料的危害主要有：有些原料因贮藏时间过长脂肪部分氧化，易产生哈喇味，而且因脂肪氧化酶的作用产生豆腥味、生青味等极不愉快的味道，直接影响饮料风味；同时影响其乳化性能；有的部分蛋白质变性，经高温处理后易完全变性而呈豆腐花状；若有霉变的则可能产生黄曲霉毒素，影响消费者健康。有些人还试图利用豆饼、花生饼等为植物蛋白原料制取蛋白饮料，但往往由于其中蛋白质因高温、高压处理而变性、变质、焦化，难以取得很满意的效果。总而言之，使用劣质原料生产产品，不但产品的口味差，而且稳定性很差，蛋白质易变性，油脂易析出。植物蛋白饮料的生产要求用新鲜、色泽光亮、籽粒饱满均匀、无虫蛀、无霉变、无病斑，贮存条件良好的优质原料，只有质优的原料才能生产出优质的产品。

另外，原料的添加量对产品的稳定性影响很大。原料的添加量不同，对乳化稳定剂的选择和使用量、生产的工艺条件等都会有不同的要求，因此各生产厂家应根据自己产品的原料添加量选用不同的乳化稳定成分并确定其合适的添加量。生产设备的选用和生产时工艺参数的确定也应以此为依据。一般来说，原料的添加量越大，产品中油脂和蛋白质以及一些如淀粉或纤维的含量也越高，因此要形成稳定的体系越难，对于乳化稳定成分的要求以及工艺的要求也就越高。

（二）原料的预处理

原料的预处理通常包括清洗、浸泡、脱皮、脱苦、脱毒等。清洗是为了去除表面附着的尘土和微生物。浸泡的目的是软化组织，利于蛋白质有效成分的提取。脱皮的目的是减轻异味，提高产品白度，从而提高产品品质。不同的植物蛋白饮料，应针对其原料性质采用适当的预处理措施。例如大豆，一般需经浸泡、脱皮；花生需经烘烤、去皮后再浸泡；而杏仁浸泡时对水的 pH 有较严格的要求。

需要注意，生产植物蛋白饮料对水质的要求很高。硬度高的水，易导致油脂上浮和蛋白沉淀现象。若硬度太高，会导致刚杀菌出来的产品就产生严重的蛋白变性，呈现豆腐花状。因此，用于生产植物蛋白饮料的生产用水必须经过严格的处理，最好使用纯净水来生产。通常原料与水的比例为 1∶3（g/mL）。不同浸泡温度所需时间不同，不同原料及产品对浸泡要求的条件不同。同一原料在不同地区或同一地区的不同季节，由于水温的不同，其浸泡时间都会有所不同。若浸泡时间偏短，则会导致蛋白质的提取率降低，影响产品的口感和理化指标；若浸泡时间偏长，则可能会因原料的变质而严重影响产品的风味和稳定性。当然，若采用恒温浸泡，对产品品质的一致性会有很大的帮助，但这需要添加相应的设备。

由于各种植物蛋白原料的皮（或衣）都会对产品的质量产生影响，如大豆若去皮不彻底则会加重豆腥味，花生衣或核桃皮若去得不彻底则残留的衣或皮会全部沉到底部，形成红色或褐色的沉淀，影响产品的外观。因此，生产植物蛋白产品时，应严格控制脱皮率。常用脱皮方法有：①湿法脱皮：如大豆浸泡后去皮；②干法脱皮：常用凿纹磨、重力分选器或吸气机除去豆皮。脱皮后需及时加工，以免脂肪氧化，产生异味。

（三）磨浆与分离

原料经浸泡、去皮等预处理后，加入适量的水直接磨浆，浆体通常采用离心操作进行浆渣分离。一般要求浆体的细度应有 90%以上的固形物通过 150 目滤网。采用粗磨、细磨两次磨浆可以达到这一要求。因磨浆后，脂肪氧化酶在一定温度、含水量和氧气存在条件下，会迅速催化脂肪酸氧化产生反腥味，所以磨浆前应采取必要的抑酶措施。

为了提高浆液中有效成分的提取率，并提高产品的稳定性，需采用合适的打浆或取汁方法，如可以采用热磨法、加碱磨浆法或二次打浆法等，同时必须注意：现在一般厂家的打浆法所得的浆液都含有较多的粗大颗粒和一些不溶性成分如淀粉或纤维素等，须经过滤去除或大部分去除这些成分后，再进行调配，否则所生产的产品会产生大量沉淀，甚至出现分层，严重影响产品质量。一般来说，要生产出在较长时期内比较稳定的产品，过滤的目数应在 200 目以上。

（四）调配

调配的目的是生产各种风味的产品，同时有助于改善产品的稳定性和质量。

通常可添加稳定剂、甜味剂、赋香剂和营养强化剂等。若不使用乳化稳定剂，不可能生产出长期保存而始终保持均匀一致、无油层、无沉淀的植物蛋白饮料。因为经过榨汁（或打浆）的植物蛋白液不像牛乳般稳定，而是十分不稳定的体系，必须外加物质以帮助形成稳定体系。植物蛋白饮料的乳化稳定剂一般都是由乳化剂、增稠剂及一些盐类物质组成。

增稠剂主要是亲水的多糖物质，作用是：能与蛋白质结合，从而起到保护作用，减少蛋白质受热变性；充分溶胀后能形成网状结构，显著增大体系的黏度，从而减缓蛋白质和脂肪颗粒的聚集，达到降低蛋白质沉降和脂肪球上浮速度的目的。乳化剂主要是一些表面活性剂，其作用是：可以降低油水相的界面张力，使乳状液更易形成，并且界面能大为降低，提高了乳状液的稳定性；乳化剂在进行乳化作用时，包围在油微滴四周形成界面膜，防止乳化粒子因相互碰撞而发生聚集作用，使乳状液稳定。盐类物质（磷酸盐）的作用是：饮品中存在 Ca^{2+}、Mg^{2+} 等离子，蛋白质会通过 Ca^{2+}、Mg^{2+} 等形成桥键而聚合沉淀，磷酸盐能螯合这些离子，从而减少蛋白质的聚集；磷酸盐能吸附于胶粒的表面，从而改变阳离子与脂肪酸、阴离子与酪蛋白之间的表面电位，使每一脂肪球包覆一层蛋白质膜，从而防止脂肪球聚集成大颗粒。磷酸盐还具有调节 pH、防止蛋白质变性等作用，这些都有助于体系的稳定。

由于乳化剂和增稠剂的种类很多，同时，各种植物蛋白原料含的蛋白质和脂肪的量和比例不同，生产时所选择的添加剂及其用量也不尽相同，特别是乳化剂的选择更为关键。如何选择合适的乳化剂和增稠剂并确定它们的配比是一个较复杂的问题，需经长时间的试验方能确定。实验证明，单独使用某种添加剂难以达到满意的效果，而将这些添加剂按一定的比例复合使用，利用它们之间的协同作用，效果往往更好。若生产厂家无此技术或出于生产便利考虑，可以直接选用一些复配厂家的产品。

乳化稳定剂对产品质量有巨大的影响，稳定剂溶解得好与否，也是影响产品质量好坏的关键步骤。一般来说植物蛋白饮料的乳化稳定剂中乳化剂的含量较高，因此，在溶解时温度不宜过高（一般 60～75℃），否则乳化剂易聚集成团，即使重新降低温度也难以再分散，可以过胶体磨以使其更好地分散。

另外，在生产植物蛋白乳时，有些辅料对产品的质量也会产生明显的影响。例如许多厂家在生产豆奶、花生奶或核桃露时会加入一定量的乳粉（大多数在 1%以下）以改善产品的口味。生产鲜销产品时，乳粉对产品的稳定性的影响不是很明显。但若是生产长时间保存的产品，则会产生明显的影响，必须对乳化稳定剂的用量及种类进行调整，否则经一段时间（一般 7d 左右）放置后，会产生油脂析出现象。又如许多厂家生产植物蛋白饮料时，会加入一定量的淀粉，以增大产品的浓度，增加质感，此时，对淀粉的种类、用量及处理方式便有严格要求。因为淀粉是易沉淀的物质，若不加以控制，则产品放置后会产生分层，喝起来会明显感觉到上部分很稀，而下部分明显较稠，有时甚至结块。从稳定性方面来考虑，应该尽可能少、最好是不要添加淀粉类物质，因为此类物质即使杀菌出来时稳定，在贮存过程中也易因淀粉的返生而影响产品的稳定性。

（五）杀菌、脱臭

杀菌的目的是杀灭部分微生物，破坏抗营养因子，钝化残存酶的活力，同时可提高温度，有助于脱臭。杀菌常用的工艺参数为110~120℃，10~15s。灭菌后及时入真空脱臭器进行脱臭处理，真空度为0.03~0.04MPa，不宜过高，以防气泡冲出。

（六）均质

均质可提高产品的口感和稳定性，增加产品的乳白度。生产植物蛋白饮料，均质是必需的步骤，因为植物蛋白饮料中一般都含有大量的油脂，若不均质，油脂难以乳化分散，而会聚集上浮，同时均质还可以大大提高乳化剂的乳化效果，使整个体系形成均匀稳定的状态。均质时，必须控制相应的温度和压力，一般来说要达到良好的均质效果，可以采用的温度在75℃以上，压力在25MPa以上，如果采取二次均质，对产品稳定性有更大的帮助。

（七）包装

包装的形式有很多，常用的有：玻璃瓶包装、复合袋包装以及无菌包装等。可以根据计划产量、成品保藏要求、包装设备费用、杀菌方法等因素考虑统筹后选定合适的包装形式。

核桃仁中营养丰富，除了营养价值极高的油脂外，蛋白质含量也占到了24%左右，消化率可达85%左右，是一种良好的蛋白质来源，并且人体所需的8种必需氨基酸含量比例合理，十分接近联合国粮农组织（FAO）和世界卫生组织（WHO）规定的标准。以部分脱脂的核桃仁为原料，研究开发天然植物蛋白饮料，不仅能够使核桃的营养价值得到更大的发挥，而且有利于更好地开发利用核桃蛋白资源。生产各种天然植物蛋白饮料的基本原理，主要是根据各种核果类籽（仁）及油料植物的蛋白的营养与功能特性，经过一定加工工序，避开蛋白质等电点及通过加入各种乳化稳定剂，使之形成一种“蛋白-油脂”、“蛋白-卵磷脂”或“蛋白-油脂-卵磷脂”的均匀乳浊液。与其他饮料相比，对钙、铁吸收不良者来说，核桃乳是更好的食疗选择，对婴幼儿、青少年、老年人有独特疗效，普通人经常食用，也可增强体质、强身健体、抵抗疾病。核桃乳分为全脂核桃乳和脱脂核桃乳两类。全脂核桃乳是直接用核桃仁加工而成的，由于其脂质含量较高，易产生分层现象。脱脂核桃乳是以去除脂肪的核桃蛋白为原料加工而成的，脂质含量较低，故核桃自身的香味不如全脂核桃乳浓郁。现在常用半脱脂核桃蛋白为原料来制作核桃乳，半脱脂核桃乳脂质含量中等，不仅保留了核桃自身的香味，而且性质稳定，不易分层。

二、核桃乳饮料

（一）配方

核桃仁	50 份
复合稳定剂	2.3 份
白砂糖	60 份
软化水	900 份

（二）工艺流程

原料核桃→筛选→漂洗→浸泡→脱皮→磨浆→过滤→灭酶→调配→细磨→均质→灌装→杀菌→冷却→贴标→核桃乳成品

（三）操作要点

核桃：核桃仁的含油率大约为 60%，蛋白含量约为 24%，油脂含量相对高，蛋白含量相对低，使包装后的产品容易出现质量问题。但考虑到使用整个核桃比使用脱脂核桃饼或粕的营养价值高，从产品的营养角度出发，坚持使用核桃为原料。

前处理：挑选籽粒饱满、色泽正常的核桃仁，放入预先配制浓度为 0.4%~0.8%的氢氧化钠溶液中，温度为 60~70℃，浸泡 15~20min，溶液与核桃仁质量比为 2∶1。用大量的清水漂洗至无异味，并使核桃仁脱皮。

磨浆、过滤：将脱皮的核桃仁干燥后，用红外烤箱在 150~160℃温度下加热 5~10min；用清水漂洗核桃仁并调整 pH 为 6.8 以上；加入核桃仁质量 4~6 倍的净化水于 80℃打浆，然后用胶体磨按料液比 1∶3 进行磨浆，将所得浆液过 100 目筛进行浆渣分离。

调配：白砂糖与复合稳定剂混合均匀后加热水溶解，边搅拌边加入核桃浆，同时加入柠檬酸，调香后均质。

均质、杀菌：料液预热到 75℃，在 30MPa 压力的条件下高温均质两次，第一次均质压力为 20~25MPa，第二次均质压力为 35~40MPa。灌装后在高温杀菌锅内按 121℃、15min 进行灭菌，冷却即得成品。

（四）产品质量标准

1. 感官指标

色泽：乳白色。

风味：口感细腻，爽口，具有核桃特有的香味，无异味。

组织状态：稳定均匀的乳浊液，允许有少量的沉淀。

杂质：无肉眼可见的外来杂质。

2. 理化指标

可溶性固形物含量≥6%，蛋白质含量≥0.5%，脂肪含量≥1.5%，砷含量≤0.5mg/kg，铅含量≤1.0mg/kg，铜含量≤10mg/kg，黄曲霉毒素 B_1 含量≤5.0μg/kg。

3. 微生物指标

细菌总数≤100cfu/mL，大肠菌群≤3MPN/100mL，致病菌不得检出。

三、全脂核桃乳饮料

（一）配方

核桃浆液	40%
柠檬酸	适量
白砂糖	5%
海藻酸钠	0.15%
软化水	定容至100%

（二）工艺流程

原料核桃→破壳取仁→脱皮→粗磨→过滤→乳化→精磨→离心分离→调配→均质→灌装→杀菌→冷却→贴标→核桃乳成品

（三）操作要点

去皮：清水浸泡核桃仁4h后手工去皮。

粗磨：用砂轮磨粗磨，料的比例为：核桃仁：水：维生素C：亚硫酸氢钠=1：5：0.0002：0.0001。粗磨浆用80目筛过滤，去滤渣。

乳化：每100份浆液添加0.3份混合磷脂乳化。

精磨：乳化后浆液经胶体磨精磨后过180目筛过滤，滤液即为核桃浆液。

调配：按配方量调配，用柠檬酸调pH至5.0~5.5。

均质：调配好的乳浆升温至60~70℃进行均质，第一次均质压力为20~25MPa，第二次均质压力为35~40MPa。

灌装灭菌：用玻璃瓶灌装，压盖后在高压灭菌釜中灭菌。灌装后在高温杀菌锅内按121℃、15min进行灭菌，冷却即得成品。

（四）产品质量标准

1. 感官指标

色泽：乳白色。

风味：口感细腻，爽口，具有核桃特有的香味，无异味。

组织状态：稳定均匀的乳浊液，允许有少量的沉淀。

杂质：无肉眼可见的外来杂质。

2. 理化指标

可溶性固形物含量≥6%，蛋白质含量≥0.5%，脂肪含量≥1.5%，砷含量≤0.5mg/kg，铅含量≤1.0mg/kg，铜含量≤10mg/kg，黄曲霉毒素 B_1 含量≤5.0μg/kg。

3. 微生物指标

细菌总数≤100cfu/mL，大肠菌群≤3MPN/100mL，致病菌不得检出。

四、脱脂核桃乳饮料

（一）配方

核桃浆液	40%
羟甲基纤维素钠	0.2%
柠檬酸	适量
白砂糖	5%
焦磷酸盐和亚硫酸盐的混合液	0.1%
软化水	定容至 100%

（二）工艺流程

原料核桃→破壳取仁→脱皮→冷榨→部分脱脂核桃仁→粗磨→过滤→精磨→离心分离→调配→均质→灌装→杀菌→冷却→贴标→核桃乳成品

（三）操作要点

去皮：在沸水中煮 2~4min，停止加热后浸泡薄皮发软，立即剥皮。

冷榨脱去部分油脂：利用榨油机冷榨去除 40%~50%的油脂，压榨压力为 98~117MPa，成品中保持适量油脂可以改善产品口感和风味。脱脂量过多，会提高压榨时的压力，导致压榨温度过高，易造成蛋白质变性；脱脂量过少，不能解决脂肪上浮和分层现象。

粗磨：脱去部分油脂的核桃仁送入轧磨机中粗磨，粗磨时添加 3~5 倍量的水。

精磨：磨浆呈均匀状态时送入胶体磨精磨，精磨时添加 0.1%焦磷酸盐和亚硫酸的混合液护色，防止褐变。

调配：按配方量调配，用柠檬酸调 pH 至 5~5.5。

均质：调配好的乳浆升温至 60~70℃进行均质，第一次均质压力为 20~25MPa，第二次均质压力为 35~40MPa。

灌装灭菌：用玻璃瓶灌装，压盖后在高压灭菌釜中灭菌。灌装后在高温杀菌锅内按 121℃、15min 进行灭菌，冷却即得成品。

（四）产品质量标准

1. 感官指标

色泽：乳白色。

风味：口感细腻，爽口，具有核桃特有的香味，无异味。

组织状态：稳定均匀的乳浊液，允许有少量的沉淀。

杂质：无肉眼可见的外来杂质。

2. 理化指标

可溶性固形物含量≥6%，蛋白质含量≥0.5%，脂肪含量≤1.5%，砷含量≤0.5mg/kg，铅含量≤1.0mg/kg，铜含量≤10mg/kg，黄曲霉毒素 B_1 含量≤5.0μg/kg。

3. 微生物指标

细菌总数≤100cfu/mL，大肠菌群≤3MPN/100mL，致病菌不得检出。

五、牛乳核桃乳复合饮料

(一) 配方

核桃浆液、牛乳	40%
柠檬酸	适量
白砂糖	5%
焦磷酸盐和亚硫酸盐的混合液	0.1%
羟甲基纤维素钠	0.2%
软化水	定容至100%

(二) 工艺流程

原料核桃→破壳取仁→脱皮→冷榨→部分脱脂核桃仁→粗磨→过滤→精磨→离心分离→调配→均质→灌装→杀菌→冷却→贴标→核桃乳成品

(三) 操作要点

同“脱脂核桃乳饮料”操作要点。

(四) 产品质量标准

1. 感官指标

色泽：乳白色。

风味：口感细腻，爽口，具有核桃特有的香味，无异味。

组织状态：稳定均匀的乳浊液，允许有少量的沉淀。

杂质：无肉眼可见的外来杂质。

2. 理化指标

可溶性固形物含量≥10%，蛋白质含量≥1.5%，脂肪含量≥3.0%，砷含量≤0.5mg/kg，铅含量≤1.0mg/kg，铜含量≤10mg/kg，黄曲霉毒素 B_1 含量≤5.0μg/kg。

3. 微生物指标

细菌总数≤100cfu/mL，大肠菌群≤3MPN/100mL，致病菌不得检出。

六、关于核桃乳的研究

前处理对核桃乳的加工有着重要影响。据周杏子等人的研究，核桃粕预处理的最佳条件为打浆温度 80℃，打浆料液体积分数为 10%，杀菌温度 115℃，杀菌时间 15min，蔗糖酯添加量 0.3%。

据杨洋等人的研究，通过正交试验，确定核桃糙米饮品配方为：9.0%糙米、3.0%核桃仁、5.0%白砂糖及 1.5%玉米胚芽油，制得的饮品营养丰富、口感良好、香甜适口。产品最佳复配稳定剂配方为：0.2%微晶纤维素、0.03%结冷胶、0.05%单、双甘油脂肪酸酯及 0.15%蔗糖脂肪酸酯，该复配稳定剂可在（37±2）℃下 10d 货架期内，有效控制产品的沉淀与分层现象，并且对控制产品脂肪上浮效果良好。

稳定性是加工制备核桃乳的一个重要因素。杨洋等人认为，必须形成悬浮稳定体系来保证产品货架期的感官品质。他们选择了能形成稳定网络体系的结冷胶配合微晶纤维素来悬浮不溶颗粒，其所形成的网络体系可使糙米纤维及不溶性糊精保持均匀悬浮状态。另外，为获得相对稳定的水包油型乳浊液，选择了对植物油脂乳化性能较好的单、双甘油脂肪酸酯和蔗糖脂肪酸酯作为乳化剂进行复配，提高植物油脂乳化分散性和稳定性，有效防止核桃糙米饮品货架期产生的油水分离、分层及浮油等现象，延长产品货架期。

崔莉等人认为：体系的 pH、颗粒大小及电解质是影响稳定性的主要因素，而通过增大体系的黏度来减小颗粒的沉降速度达到稳定是次要的。核桃蛋白质对热较为敏感，其变性温度为 67.05℃，远远低于其他植物蛋白质的变性温度。核桃蛋白质大部分不溶于水而溶于稀碱溶液。核桃蛋白质的等电点在 5 左右，适当提高温度可促进核桃蛋白的溶解，在 55℃时其溶解度最大。蛋白质的乳化性质与其溶解度密切相关，在低于变性温度时，其乳化能力及乳化稳定性随温度的升高而增加。

陈敢等人的研究认为最佳稳定剂的组合是：海藻酸钠 0.5‰，黄原胶 0.2‰，CMC 0.3‰，GMS+SE 2‰；此组合能很好地保持核桃乳的稳定性及各种性状。

利用蛋白酶将核桃蛋白水解为多肽是现在的讨论热点，蛋白酶水解不仅能够改善核桃的物理化学性质以及功能特性，还有助于人体的消化吸收，使核桃蛋白饮料具有无可比拟的生理活性和营养功能。王文杰等人通过单因素和正交试验设计，得到饮料的最佳配方为：甜蜜素 0.075%，蔗糖 0.037%，山梨糖醇 0.055%，磷酸 0.1%。此时饮料口感较好、风味浓郁、酸甜适宜、组织均匀，更有助于人体的吸收。

陈树俊等人主要对酶解条件和饮料配方进行了研究，得到核桃乳的最佳酶解条件为料液比 1∶0.35（g/mL），果胶酶与纤维素酶以 10∶1 进行复配（果胶酶

450U/g，纤维素酶 45U/g)，于 55℃条件下酶解 90min，经 5000r/min 离心 20min 后油脂得率为 47.66%；饮料配方为蔗糖用量 6%、柠檬酸用量 0.1%、复合稳定剂用量 0.2%、蜂蜜用量 4%。此法生产出的核桃乳蛋白质含量高且核桃风味浓郁，有着良好的市场发展前景。

七、核桃乳饮料的感官评定

感官评定是一种科学的方法，其是运用人的视觉、嗅觉、触觉、味觉和听觉等感觉器官，通过感觉器官引起反应来唤起、衡量、评估、解释样品的方法。对于消费者来说，对食品的感官评定是选择食品最基本的手段。

感官评定实验的实施主要由三个要素构成，分别为感官评定评价员、评定环境（即感官评定实验室）及评定方法。感官评定实验就是把人作为工具，利用人的感官特性对样品进行评价。感官评价员感官的灵敏度和稳定性决定了实验结果的有效性和可靠性。所以这就要求对候选的感官评价员进行选拔和培训，提高评价员的感官敏锐度，从而保障实验结果的准确。此外，感官评定实验室是评价人员进行样品制备、产品检验、结果评定与讨论等活动的重要场所，环境条件也可影响评定结果的客观性和可靠性。这种影响主要包括对评价员心理、生理的影响以及对被检样品的影响。这就要求在建立食品感官评定实验室时，要尽量创造有利的条件，为评价人员提供一个舒适的工作环境，保证感官检验的顺利进行。

GB/T 16291.1—2012《感官分析　选拔、培训与管理评价员一般导则　第 1 部分：优选评价员》中建议评价小组中评价员应不少于 10 人，感官评定是以人为工具来进行试验的方法，评价员自身状况对结果有很大影响，故要经过筛选来确保感官评定试验结论的准确性和可靠性。

食品感官评定的实验环境对评价员的心理和生理以及样品品质判定影响很大。这就要求在建立感官评定实验室时尽量减少可能造成影响的环境因素，尽量避免干扰和分散评价员的注意力，从而确保评价小组得出相对准确的实验结果。对于感官实验室的建设，在 GB/T 13868—2009《感官分析　建立感官评定实验室的一般导则》中做了详细的阐述。交通便利、环境幽静的地区最适宜建立食品感官评定实验室。为了减少对感官评价员的干扰和影响，建立感官评定实验室的地方还要求远离外来气味和噪声且没有环境污染。食品感官评定实验室内部建设是为了给感官评价员提供一个舒适安静、无干扰的工作环境，来缓解评价员的感官疲劳，舒缓心情，使其以最佳的状态来进行评鉴工作，从而减少评价员对样品的误判，提高对样品评价结果的准确性。

需请实验室的 10 名专业人员对核桃乳从味觉、嗅觉、视觉三个方面即核桃乳的色泽、风味、口感、组织状态等进行综合评分。满分为 100 分，具体的评分标准见表 8-1。

表 8-1　　核桃乳感官评价评分标准

项目	评分标准		
色泽（20 分）	色泽协调、乳白色（16~20）	色泽稍浅、淡黄色（10~15）	颜色深黄（<10）
风味（30 分）	有核桃香味，无不良气味（26~30）	香气稍淡，无不良气味（20~35）	有不良气味（<20）
口感（30 分）	具有核桃乳应有的滋味、无异味（26~30）	滋味稍差（10~25）	有异味（<10）
组织状态（20 分）	均匀稳定、无沉淀和脂肪上浮现象（16~20）	少量沉淀和脂肪上浮现象（10~15）	有沉淀和脂肪上浮现象（<10）

八、核桃乳饮料风味物质的测定

对于植物蛋白饮料中风味物质测定的报道较少，气相色谱-质谱联用技术（GC-MS）作为检测和鉴定芳香物质的一种高效、简捷的分析方法，其检测灵敏度与可靠性很大程度上依赖于样品处理方法。顶空固相微萃取（HS-SPME）作为一种无溶剂、简单、快速、方便、经济的样品前处理手段已受到广泛认可。通过 HS-SPME 与 GC-MS 联用的检测技术，可以剖析不同核桃乳产品的挥发性芳香成分特点。

（一）分析方法

蛋白质含量按照 GB 5009. 5—2016 测定；脂肪含量按照 GB/T 14488. 1—2008 测定；可溶性固形物含量用折光计法测定。

（二）结果与分析

（1）正交试验结果分析　核桃乳的口感、色泽和组织状态受到多种因素的影响。本次实验对蔗糖、柠檬酸、复合稳定剂、蜂蜜的添加量 4 个因素进行 L_9（3^4）正交试验，以感官评价值作为指标，找出各因素的最佳添加量，以优化核桃乳饮料的工艺。

核桃乳饮料配方与感官评价趋势如图 8-1 所示，由图 8-1 可知，在试验设计范围内，蔗糖用量对核桃乳饮料的质量影响最大，蜂蜜用量的影响次之，复合稳定剂的用量和柠檬酸的用量再次之。得出的最佳工艺参数条件即蔗糖用量 6%，蜂蜜用量 3%，复合稳定剂用量 0. 3%，柠檬酸用量 0. 1%。

在最佳工艺参数条件下，即蔗糖用量 6%，蜂蜜用量 3%，复合稳定剂用量 0. 3%，柠檬酸用量 0. 1%，感官评价后的得分为 95 分。得分较高，说明以此条件制备的核桃乳饮料色泽、味道及组织状态均达到较好状态。

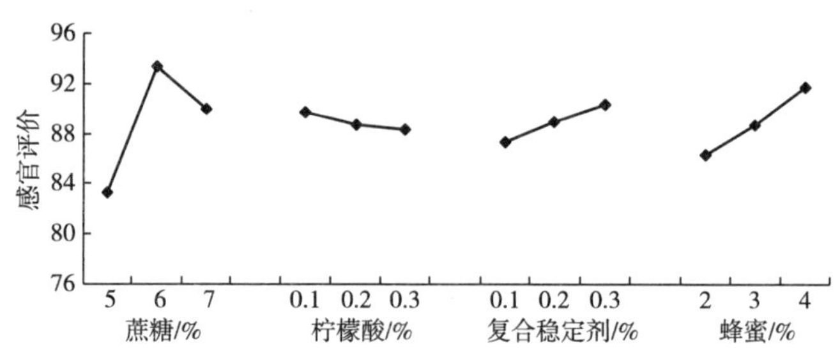

图 8-1 核桃乳饮料配方与感官评价趋势图

（2）核桃乳饮料产品质量检测

感官指标：色泽：乳白色，色泽均匀；气味：具有核桃乳特有的香味，无异味；组织状态：稳定均匀，无肉眼可见的沉淀和上浮物；杂质：无肉眼可见的杂质。

理化指标：蛋白质含量 2%，脂肪含量 10%。

微生物指标：细菌总数 ≤ 100cfu/mL，大肠菌群 ≤ 3MPN/100mL，致病菌（沙门氏菌、志贺氏菌、金黄色葡萄球菌）不得检出。

（3）核桃乳的风味物质 GC-MS 测定

前处理方法：使用固相微萃取处理，萃取头类型 PDMS，使用前在 260℃ 的温度下老化 30min，然后插入样品瓶，40℃ 预热 10min，然后在 40℃ 温度下萃取 40min 后直接进样，解析 3min。

色谱条件：PE Elite-5MS，30m×0.25mm×0.25μm，进样口温度 260℃，不分流进样，0.75min 后打开分流 20mL/min。

程序升温：45℃ 保持 1min，然后以 10℃/min 的速率升到 100℃，不保留，再以 5℃/min 的速率升到 230℃，保留 10min。

质谱条件：溶剂延迟：0.5min，离子源温度：230℃，传输线温度：240℃。

按照 GC-MS 法条件实验，对核桃乳样的顶空收集样品进行 GC-MS 分析，顶空法富集核桃乳样的风味物质总离子流图如图 8-2 所示。

样品测定结果见表 8-2，由表 8-2 可看出，核桃乳样品共定性了 17 种化合物，其中包括 10 种醇类化合物（6 种饱和脂肪醇，4 种不饱和脂肪醇）；1 种酯类（己酸乙酯）；1 种萜烯类化合物（长叶烯）；2 种醛类化合物（壬醛和 2-癸醛）；2 种酮类化合物；1 种酚类化合物。

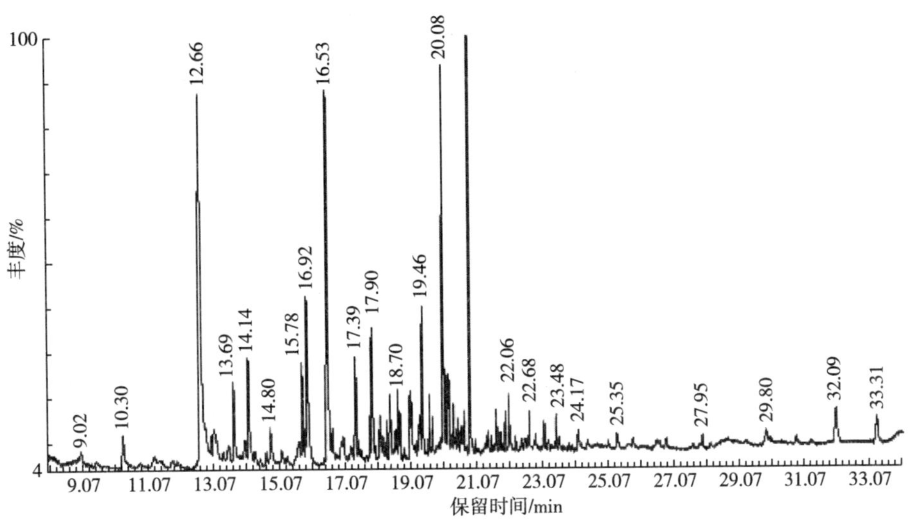

图 8-2 顶空法富集核桃乳样的风味物质总离子流图

表 8-2 **样品测定结果**

分类	序号	样品
醇类	1	异戊醇
	2	正己醇
	3	1-辛烯-3-醇
	4	1-辛醇
	5	癸醇
	6	2,2,4-三甲基-3-戊烯-1-醇
	7	3,7-二甲基-3,6-辛二烯-1-醇
	8	十一醇
	9	2-苯乙醇
	10	2-十二醇
酯类	1	己酸乙酯
萜烯类	1	长叶烯
醛类	1	壬醛
	2	2-癸醛
其他	1	2-己酮
	2	3,5-辛二烯二酮
	3	2,6-二叔丁基对甲基苯酚

（三）结论

（1）以核桃为原料制备核桃乳饮料，经过前处理、磨浆、调配等一系列处理过程，以核桃乳饮料的感官评价分值作为判定指标，衡量蔗糖、柠檬酸、复合稳定剂和蜂蜜用量对其的影响。

（2）最终四种添加剂的用量分别为蔗糖用量6%，蜂蜜用量3%，复合稳定剂用量0.3%，柠檬酸用量0.1%，在此条件下，核桃乳饮料的色泽、气味和组织状态均达到了一个较为理想的状态。此时，核桃乳饮料的蛋白质含量2%，脂肪含量10%。

（3）通过固相微萃取提取核桃乳中的香味物质，GC-MS检测到核桃乳中含有较多的醛酮类、醇类、酯类和一些芳香族化合物，这些化合物可能对核桃乳的香味有一定的呈香贡献。确定了核桃乳中有17种化合物。

第九章　核桃油为基油的专用油脂制取技术

脂肪是人类需要摄取的主要营养元素之一，是人体必不可少的组成部分，人们每天要摄入脂肪，脂肪不仅是机体细胞的燃料和动力源，而且与人体细胞的生长和衰亡有着密不可分的关系，具有许多的重要生理功能。随着社会的发展，人民生活越来越富裕，人们对油脂的需求也越来越要求具有多样化或针对性，对油脂的营养要求也越来越高。核桃的油脂含量高达65%~70%，核桃油是一种高级食用油，新鲜纯正、营养丰富、口感清淡，是儿童发育期、女性妊娠期及产后康复和中老年营养的保健食用油。

第一节　核桃油为基油的婴幼儿营养油制取技术

婴幼儿人群对于油脂的需求与其他人群并不相同，在考虑其能量需求的同时也需要满足其对生长发育的营养需求。人一生中脑部发育最迅速的时期是0~3岁，在这个时间段中，选对脂肪酸对婴幼儿的成长与发育有着极大的好处。必需脂肪酸主要包括两种，一种是ω-3系列的α-亚麻酸，一种是ω-6系列的亚油酸。只要食物中α-亚麻酸供给充足，人体内就可用其合成所需的ω-3系列的脂肪酸，如EPA、DHA。也就是说α-亚麻酸是ω-3系列的前体。同理，亚油酸是ω-6系列的前体。花生四烯酸由亚油酸衍生而来，当合成不足时，必须由食物供给，也可列入必需脂肪酸。不同地域、不同人种的宝宝，出生后补充的营养也不同。中国宝宝在出生后，因为营养摄入的问题，更加需要补充亚麻酸、亚油酸。但是，人体的生理需要和食物营养供给之间需要有平衡关系，只有这样，才能保持营养平衡，才有利于营养素的吸收和利用。如果平衡关系失调，也就是食物营养不适应人体的生理需要，就会对人体健康造成不良的影响。在孕期、婴幼儿时期，必需脂肪酸变得尤其重要：孕期，孕妇需要补充双人份的必需脂肪酸来保证自己、胎儿的健康；宝宝婴幼儿时期，尤其在0.5岁之后，母乳不能提供足够的必需脂肪酸，需要从外界摄取，才能保证宝宝的正常发育和健康成长。

α-亚麻酸是构成人体细胞的核心物质，母体和胎婴儿在摄入α-亚麻酸之后，在多种酶的作用下，通过肝脏代谢为机体的生命活性因子DHA和EPA，对婴幼儿大脑发育十分重要。当婴幼儿缺少亚麻酸时，就会表现为智力和视力的发育低于其他正常宝宝。而孕妇缺少亚麻酸时，容易导致胎儿智力偏低和流产。

中国营养学会“膳食营养素参考摄入量”专家委员会作为中国营养学界的学术权威机构，在查阅了国内外大量文献资料的基础上，结合我国居民膳食构成及脂肪酸摄入的实际情况，在《中国居民膳食营养素参考摄入量》中提出建议，通过膳食摄入总脂肪酸中的多不饱和脂肪酸中 ω-6/ω-3 的适宜比值为（4~6）：1。则人体通过食用油摄入脂肪酸以 ω-6/ω-3=（4~6）：1 为最佳，目前这是我国最具权威和公认的推荐值。

DHA 藻油添加量：①2011 年国家批准的新资源食品中 DHA 藻油的推荐食用量为≤300mg/d，DHA 藻油国际标准推荐摄入量为 160~400mg/d；②据权威机构调查可知，我国居民每日从食物中直接摄入的纯 DHA 量仅为约 40mg/d；③中国营养学会推荐我国居民的油脂摄入量为 30g/d。

按照最低标准计算，即每人每天的 DHA 藻油摄入量最少为 120mg/d（以纯 DHA 计），占每日油脂摄入量的 0.4%。

核桃油不饱和脂肪酸含量≥92%，亚油酸（ω-6）≥56%、亚麻酸（ω-3）≥14%，富含天然维生素 A、维生素 D 等营养物质，酸度≤0.5，口感清淡无异味，易被消化吸收，特别适合婴幼儿。

亚麻籽油含有丰富的 ω-3 不饱和脂肪酸，含量高达 57%，是目前已知陆地上 ω-3 不饱和脂肪酸含量最高的植物之一。因而，亚麻籽油被认为是陆地上最补脑的天然食物，它对婴幼儿的智力发育、青少年提高记忆力、中老年健脑以及预防老年痴呆具有重要的作用。亚麻籽油中不饱和脂肪酸中 ω-3 系列（α-亚麻酸）和 ω-6 系列（γ-亚麻酸）之比接近（4~6）：1，对孕妇和婴幼儿特别有益，因此亚麻籽油也俗称月子油和聪明油。

橄榄油是最适合婴儿食用的油类。婴儿一半的热量来自于母乳中的油脂，在断奶后，所需要的热量就要通过饮食中的油脂获得。橄榄油营养成分中含有人体不能合成的亚麻酸和亚油酸，二者的比值与母乳极为相似，且极易吸收，能促进婴幼儿神经和骨骼的生长发育，是婴幼儿极佳的营养品。

DHA 藻油的主要成分为享有“脑黄金”俗称的 DHA，其是大脑皮层和视网膜的重要组成部分，是人体智力发育和视力形成所不可缺少的营养成分。DHA 是神经系统细胞生长及维持的一种主要元素，是大脑和视网膜的重要构成成分，在人体大脑皮层中含量高达 20%，在眼睛视网膜中所占比例最大约占 50%。体内 DHA 含量高者的心理承受力强、智力发育指数高，而缺乏时可引发一系列症状，包括生长发育迟缓、皮肤异常鳞屑、不育、智力障碍等，孕妇缺乏时还可能导致胎儿失明。在婴幼儿时期，除了以上大脑发育外，DHA 还对视网膜光感细胞的成熟有重要作用。通过补充大量的 DHA，可以使婴幼儿大脑、视网膜的神经细胞成熟度提高。有科学家进行了进一步研究证实，缺乏 DHA 会影响婴幼儿脑组织和视网膜的发育及其功能，而在发育期适量补充 DHA，对脑神经细胞间突触联系的增加以及智力发育都是很有益处的。

综合以上考虑，我们选择核桃油、亚麻籽油、橄榄油和 DHA 藻油四种调和成以核桃油为基油的婴幼儿营养油。

一、材料与方法

（一）原料用油的选择

核桃油：由云南摩尔农庄生物科技开发有限公司提供；

亚麻籽油：锡林郭勒盟红井源油脂有限责任公司提供；

橄榄油：原产国：西班牙，莱阳鲁花浓香花生油有限公司（分装）；

DHA 藻油：以嘉必优（武汉）生物工程有限公司用裂壶藻（*Schizochytrium*）发酵法生产的 DHA 藻油（DHA 含量≥40%），符合 GB 26401—2011 标准。此油作为制备原料之一。

（二）主要试剂

37 种脂肪酸甲酯混标：购自上海安谱科学仪器有限公司；正己烷、无水甲醇、氢氧化钾（色谱纯）；乙醚、石油醚、苯（分析纯）；三氟化硼（化学纯）。

（三）主要仪器与设备

Agilent GC7890A-MS5975C 气相色谱质谱联用仪；SK-1 旋涡混匀器；SBL-30DT 恒温超声脱气机，宁波新芝生物科技股份有限公司；AL104 电子分析天平，美国奥豪斯贸易公司。

（四）主要方法

1. 原料用油基本理化性质检测

对所用植物原料油进行基本理化性质的检测，包括：①气味、滋味、透明度测定；②折射率的测定；③水分及挥发物测定；④酸价的测定；⑤植物油加热实验；⑥碘值的测定；⑦皂化值的测定；⑧不皂化物的测定；⑨磷脂含量的测定；⑩过氧化值测定。

2. 原料用油脂肪酸组成及含量测定

样品前处理：准确称取油样产品 0. 100g 于 10mL 具塞试管中，然后向试管中加入 4mL 正己烷溶液，将溶液充分混合后加入 1mL KOH-甲醇溶液，摇晃试管，使其充分反应。将具塞试管放置在旋涡混合器上混合至溶液无色，室温静置 40min，移取上清液待测。

色谱条件：进样口和检测器的温度分别为 270℃ 和 280℃，进样量 1. 0μL，分流进样，分流比 10∶1，载气为高纯 N_2。程序升温过程：130℃ 保持 1min，然后以 6. 5℃/min 升到 170℃，保持 1min，再以 2. 7℃/min 升到 215℃，保持

12min，再以 4.0℃/min 升到 230℃，保持 3min；载气（N_2）压力：68.9kPa；氢气流速：30mL/min，空气流速：300mL/min。脂肪酸的百分含量用面积归一化的方法确定（以峰值面积的百分比表示）。

纯含量≥45%，通过计算可得 DHA 藻油添加量约为 0.8%，即该产品中 DHA 纯含量为 4000mg/L。

3. 动物实验

将配制的婴儿营养油喂样 SD 大鼠，以核桃油为阴性对照，SD 大鼠被随机分成 2 组，每组 6 只。喂养量为：1mL/(kg·d)。

所有 SD 大鼠均在武汉大学实验动物中心饲养，饲养环境为“屏障”级别。SD 大鼠，先观察 2d，未见老鼠异常，活动正常，称初始重量后饲喂。实验期间，观察动物的生长发育及行为学特征，每天由饲养人员观察大鼠的饲食、活动、睡眠的状况，同时观察受试 SD 大鼠的生长发育情况，并测定 SD 大鼠的体重。直到饲养 8 周后，麻醉后抽血。抽血后，宰杀试验 SD 大鼠，并取出脑、眼、心、肝等组织，经处理，保存冰箱备用。

二、结果与分析

（一）相关植物油原料理化性质检测

本部分对核桃油、橄榄油、亚麻籽油等植物食用油相关理化性质进行检测，3 种植物油脂原材料理化指标检测见表 9-1，结果表明这 3 种植物食用油相关指标均符合国家相关标准。

表 9-1　　3 种植物油脂原材料理化指标检测

名称	核桃油	橄榄油	亚麻籽油
气味、滋味及透明度	具有核桃油固有的香味和滋味，口感好，澄清透明	具有橄榄油固有的香味和滋味，无异味，澄清透明	具有亚麻籽油固有的香味和滋味，无异味，澄清透明
罗维朋比色计法 133.4mm 槽及加热实验后	黄：30 红：1.1 加热实验 黄：30 红：1.3	黄：28 红：3.1 加热实验 黄：28 红：3.3	黄：30 红：0.2 加热实验 黄：30 红：0.4
折射率（n^{40}）	1.474	1.467	1.482
碘值/(g/100g)	156.55	84.31	184.36
皂化值/(mg/g)	185.68	190.32	192.36

续表

名称	核桃油	橄榄油	亚麻籽油
不皂化物/(g/kg)	3.78	3.12	3.08
不溶性杂质/%	0.042	0.043	0.045
水分及挥发物/%	0.013	0.012	0.010
过氧化值/(mmol/kg)	3.86	3.07	4.00
酸价/(mg KOH/g)	0.246	0.194	0.820
磷脂/(mg/g)	0.046	2.117	2.504

(二) 原料用油的脂肪酸成分及其含量

1. DHA 藻油的脂肪酸组成

本项目所用 DHA 藻油为嘉必优生物技术（武汉）股份有限公司生产所得，其脂肪酸组成及含量见表 9-2。可以看出，DHA 藻油中的主要成分为 DHA，且含量高达 48.35%，符合食品国家安全标准的相关要求（GB 26400—2011）。

表 9-2　　DHA 藻油脂肪酸组成及含量

脂肪酸名称	简写	各脂肪酸含量/%
肉豆蔻酸	$C_{14:0}$	4.06
棕榈酸	$C_{16:0}$	13.31
硬脂酸	$C_{18:0}$	0.33
亚油酸	$C_{18:2}$	0.42
二十二碳五烯酸	$C_{22:5}$	21.73
二十二碳六烯酸	$C_{22:6}$	48.35

2. 3 种植物食用油的脂肪酸组成

3 种植物食用油经甲酯化后，将获得的甲酯化样品进行 GC-MS 分析，最终得到它们的总离子流图谱。3 种原料用油脂肪酸成分及其含量见表 9-3。

表 9-3　　3 种植物食用油脂肪酸组成及其含量

种类	棕榈酸/%	硬脂酸/%	油酸/%	亚油酸/%	亚麻酸/%
核桃油	6.7	2.5	24.7	57.2	8.9
亚麻籽油	5.2	3.8	23.1	16.1	51.9
橄榄油	9.6	3.7	77.3	8.5	0.8

可以看出，3种植物食用油均由饱和脂肪酸（如棕榈酸、硬脂酸）、单不饱和脂肪酸（如油酸）和多不饱和脂肪酸（如亚油酸、亚麻酸）所构成，但饱和脂肪酸所占比例较少，为9%~18.5%，大部分为不饱和脂肪酸。亚油酸和亚麻酸是人体所必需脂肪酸，其中核桃油中亚油酸含量最高（57.2%），对于亚麻酸而言，含量最高的为亚麻籽油（占51.9%）。

（三）最终配方的确定

以核桃油为基油的婴幼儿营养油的最终配方见表9-4。

表9-4　以核桃油为基油的婴幼儿营养油的最终配方

	核桃油/%	亚麻籽油/%	橄榄油/%	DHA/%	ω-3：ω-6
婴幼儿营养油	80	10	8.4	1.6	1：5.3

（四）婴幼儿营养油的理化性质检测报告

以核桃油为基油的婴幼儿营养油的理化性质检测报告见表9-5。

表9-5　以核桃油为基油的婴幼儿营养油的理化性质检测报告

项目	水分及挥发物/%	酸价/（mg KOH/g）	过氧化值/（mmol/kg）	碘值/（g/100g）	皂化值/（mg/g）	不皂化物/（g/kg）	色泽/（25.4mm）	不溶性杂质/%
指标	0.03	0.51	5.11	154.6	195	0.29	色黄30.1 色红2.0	0.04

（五）婴幼儿营养油的脂肪酸检测报告

以核桃油为基油的婴幼儿营养油的脂肪酸检测报告见表9-6。

表9-6　以核桃油为基油的婴幼儿营养油的脂肪酸检测报告　单位：%

脂肪酸组成	婴幼儿营养油	脂肪酸组成	婴幼儿营养油
豆蔻酸	0.2	亚油酸	50.3
棕榈酸	6.7	γ-亚麻酸	0.8
棕榈一烯酸	0.2	α-亚麻酸	11.1
十七碳烷酸	0.1	花生酸	0.2
十七碳一烯酸	0.1	花生一烯酸	0.2
硬脂酸	2.4	花生二烯酸	0.1
油酸	25.6	DHA	1.5

（六）婴幼儿营养油的生理活性

1. SD 大鼠大脑前区皮层超薄切片的形态结构

SD 大鼠大脑前区皮层显微结构如图 9-1 所示。从图 9-1 可以看出，神经元细胞形态有明显差异。在图 9-1（2）中，细胞排列紧密，细胞边缘清晰，细胞内核体着色深且很清楚；而在图 9-1（1）中，细胞边缘有点模糊，细胞大，核体小，整个着色不清晰。这说明了用婴幼儿营养油饲喂的 SD 大鼠脑细胞生长旺盛，年轻有活力；而在核桃油的对照中 SD 大鼠的大脑皮层细胞生长停滞、衰老。另外，在 SD 大鼠大脑前区皮层的神经元突触间隙也有明显差异；在图 9-1（2）中，箭头所指神经元突触间隙在单位空间内的数量明显多于图 9-1（1）中箭头所指的数量；这也表明用婴幼儿营养油饲喂的 SD 大鼠大脑前区皮层神经元细胞，其比正常饲喂的 SD 大鼠大脑前区皮层的神经细胞具有活力、年青、延缓衰老的特征。除此之外还有助于神经冲动传导、释放和交换更多的化学传递物质，刺激靶细胞反应，使神经元细胞间建立更多的离子通道，最终达到神经细胞年轻活力，从而提高 SD 大鼠神经传导效率，加强神经对肌肉及其他组织的控制能力。

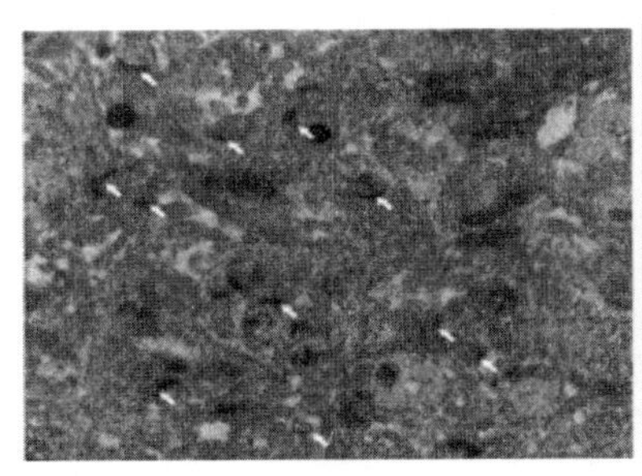

(1) 核桃油

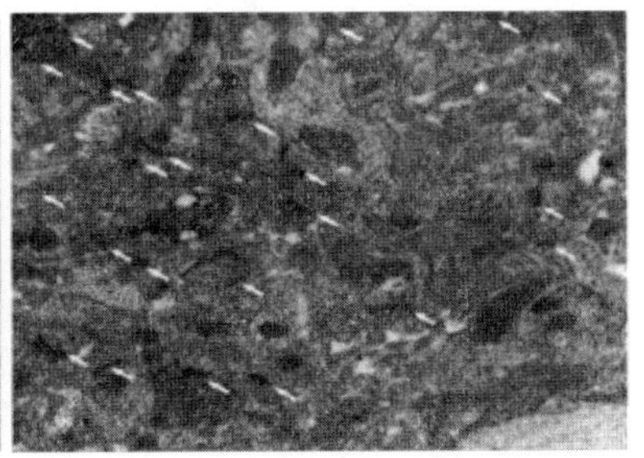

(2) 婴幼儿营养油

图 9-1　大鼠大脑前区皮层显微结构

2. SD 大鼠视网膜的超微形态结构

在阴性对照组中，从如图 9-2 中可以看出，视细胞不规则形，细胞核曾近圆形或椭圆形，核边缘清晰，核质分布不均匀，锥状细胞、杆状细胞边缘不整齐，呈衰老状，而在图 9-3 可见外丛层（1）及节细胞层（2）。从图 9-3 可以看出视网膜结构不够完整。

在婴幼儿营养油组中，可见视网膜的典型完整结构，如图 9-4（1）所示，图中可见色素上皮层、视细胞层，包括杆状、锥状细胞，细胞排列紧密有活力。锥体细胞螺旋纹路清晰，杆状细胞清晰可见。同时视网膜大细胞排列有序，边缘整齐，如图 9-4（2）所示，具有年青活力的特征。

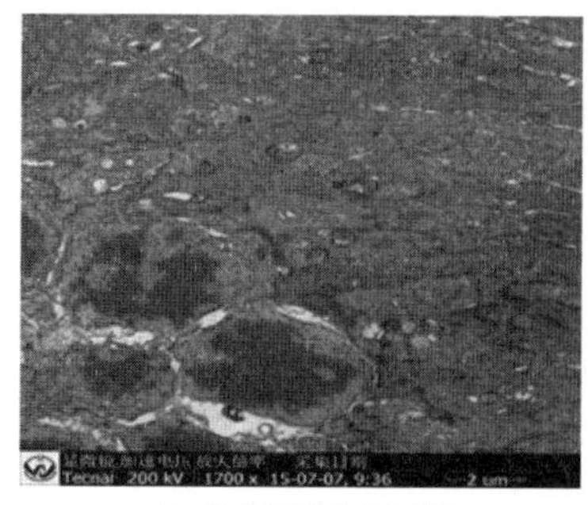

(1) 放大倍数为1700倍

(2) 放大倍数为3500倍

图 9-2　阴性对照组 SD 大鼠视网膜细胞超微结构图

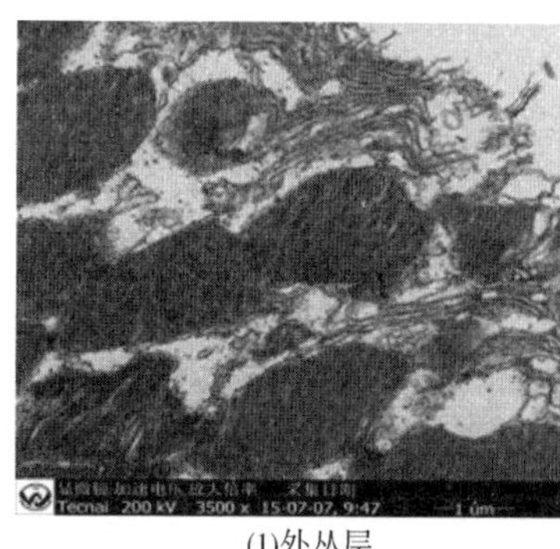

(1)外丛层

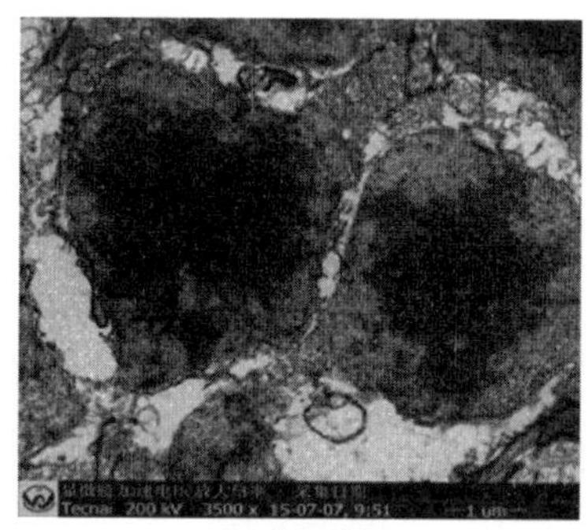

(2)节细胞层

图 9-3　阴性对照组 SD 大鼠视网膜结构不完整

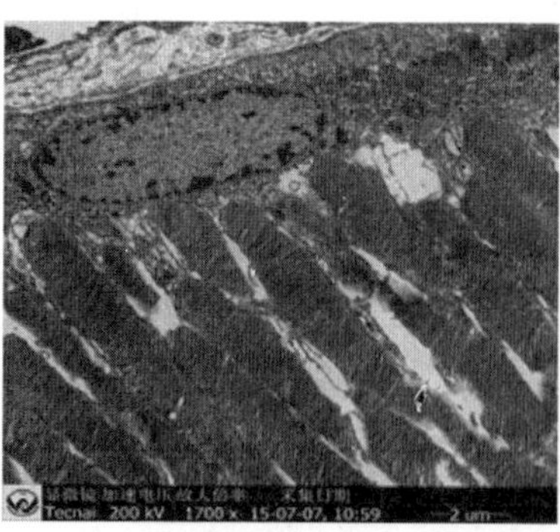

(1) 放大倍数为1700倍

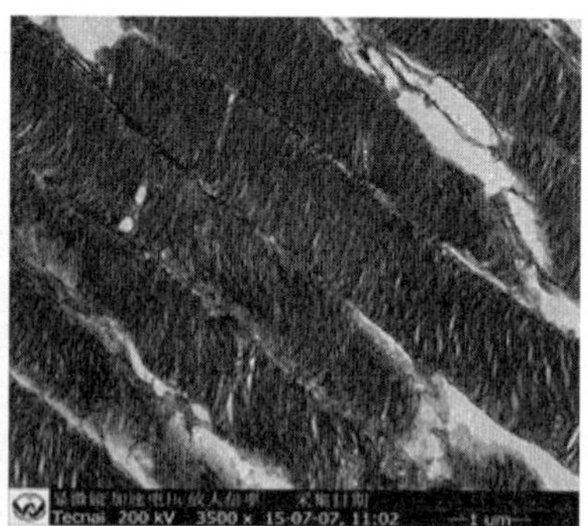

(2) 放大倍数为3500倍

图 9-4　婴幼儿营养油组 SD 大鼠视网膜细胞超微结构图

三、小结

（1）对三种原料用油及 DHA 藻油按照国标进行了基本理化性质的检测，理化指标均满足国家标准，可作为原料用油添加使用。

（2）综合所有配方设计依据，通过计算机科学计算，我们得到了婴幼儿营养油，其配方为：核桃油：亚麻籽油：橄榄油：DHA 藻油 = 80：10：8.4：1.6。此配方对促进儿童尤其婴幼儿的智力发展，维持神经系统正常机能的运转大有好处。

（3）通过对以核桃油作为基油的成品油进行基本理化指标检测、脂肪酸组成及其含量检测和稳定性试验，可知其各项指标都满足食用调和油国家标准，各种脂肪酸构成比例满足了婴幼儿对膳食脂肪酸的营养需求。

（4）以 SD 大鼠为实验对象，研究结果表明婴幼儿营养油具有生物安全性，有利于大脑和视网膜细胞的发育。

第二节　核桃油为基油的孕妇营养油制取技术

孕妇怀孕期是需要加强营养的特殊生理时期，因为胎儿生长发育所需的所有营养素均来自母体，孕妇本身需要为分娩和分泌乳汁储备营养素，所以，保证孕妇孕期营养状况维持正常，对于妊娠过程及胎儿、婴儿的发育，均有很重要的作用。

亚麻籽油内富含 ω-3，ω-3 属于必需不饱和脂肪酸，就是对人体极其重要，但自身又无法合成，必须通过体外摄取才能满足人体所需的重要物质。亚麻籽油含有丰富的 ω-3，含量高达 56%以上。ω-3 被吸收之后，根据身体需要代谢生成 DHA，因此被称为“液体黄金”。现代生命科学研究证实，ω-3 是构成人体细胞的核心物质，孕妇通过胎盘，产妇则通过乳汁将摄入的 ω-3 及代谢物 DHA 和 EPA 传送给胎儿或婴儿。大脑的分化主要是在出生前完成的，尤其在妊娠末三个月和出生后头几周，是脑组织快速合成期，因此，在这一时期孕、产妇摄入足量的 ω-3，胎儿或婴儿的脑神经细胞和视神经细胞发育好、数目多、功能强。ω-3 还能促进胎、婴儿身体机能和形体发育，特别是对发育不良的胎儿和早产儿，能促使他们的机能发育达到正常水平。除此之外，经美国食品与药物监督管理局（FDA）认证，ω-3 具有如下功能：①预防胎儿畸形和先天发育不良；②减轻妊娠反应，减少妊娠纹；③促进泌乳，提高乳汁营养质量；④预防妊娠性糖尿病、便秘等；⑤预防产后抑郁症；⑥增强孕产妇身体抵抗力；⑦控制孕产妇体重，促进产后皮肤和体形的恢复。

α-亚麻酸是胎婴儿大脑重要物质原料。现代生命科学研究证实，α-亚麻酸是构成人体细胞的核心物质，母体和胎婴儿在摄入 α-亚麻酸之后，在多种酶的作用下，通过肝脏代谢为机体的生命活性因子 DHA（二十二碳六烯酸）和 EPA（二十碳五烯酸）。大脑的分化主要是在出生前完成的，尤其在妊娠末三个月和出生后头几周，是脑组织快速合成期，80%～90%的认知能力取决于生前的发育。胎儿期大脑迅速生长发育时，通过快速的脱饱和碳链延长和渗入作用，胎儿或婴儿从母体摄入 α-亚麻酸迅速转并渗入磷脂供大脑的正常发育需要。孕妇能够摄入足额的 α-亚麻酸，胎儿的脑神经细胞发育好、功能强，婴儿的脑神经胶质细胞就多、生长就好。出生后的乳儿如果缺少含 α-亚麻酸，乳儿视网膜的磷脂质中 DHA 含量会减少一半，大脑灰白质减少 1/4，严重影响乳儿的视力。α-亚麻酸还能促进胎婴儿的机能和形体发育，特别是对发育不良的胎儿和早产儿，能促使他们的机能发育达到正常水平，同时对孕产妇的产后体形也有重要影响。因此，保证怀孕及哺乳期 α-亚麻酸的摄取对于促进胎婴儿脑的发育是十分重要的。

茶叶籽油的脂肪酸组成比例与橄榄油、油茶籽油最为相似，但是茶叶籽油富含具有特征指标的天然茶多酚。这些物质能够调节免疫活性细胞，增强免疫功能，消除人体自由基，具有很高的抗氧化、抗衰老、防“三高”等功能。同时，茶叶籽油对孕产妇具备特殊功效，能补充妊娠期内胎儿机体生长发育及母体多组织的增加和物质储备，可温补气血，促进产后内分泌机能恢复，防止产后筋骨酸痛。在民间，人们在传统的饮食习惯中总结出：孕妇在孕期食用茶叶籽油不仅可以增加母乳，而且对胎儿的正常发育十分有益。

孕期，DHA 能优化胎儿大脑锥体细胞的磷脂的构成成分。胎儿满 5 个月后，因为胎教而对胎儿的听觉、视觉、触觉进行刺激，则会引起胎儿大脑皮层感觉中枢的神经元增长更多的树突，这就需要母体同时供给胎儿更多的 DHA。怀孕期是人体生长至关重要的一个环节，此时是胎儿大脑中枢的神经元分裂和成熟时期，也是对 DHA 需求量最多的时期。孕妇在妊娠期间摄入足量 DHA，对促进胎儿大脑发育、脑细胞的增殖及视网膜的发育具有重要作用，能促进胎儿发育，提高宝宝智商，对孕期长短和预防孕产期抑郁症也具有重要作用。

因此，我们选用核桃油、茶叶籽油、亚麻籽油和 DHA 藻油作为以核桃油为基油的孕妇营养油的组成来进行调和。

一、材料与方法

（一）原料用油的选择

核桃油：由云南摩尔农庄生物科技开发有限公司提供；

亚麻籽油：锡林郭勒盟红井源油脂有限责任公司提供；

茶叶籽油：贵州泰谷农业科技有限公司提供；

DHA 藻油：以嘉必优（武汉）生物工程有限公司用裂壶藻（*Schizochytrium*）发酵法生产的 DHA 藻油（DHA 含量≥40%），符合 GB 26401—2011 标准。此油作为制备原料之一。

（二）主要试剂

37 种脂肪酸甲酯混标：购自上海安谱科学仪器有限公司；正己烷、无水甲醇、氢氧化钾（色谱纯）；乙醚、石油醚、苯（分析纯）；三氟化硼（化学纯）。

（三）主要仪器与设备

Agilent GC7890A-MS5975C 气相色谱质谱联用仪；SK-1 旋涡混匀器；SBL-30DT 恒温超声脱气机，宁波新芝生物科技股份有限公司；AL104 电子分析天平，美国奥豪斯贸易公司。

（四）主要方法

1. 原料用油基本理化性质检测

对所用植物原料油进行基本理化性质的检测，包括：①气味、滋味、透明度测定；②折射率的测定；③水分及挥发物测定；④酸价的测定；⑤植物油加热实验；⑥碘值的测定；⑦皂化值的测定；⑧不皂化物的测定；⑨磷脂含量的测定；⑩过氧化值测定。

2. 原料用油脂肪酸组成及含量测定

样品前处理：准确称取油样产品 0.100g 于 10mL 具塞试管中，然后向试管中加入 4mL 正己烷溶液，将溶液充分混合后加入 1mL KOH-甲醇溶液，摇晃试管，使其充分反应。将具塞试管放置在旋涡混合器上混合至溶液无色，室温静置 40min，移取上清液待测。

色谱条件：进样口和检测器的温度分别为 270℃和 280℃，进样量 1.0μL，分流进样，分流比 10∶1，载气为高纯 N_2。程序升温过程：130℃保持 1min，然后以 6.5℃/min 升到 170℃，保持 1min，再以 2.7℃/min 升到 215℃，保持 12min，再以 4.0℃/min 升到 230℃，保持 3min；载气（N_2）压力：68.9kPa；氢气流速：30mL/min，空气流速：300mL/min。脂肪酸的百分含量用面积归一化的方法确定（以峰值面积的百分比表示）。

纯含量≥45%，通过计算可得 DHA 藻油添加量约为 0.8%，即该产品中 DHA 纯含量为 4000mg/L。

3. 动物实验

将配制的孕妇营养油喂样 SD 大鼠，以核桃油为阴性对照，SD 大鼠被随机分成 2 组，每组 6 只。喂养量为：1mL/(kg · d)。

所有 SD 大鼠均在武汉大学实验动物中心饲养，饲养环境为“屏障”级别。SD 大鼠，先观察 2d，未见老鼠异常，活动正常，称初始重量后饲喂。实验期间，观察动物的生长发育及行为学特征，每天由饲养人员观察大鼠的饲食、活动、睡眠的状况，同时观察受试 SD 大鼠的生长发育情况，并测定 SD 大鼠的体重。直到饲养 8 周后，麻醉后抽血。抽血后，宰杀试验 SD 大鼠，并取出脑、眼、心、肝等组织，经处理，保存冰箱备用。

二、结果与分析

（一）相关植物油原料理化性质检测

本部分对核桃油、茶叶籽油、亚麻仁油等植物食用油相关理化性质进行检测，表 9-7 显示这 3 种植物食用油相关指标均符合国家相关标准。

表 9-7　　3 种植物油脂原材料理化指标检测

名称	核桃油	茶叶籽油	亚麻籽油
气味、滋味及透明度	具有核桃油固有的香味和滋味，口感好，澄清透明	具有茶叶籽油固有的香味和滋味，口感好，澄清透明	具有亚麻籽油固有的香味和滋味，无异味，澄清透明
罗维朋比色计法 133.4mm 槽及加热实验后	黄：30 红：1.1 加热实验 黄：30 红：1.3	黄：29 红：1.7 加热实验 黄：29 红：1.9	黄：30 红：0.2 加热实验 黄：30 红：0.4
折射率（n^{40}）	1.474	1.465	1.482
碘值/(g/100g)	156.55	88.50	184.36
皂化值/(mg/g)	185.68	189.70	192.36
不皂化物/(g/kg)	3.78	7.56	3.08
不溶性杂质/%	0.042	0.046	0.045
水分及挥发物/%	0.013	0.018	0.010
过氧化值/(mmol/kg)	3.86	2.99	4.00
酸值/(mg KOH/g)	0.246	0.5	0.820
磷脂/(mg/g)	0.046	1.751	2.504

（二）原料用油的脂肪酸成分及其含量

1. DHA 藻油的脂肪酸组成

本项目所用 DHA 藻油为嘉必优生物技术（武汉）股份有限公司生产所得，DHA 藻油脂肪酸组成及含量见表 9-8。可以看出，DHA 藻油中的主要成分为 DHA，且含量高达 48.35%，符合食品国家安全标准的相关要求（GB 26400—2011）。

表 9-8　　DHA 藻油脂肪酸组成及含量

脂肪酸名称	简写	各脂肪酸含量/%
肉豆蔻酸	$C_{14:0}$	4.06
棕榈酸	$C_{16:0}$	13.31
硬脂酸	$C_{18:0}$	0.33
亚油酸	$C_{18:2}$	0.42
二十二碳五烯酸	$C_{22:5}$	21.73
二十二碳六烯酸	$C_{22:6}$	48.35

2.3 种植物食用油的脂肪酸组成

3 种植物食用油经甲酯化后，将获得的甲酯化样品进行 GC-MS 分析，最终得到它们的总离子流图谱。3 种原料用油脂肪酸成分及其含量见表 9-9。

表 9-9　　3 种植物食用油脂肪酸组成及其含量

种类	棕榈酸/%	硬脂酸/%	油酸/%	亚油酸/%	亚麻酸/%
核桃油	6.7	2.5	24.7	57.2	8.9
亚麻籽油	5.2	3.8	23.1	16.1	51.9
茶叶籽油	15.2	3.3	60.3	19.9	—

可以看出，3 种植物食用油均由饱和脂肪酸（如棕榈酸、硬脂酸）、单不饱和脂肪酸（如油酸）和多不饱和脂肪酸（如亚油酸、亚麻酸）所构成，但饱和脂肪酸所占比例较少，为 9%～18.5%，大部分为不饱和脂肪酸。亚油酸和亚麻酸是人体所必需脂肪酸，其中核桃油中亚油酸含量最高（57.2%）；对于亚麻酸而言，含量最高的为亚麻籽油（占 51.9%）。

（三）最终配方的确定

以核桃油为基油的孕妇营养油的最终配方见表 9-10。

表 9-10　　以核桃油为基油的孕妇营养油的最终配方

	核桃油/%	亚麻籽油/%	茶叶籽油/%	DHA/%	ω-3 : ω-6
孕妇营养油	80	10	9.2	0.8	1 : 5.5

（四）孕妇营养油的理化性质检测报告

以核桃油为基油的孕妇营养油的理化性质检测报告见表 9-11。

表 9-11 以核桃油为基油的孕妇营养油的理化性质检测报告

项目	水分及挥发物/%	酸价/(mg KOH/g)	过氧化值/(mmol/kg)	碘值/(g/100g)	皂化值/(mg/g)	不皂化物/(g/kg)	色泽(25.4mm)	不溶性杂质/%	维生素 E/(mg/kg)
指标	0.05	0.54	6.34	149.6	194	0.55	色黄 30.0 色红 1.9	0.04	267.4

(五) 孕妇营养油的脂肪酸检测报告

以核桃油为基油的孕妇营养油的脂肪酸检测报告见表 9-12。

表 9-12 以核桃油为基油的孕妇营养油的脂肪酸检测报告

脂肪酸组成	孕妇营养油	脂肪酸组成	孕妇营养油
豆蔻酸/%	0.1	亚油酸/%	51.7
棕榈酸/%	7.0	γ-亚麻酸/%	0.8
棕榈一烯酸/%	0.1	α-亚麻酸/%	11.3
十七碳烷酸/%	0.1	花生酸/%	0.1
十七碳一烯酸/%	—	花生一烯酸/%	0.3
硬脂酸/%	2.4	花生二烯酸/%	0.1
油酸/%	24.8	DHA/%	0.7

(六) 孕妇营养油对肝功能生理活性的影响

反映过氧化程度的最常用的一对指标是超氧化歧化酶（SOD）与丙二醛（MDA），常常被用来配合使用。通常认为当给予动物日粮氧化应激，如饲喂含 PUFA 较高的日粮时，会导致机体抗氧化性能的改变，“补偿性”地诱导动物内源抗氧化酶活性增加。孕妇营养油对肝脏相关指标的影响见表 9-13。

表 9-13 孕妇营养油对肝脏相关指标的影响

组别	SOD/(U/mg)	MDA/(U/mg)
阴性对照组	66.088±12.628	7.729±1.353
孕妇营养油	76.007±6.847	3.533±1.750

本实验结果表明孕妇营养油对大鼠肝组织抗氧化性有明显的提高，对机体过氧化也有一定的抑制作用。当喂养 8 周时，孕妇营养油能显著提高大鼠肝组织 SOD 活性，显著降低 MDA 含量，说明能够提高大鼠肝组织抗氧化活性并抑制过氧化。

三、小结

（1）对三种原料用油及 DHA 藻油按照国标进行了基本理化性质的检测，理化指标均满足国家标准，可作为原料用油添加使用。

（2）综合所有配方设计依据，通过计算机科学计算，我们得到了孕妇营养油，其配方为：核桃油：亚麻籽油：茶叶籽油：DHA 藻油 = 80：10：9.2：0.8。孕前和怀孕的女性食用，可保证母体体内所需的不饱和脂肪酸的含量，特别是 α-亚麻酸的储存含量和 DHA 的含量，能够促进胎儿大脑的发育和脑细胞的增殖，有利于提高孩子的智商。

（3）通过对以核桃油作为基油的成品油进行基本理化指标检测、脂肪酸组成及其含量检测和稳定性试验，可知其各项指标都满足食用调和油国家标准，各种脂肪酸构成比例满足了孕妇对膳食脂肪酸的营养需求。

（4）以 SD 大鼠为实验对象，研究结果表明孕妇营养油能够提高机体抗氧化的能力。

第三节　核桃油为基油的中老年营养油的制取技术

进入中老年的人生理上会表现出新陈代谢放缓、抵抗力下降、生理机能下降等特征，心脑血管疾病、记忆力减退都会明显地出现在中老年人群的身上。想要减缓这些症状，平时的饮食，营养的摄取是至关重要的。

中国营养学会“膳食营养素参考摄入量”专家委员会作为中国营养学界的学术权威机构，在查阅了国内外大量文献资料的基础上，结合我国居民膳食构成及脂肪酸摄入的实际情况，在《中国居民膳食营养素参考摄入量》中提出建议，通过膳食摄入总脂肪酸中的多不饱和脂肪酸中 ω-6/ω-3 的适宜比值为（4~6）：1。则人体通过食用油摄入脂肪酸以 SFA：MUFA：PUFA≈1，ω-6/ω-3 =（4~6）：1 为最佳，目前这是我国最具权威和公认的推荐值。

DHA 藻油添加量：①2011 年国家批准的新资源食品中 DHA 藻油的推荐食用量为≤300mg/d，DHA 藻油国际标准推荐摄入量为 160~400mg/d；②据权威机构调查可知，我国居民每日从食物中直接摄入的纯 DHA 量仅为约 40mg/d；③中国营养学会推荐我国居民的油脂摄入量为 30g/d。按照最低标准计算，即每人每天的 DHA 藻油摄入量最少为 120mg/d（以纯 DHA 计），占每日油脂摄入量的 0.4%。

亚麻籽油含有丰富的亚麻酸（其含量可达到 57%）。亚麻酸在体内可以氧化成支配大脑运转的 DHA，提供给大脑充足的营养。体内如果缺乏亚麻酸，很容易导致 ω-3 脂肪酸摄入的不平衡，从而引起脑萎缩，对老年人来说，缺乏亚麻酸也会增加老年痴呆的发生几率。亚麻酸对于高血脂的生成也有很好的抑制作用。

大量的基础研究、流行病学调查、动物试验及临床观察表明，α-亚麻酸具有以下三方面的生理功效，被国际医学界、营养学界所公认：①预防心脑血管病：由于血栓形成，血管发生堵塞，组织细胞得不到氧气补充和营养成分的供应，最终会导致死亡。在心脏冠状动脉和脑血管处易形成血栓，引起心肌梗死和脑梗死。人们已经知道促成血栓形成的重要因素是血小板凝集的过程。α-亚麻酸可以改变血小板膜流动性，从而改变血小板对刺激的反应性及血小板表面受体的数目。因此，能有效防止血栓的形成。②降血脂：α-亚麻酸的代谢产物对血脂代谢有温和的调节作用，能促进血浆低密度脂蛋白（LDL）向高密度脂蛋白（HDL）的转化，使低密度脂蛋白（LDL）降低，高密度脂蛋白（HDL）升高，从而达到降低血脂、防止动脉粥样硬化的目的。③降低临界性高血压：血压在145/90~160/95mmHg 叫临界性高血压，是初期性高血压。若长期使用降压药，易引起许多不良反应。α-亚麻酸的代谢产物可以扩张血管，增强血管弹性，从而起到降压作用。

火麻仁油是从素有“长寿麻”之称的火麻中提取出来的。经实验证明，巴马长寿老人长寿的秘诀是长期食用火麻油，在百岁老人肠中的双歧杆菌与年轻人甚至婴儿的含量相同，因此火麻油素有“长寿油”美誉。现代科学研究证实，火麻仁油中特有的γ-亚麻酸相比α-亚麻酸来说具有多种生理功效：①有明显的降血脂、降血压作用，其降血脂作用较亚油酸更显著；②抗炎消炎作用，能防治过敏性皮炎；③具有明显的减弱过氧化损伤的作用；④预防老年性痴呆。因此，火麻油中的微量γ-亚麻酸有助于预防老年人心血管疾病和老年痴呆等症状的发生。

DHA 藻油其主要成分为二十二碳六烯酸（DHA），能够有效延缓大脑萎缩、改善记忆力减退，同时还可降低血液中的甘油三酯和胆固醇含量，对于预防癌症、糖尿病和延缓衰老也很有功效。DHA 对心血管疾病如动脉硬化等的预防也具有非常重要的意义，能够有效地减少血栓的形成、抑制血小板凝结、降低血脂。所以，老年人补充 DHA 对预防心脑血管疾病和老年痴呆等多种潜在威胁老年人健康的疾病具有明显的作用。而中老年人群因为年龄的增长，身体机能的退化，在认知能力和记忆能力方面都将面临巨大的挑战，而 DHA 在此方面具有积极的作用，适量补充 DHA，能够有效延缓大脑萎缩、改善记忆力减退，同时还可降低血液中的甘油三酯和胆固醇含量，对于预防癌症、糖尿病和延缓衰老也很有功效。其实，不仅仅是对老年人具有诸多的益处，对于健康的年轻人同样如此，DHA 对保持人体脊椎的骨密度峰值也有着令人意想不到的功效。

综上所述，核桃油、亚麻籽油、火麻仁油和 DHA 藻油调和成以核桃油为基油的中老年营养油。

一、材料与方法

（一）原料用油的选择

核桃油：由云南摩尔农庄生物科技开发有限公司提供；

亚麻籽油：锡林郭勒盟红井源油脂有限责任公司提供；

火麻仁油：广西壮族自治区粮油科学研究所提供；

DHA 藻油：以嘉必优（武汉）生物工程有限公司用裂壶藻（*Schizochytrium*）发酵法生产的 DHA 藻油（DHA 含量≥40%），符合 GB 26401—2011 标准。此油作为制备原料之一。

（二）主要试剂

37 种脂肪酸甲酯混标：购自上海安谱科学仪器有限公司；正己烷、无水甲醇、氢氧化钾（色谱纯）；乙醚、石油醚、苯（分析纯）；三氟化硼（化学纯）。

（三）主要仪器与设备

Agilent GC7890A-MS5975C 气相色谱质谱联用仪；SK-1 旋涡混匀器；SBL-30DT 恒温超声脱气机，宁波新芝生物科技股份有限公司；AL104 电子分析天平，美国奥豪斯贸易公司。

（四）主要方法

1. 原料用油基本理化性质检测

对所用植物原料油进行基本理化性质的检测，包括：①气味、滋味、透明度测定；②折射率的测定；③水分及挥发物测定；④酸价的测定；⑤植物油加热实验；⑥碘值的测定；⑦皂化值的测定；⑧不皂化物的测定；⑨磷脂含量的测定；⑩过氧化值测定。

2. 原料用油脂肪酸组成及含量测定

样品前处理：准确称取油样产品 0.100g 于 10mL 具塞试管中，然后向试管中加入 4mL 正己烷溶液，将溶液充分混合后加入 1mL KOH-甲醇溶液，摇晃试管，使其充分反应。将具塞试管放置在旋涡混合器上混合至溶液无色，室温静置 40min，移取上清液待测。

色谱条件：进样口和检测器的温度分别为 270℃ 和 280℃，进样量 1.0μL，分流进样，分流比 10：1，载气为高纯 N_2。程序升温过程：130℃ 保持 1min，然后以 6.5℃/min 升到 170℃，保持 1min，再以 2.7℃/min 升到 215℃，保持 12min，再以 4.0℃/min 升到 230℃，保持 3min；载气（N_2）压力：68.9kPa；氢气流速：30mL/min，空气流速：300mL/min。脂肪酸的百分含量用面积归一化的方法确定（以峰值面积的百分比表示）。

纯含量≥45%，通过计算可得 DHA 藻油添加量约为 0.8%，即该产品中 DHA 纯含量为 4000mg/L。

3. 动物实验

将配制的中老年营养油喂样 SD 大鼠，以核桃油为阴性对照，SD 大鼠被随机分成 2 组，每组 6 只。喂养量为：1mL/(kg·d)。

所有 SD 大鼠均在武汉大学实验动物中心饲养，饲养环境为“屏障”级别。SD 大鼠，先观察 2d，未见老鼠异常，活动正常，称初始重量后饲喂。实验期间，观察动物的生长发育及行为学特征，每天由饲养人员观察大鼠的饲食、活动、睡眠的状况，同时观察受试 SD 大鼠的生长发育情况，并测定 SD 大鼠的体重。直到饲养 8 周后，麻醉后抽血。抽血后，宰杀试验 SD 大鼠，并取出脑、眼、心、肝等组织，经处理，保存冰箱备用。

二、结果与分析

（一）相关植物油原料理化性质检测

本部分对核桃油、火麻仁油、亚麻籽油等植物食用油相关理化性质进行检测，3 种植物油脂原材料理化指标检测见表 9-14，从表 9-14 得出这 3 种植物食用油相关指标均符合国家相关标准。

表 9-14　3 种植物油脂原材料理化指标检测

名称	核桃油	火麻仁油	亚麻籽油
气味、滋味及透明度	具有核桃油固有的香味和滋味，口感好，澄清透明	有火麻仁油固有的香味和滋味，口感好，澄清透明	具有亚麻籽油固有的香味和滋味，无异味，澄清透明
罗维朋比色计法 133.4mm 槽及加热实验后	黄：30 红：1.1 加热实验 黄：30 红：1.3	黄：23 红：1.2 加热实验 黄：23 红：1.3	黄：30 红：0.2 加热实验 黄：30 红：0.4
折射率（n^{40}）	1.474	1.477	1.482
碘值/(g/100g)	156.55	165.55	184.36
皂化值/(mg/g)	185.68	189.70	192.36
不皂化物/(g/kg)	3.78	2.05	3.08
不溶性杂质/%	0.042	0.043	0.045
水分及挥发物/%	0.013	0.014	0.010
过氧化值/(mmol/kg)	3.86	3.51	4.00
酸价/(mg KOH/g)	0.246	1.21	0.820
磷脂/(mg/g)	0.046	2.571	2.504

（二）原料用油的脂肪酸成分及其含量

1. DHA 藻油的脂肪酸组成

本项目所用 DHA 藻油为嘉必优生物技术（武汉）股份有限公司生产所得，其脂肪酸组成及百分含量见表 9-15。可以看出，DHA 藻油中的主要成分为 DHA，且含量高达 48.35%，符合食品国家安全标准的相关要求（GB 26400—2011）。

表 9-15　DHA 藻油脂肪酸组成及含量

脂肪酸名称	简写	各脂肪酸含量/%
肉豆蔻酸	$C_{14:0}$	4.06
棕榈酸	$C_{16:0}$	13.31
硬脂酸	$C_{18:0}$	0.33
亚油酸	$C_{18:2}$	0.42
二十二碳五烯酸	$C_{22:5}$	21.73
二十二碳六烯酸	$C_{22:6}$	48.35

2. 3 种植物食用油的脂肪酸组成

3 种植物食用油经甲酯化后，将获得的甲酯化样品进行 GC-MS 分析，最终得到它们的总离子流图谱。3 种原料用油脂肪酸成分及其含量见表 9-16。

表 9-16　3 种植物食用油脂肪酸组成及含量

种类	棕榈酸/%	硬脂酸/%	油酸/%	亚油酸/%	亚麻酸/%
核桃油	6.7	2.5	24.7	57.2	8.9
亚麻籽油	5.2	3.8	23.1	16.1	51.9
火麻仁油	7.0	2.4	12.6	55.7	22.1

可以看出，3 种植物食用油均由饱和脂肪酸（如棕榈酸、硬脂酸）、单不饱和脂肪酸（如油酸）和多不饱和脂肪酸（如亚油酸、亚麻酸）所构成，但饱和脂肪酸所占比例较少，为 9%~18.5%，大部分为不饱和脂肪酸。亚油酸和亚麻酸是人体所必需脂肪酸，其中核桃油中亚油酸含量最高（57.2%），火麻仁油其次（55.7%）；对于亚麻酸而言，含量最高的为亚麻籽油（占 51.9%），其次为火麻仁油（占 22.1%）。

（三）最终配方的确定

以核桃油为基油的中老年人营养油的最终配方见表 9-17。

表 9-17　以核桃油为基油的中老年人营养油的最终配方

	核桃油/%	亚麻籽油/%	火麻仁油/%	DHA/%	ω-3：ω-6
中老年人营养油	80	10	9.2	0.8	1：5

（四）中老年人营养油的理化性质检测报告

以核桃油为基油的中老年人营养油的理化性质检测见表 9-18。

表 9-18　　以核桃油为基油的中老年人营养油的理化性质检测

项目	水分及挥发物/%	酸价/(mg KOH/g)	过氧化值/(mmol/kg)	碘值/(g/100g)	皂化值/(mg/g)	不皂化物/(g/kg)	色泽(25.4mm)	不溶性杂质/%
指标	0.05	0.52	8.12	157.7	193	0.39	色黄 30.0 色红 1.3	0.04

（五）中老年人营养油的脂肪酸检测报告

以核桃油为基油的中老年人营养油的脂肪酸检测报告见表 9-19。

表 9-19　　以核桃油为基油的中老年人营养油的脂肪酸检测报告

脂肪酸组成	中老年人营养油	脂肪酸组成	中老年人营养油
豆蔻酸/%	0.1	亚油酸/%	55.1
棕榈酸/%	6.3	γ-亚麻酸/%	0.8
棕榈一烯酸/%	0.1	α-亚麻酸/%	13.1
十七碳烷酸/%	0.1	花生酸/%	0.2
十七碳一烯酸/%	—	花生一烯酸/%	0.3
硬脂酸/%	2.4	花生二烯酸/%	0.2
油酸/%	20.3	DHA/%	0.7

（六）中老年营养油对血液中胆固醇等相关指标的影响

中老年营养油对血液相关指标的影响见表 9-20。

表 9-20　　中老年营养油对血液相关指标的影响

组别	TC 总胆固醇/(mmol/L)	TG 甘油三酯/(mmol/L)	HDL 高密度脂蛋白/(mmol/L)	LDL 低密度脂蛋白/(mmol/L)
阴性对照组	2.20±0.31	1.89±0.40	1.40±0.09	0.17±0.03
中老年营养油	1.49±0.20	2.51±0.16	0.71±0.32	0.08±0.04

从表 9-20 可以看出，与阴性对照组相比，中老年营养油能够明显地降低总胆固醇的含量，同时低密度脂蛋白也有所降低。因此，该款油品在预防心血管疾病等方面具有积极的功效。

三、小结

（1）对三种原料用油及 DHA 藻油按照国标进行了基本理化性质的检测，理化指标均满足国家标准，可作为原料用油添加使用。

（2）综合所有配方设计依据，通过计算机科学计算，我们得到了中老年营养油，其配方为：核桃油：亚麻籽油：火麻仁油：DHA 藻油＝80：10：9.2：0.8。此配方可改善脑部供血，营养脑细胞，从而达到健脑益智、预防脑血管疾病的发生、延年益寿的目的。

（3）通过对以核桃油作为基油的成品油进行基本理化指标检测、脂肪酸组成及其含量检测和稳定性试验，可知其各项指标都满足食用调和油国家标准，各种脂肪酸构成比例满足了中老年对膳食脂肪酸的营养需求。

（4）以 SD 大鼠为实验对象，研究结果表明中老年营养油有助于胆固醇的降低，对防止心血管疾病的发生具有一定的保护作用。

第十章　核桃多肽制备技术

一、多肽与植物多肽

生物活性肽是指能够调节生物机体的生命活动或具有某些生理活性作用的一类肽的总称。生物活性肽的结构可以从简单的二肽到较大分子的多肽。由 2~10 个氨基酸通过肽键形成的直链肽称为寡肽或小肽；由肽键结合起来的多于 10 个氨基酸的聚合体则称为多肽。近年来，科学家经研究发现，蛋白质经消化道酶促水解后主要以小肽或多肽的形式更快地被机体吸收和利用。

目前，生物活性肽尚无较为一致的分类方法。按其来源可分为内源性的生物活性肽（即人机体内存在的天然的生物活性肽）和外源性的生物活性肽（包括存在于动、植物和微生物体内的天然生物活性肽和蛋白质降解后产生的生物活性肽成分）两类。外源性活性肽与内源性生物活性肽的活性中心序列相同或相似。蛋白质消化过程中被释放出来的外源性活性肽，可通过直接与肠道受体结合参与机体的生理调节作用或被吸收进入血液循环，从而发挥与内源性活性肽相同的功能。

生物活性肽具有多种多样的生物学功能，如激素作用、免疫调节、抗血栓、抗高血压、降胆固醇、抑制细菌、病毒和抗癌作用、抗氧化作用、改善元素吸收和矿物质运输、促进生长、调节食品风味、口味和硬度等。因此，生物活性肽是筛选药物、制备疫苗和食品添加剂的天然资源宝库。

随着对生物活性肽各种生理功能认识的进一步深入，国内对特种油料蛋白资源的生物活性肽进行研究应该逐步深入和扩大。具有抗氧化性质的多肽类物质一般称为抗氧化（活性）肽。目前，抗氧化（活性）肽的获得途径主要有三种：第一种方法是从天然植物体中提取天然活性肽，这种方法提取成本高；第二种方法是通过消化过程中产生或水解蛋白而产生，一般采用酸法水解蛋白，其工艺简单、成本低，但因氨基酸受损严重，水解难控制而较少应用；第三种方法是通过化学方法、酶法、重组 DNA 技术合成，如采用液相或固相化学合成法可制取人们所需要的各种活性肽，但因其成本高、副反应物及残留化合物多等因素而制约了发展。

采用 DNA 重组技术制取活性肽的试验研究目前尚在进行中。酶法生产的产品安全性高，生产条件温和，可定位生产特定的肽，且成本低，已成为活性肽最主要的生产方法。目前已采用酶法研究出多种植物性多肽，如从玉米中得到降血压肽、高 F 值寡肽和 Gln 活性肽；从花生中得到花生肽等。

植物抗氧化（活性）肽能够消除自由基，抑制或消除以及减缓氧化反应。其抗氧化机理包括：给抗氧化酶提供氢、缓冲生理 pH、螯合金属离子和捕捉自由基等。在对肽的抗氧化机理的研究中，目前对植物抗氧化（活性）肽抗氧化机理研究较多的是谷胱甘肽。研究表明，构成肽的氨基酸种类、数量及氨基酸排列顺序决定着肽的抗氧化能力。沈蓓英认为，如果肽段过长，具有抗氧化性的 Val、Leu 未能呈现在肽段的 *N*-端和 *C*-端，则抗氧化性显示不出。以 Ala 为 *N*-端的双胎中，Ala-Tyr、Ala-His、Ala-Tyr 的抗氧化能力很强。其他双肽也都比构成它们的氨基酸的抗氧化能力强。实验还证明双肽中的 Met 及 His 位于 C-末端的抗氧化能力大，相反，Tyr 及 Tyr 位于 N-末端的抗氧化力大。近年来，食品科研人员发现，丙氨酸末端为 N（氮）的 9 种二肽比其中任何单一氨基酸的抗氧化能力都要强，其中尤以丙氨酸-组氨酸、丙氨酸-酪氨酸和丙氨酸-色氨酸 3 种二肽抗氧化能力比较显著。

核桃蛋白经酶作用后，再经过特殊处理得到的核桃多肽，是由许多分子链长度不等的低分子小肽混合组成的。研究发现，蛋白质经酶作用后主要是以低肽的形式被吸收，动物代谢实验也证实了肽的吸收率比氨基酸大，比氨基酸更易、更快通过小肠黏膜被人体吸收利用。而且水解产生的肽还具有一些蛋白质无法比拟的物理化学特性，某些小分子的肽甚至具有特殊的生理活性。采用生物酶法在一定条件下对蛋白质进行水解，生成的多肽及氨基酸等物质具有很高的营养价值。因此，开展对核桃多肽保健功能活性的研究具有重要的现实意义。近年来，有关核桃多肽的研究也逐渐增多。制备方法大多采用酶法水解，例如陈永浩等比较了 7 种酶水解核桃蛋白的能力，刘昭明等优化了木瓜蛋白酶水解核桃蛋白的工艺条件，但大部分研究仅限于实验室小试阶段，相对来说研究还不够系统和完善，与实际工业化生产还有一定的差距，尚未见到核桃多肽在药品和保健品行业的广泛应用。核桃多肽的功能较多，如抗氧化、抑菌、降血压、降血脂等，但其功能测定大都是体外化学实验，因其与体内环境存在一定差异，可能会出现假阳性的结果，需进行动物试验和人体临床试验才能进一步地应用于药品和保健品中。

二、多肽的制备

多肽研究的发展促使了其制备方法的多样化，分离提取法、化学合成法、基因重组法、水解法和微生物发酵法成为目前常用的多肽制备方法。

分离提取法是从富含某种多肽的生物体内通过特定的分离纯化手段提取多肽。自然状态下生物体内某种多肽的含量相对来说不是很高，因此此法提取多肽的得率和生产效率并不理想。

化学合成法主要是将一个氨基酸的羧基活化且将其侧链保护后连接到另一氨

基酸的氨基上从而形成肽键。最早使用的是液相合成，它具有可供选择的保护基多、成本低等优点，多应用于短肽的生产。固相合成法是在液相合成法的基础上发展起来的，它可以较容易地合成 30 个氨基酸左右的多肽，且合成方便迅速、容易实现自动化生产。但总的来说此法存在成本高、副反应多等不足之处。

基因重组法是利用转基因技术将所需的多肽基因与微生物的基因进行重组，通过培养微生物使其产生所需的多肽。但是基因重组法一般只能合成分子质量较大的肽段，这就极大地限制了短肽的制备；与此同时，目前在基因重组、产物提取等方面仍存在一些技术问题。

微生物发酵法是将培养基中的蛋白质用微生物产生的胞外蛋白酶水解成多肽物质。事实上是将酶法制备多肽的过程和酶的生产过程合为一体，提高了生产效率，降低了成本。微生物产生的内切酶对蛋白进行切割的同时，修饰酶能对过程中产生的苦味基团进行修饰，从而极大地改善了多肽的口味。但是发酵微生物的选择比较严格，应对人体无毒无害、在培养过程中酶的表达良好且能将底物蛋白切割成多肽。

酶类水解和化学水解都属于水解法。化学水解是使蛋白质的肽键在过酸或过碱的条件下断裂。该法虽然操作简单，但反应过程难控制，在营养和毒理方面存在有害效应。酶水解是利用酶类的特异性酶切位点对蛋白质进行切割。只要在酶类最适温度 pH 范围之内，酶解反应就能顺利进行，因此具有反应容易控制、耗能低等优势。目前酶法制备多肽的技术正在走向成熟，使用的酶类有中性、碱性、木瓜、风味、胰、胃等蛋白酶类，同时也可用几种酶进行复合水解。然而，特定的蛋白材料其氨基酸组成和序列不同，需要选用的蛋白酶类应有所不同，而不同的蛋白酶种类采用的反应条件也有所不同，进而制备得到的多肽种类也不同，对应的功能自然也有差异。因此，开发一种功能的多肽均需进行工艺条件与生理功能的研究。

第一节　制备多肽的工艺

一、核桃多肽制备的工艺流程

核桃蛋白→溶解→一种蛋白酶酶解→灭酶（90℃，10min）→加入另一种蛋白酶酶解→灭酶→离心（4500r/min，20min）→上清液→冷冻干燥→核桃多肽

二、酶制剂的筛选

选取碱性蛋白酶、中性蛋白酶、酸性蛋白酶、风味蛋白酶及木瓜蛋白酶五种

蛋白酶，在其各自酶的标准条件下称取同等质量的核桃分离蛋白进行水解，以水解度为指标比较选出水解效果最好的两种蛋白酶。

三、核桃多肽制备的单因素试验

（一）pH 的确定

对于中性蛋白酶选择水解 pH 为 6.0、6.5、7.0、7.5、8.0，碱性蛋白酶选择水解 pH 为 8.0、8.5、9.0、9.5、10.0 五个因素下分别进行试验，其他条件为酶解温度 45℃，水解时间 3h，加酶量为 6000u/g，测定不同 pH 条件下核桃分离蛋白的水解程度。

（二）加酶量的确定

分别选择加酶量为 2000，4000，6000，8000，10000u/g 五个因素来进行试验，水解时间 3h，中性蛋白酶和碱性蛋白酶酶解温度分别为 45℃和 50℃，碱性蛋白酶 pH 为 9.0、中性蛋白酶 pH 为 7.0 的条件下测定不同加酶量下核桃分离蛋白的水解程度。

（三）温度的确定

分别选取 35，40，45，50，55℃五个因素来进行试验，水解时间 3h，加酶量为 6000u/g，碱性蛋白酶 pH 为 9.0、中性蛋白酶 pH 为 7.0 的条件下测定不同温度下核桃分离蛋白的水解程度。

（四）水解时间和水解度的确定

在碱性蛋白酶为 50℃、中性蛋白酶为 45℃下酶解，加酶量为 6000u/g，碱性蛋白酶 pH 为 9.0、中性蛋白酶 pH 为 7.0 的条件下分别水解 1，2，3，4，5h，测定不同时间下核桃分离蛋白的水解程度。

（五）水解度的测定

水解度的定义指的是，蛋白质在水解过程中，被断裂的肽键数和蛋白质中总肽键数的百分比。通常采用 pH-stat 法，在水解过程中不断添加碱液，前一个小时每 10min 记录一次 0.5mol/L NaOH 溶液用量，后每 30min 记录一次，水解完毕，对其进行灭酶处理，根据所添加的 NaOH 量，计算水解度。水解度计算公式如下：

$$\mathrm{DH} = \frac{B \times N_b}{\alpha \times M_p \times h_{tot}} \tag{10-1}$$

式中 B——水解过程中 NaOH 消耗量，mL

N_b——水解所用 NaOH 浓度，mol/L

M_p——被水解的蛋白质量，g

h_{tot}——单位质量原料蛋白中肽键的总数，mmol/g

α——蛋白氨基的平均解离度，可用式 10-2 计算而得：

$$\alpha=\frac{10^{pH-pK}}{1+10^{pH-pK}} \qquad (10-2)$$

式中　pH——酶解过程中反应液的 pH

pK——α-NH^{3+}的解离常数（通常取数值 7）

四、核桃蛋白水解条件优化

根据单因素的结果可以看出，碱性蛋白酶的效果优于中性蛋白酶，所以选取中性蛋白酶各因素的最优水平，先进行水解，选取碱性蛋白酶的酶解温度、酶解 pH 和酶解时间三个因素考虑其交互作用进行 Central-Composite Design 法响应面试验设计。

五、酶解核桃蛋白工艺条件的确定

（一）酶活力测定的标准曲线

酶活力定义：lg 固体或液体蛋白酶，在一定温度和 pH 条件下，lmin 水解蛋白产生 1μg 酪氨酸为一个酶活力单位，以 U/g 表示。ILApu 单位为每分钟水解 lmmol L-亮氨酸-对硝基苯胺所需的酶量如图 10-1 所示。

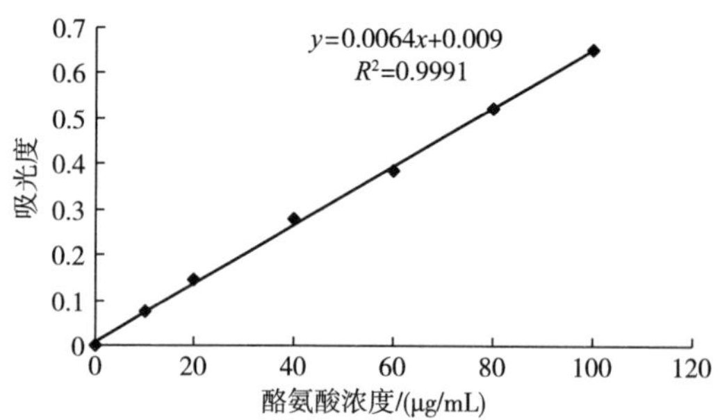

图 10-1　酪氨酸溶液标准曲线

（二）蛋白酶酶活力测定

酶活力测定结果见表 10-1。

表 10-1　酶活力测定结果

蛋白酶	酶活力	蛋白酶	酶活力
碱性蛋白酶	16.73×10^4 U/g	风味蛋白酶	500LApU/g
中性蛋白酶	37.38×10^4 U/g	木瓜蛋白酶	70.04×10^4 U/g
酸性蛋白酶	19.76×10^4 U/g		

(三) 蛋白酶的确定

以核桃蛋白为反应底物，以水解度为指标，试验选取的五种蛋白酶的酶解效果如图 10-2 所示。

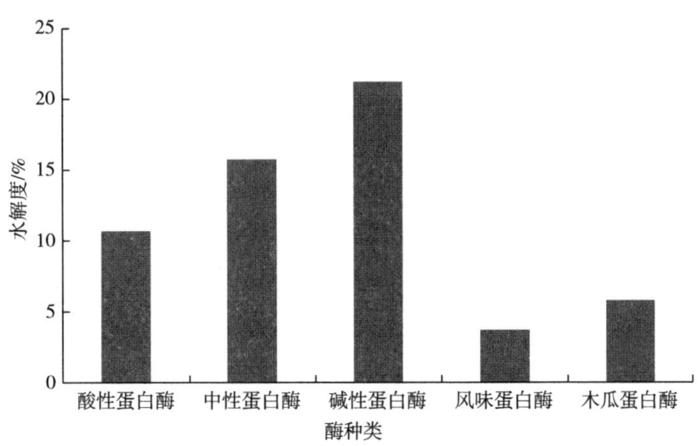

图 10-2　蛋白酶的水解效果比较

由于不同的蛋白酶的水解能力不同，筛选出较为优良的两种蛋白酶作为水解核桃分离用的酶制剂，水解更彻底，水解效果更佳。

由图 10-2 可知，这五种蛋白酶的水解效果由高到低的排列依次为：碱性蛋白酶>中性蛋白酶>酸性蛋白酶>木瓜蛋白酶>风味蛋白酶。所以选取碱性蛋白酶和中性蛋白酶作为制备核桃多肽的两种酶。

(四) 不同条件对蛋白酶酶解反应的影响

1. pH 对核桃蛋白水解度的影响

pH 对两种蛋白酶水解效果的影响如图 10-3 所示，不同酶的最适 pH 是不同的，各个酶只有在各自最适的 pH 下，才会使酶解效果最好。由图 10-3 可知，碱性蛋白酶最适的 pH 为 9.0，中性蛋白酶最适的 pH 为 7.0；pH 高于或低于这个值，水解效果都达不到最佳。因为酶促反应速率主要受到 pH 通过去影响酶活力进而被影响，过酸或过碱的环境都容易使酶的空间结构被破坏，程度严重直接导致酶变性失活，而且 pH 对底物和酶分子的解离状态有影响，从而影响两者复合物的形成，降低酶解效果。因此，在各个酶的最适 pH 下进行水解，效果最好。另外从图中还可以看出来碱性蛋白酶的水解效果优于中性蛋白酶。

2. 加酶量对核桃蛋白水解度的影响

加酶量对两种蛋白酶水解效果的影响如图 10-4 所示，由图 10-4 可知，对于两种蛋白酶来说有着相同的变化趋势，随着加酶量的增大，水解度呈现不断上升的趋势，当加酶量超过 6000u/g 时水解度趋于平缓，可能是由于当加酶量达到一

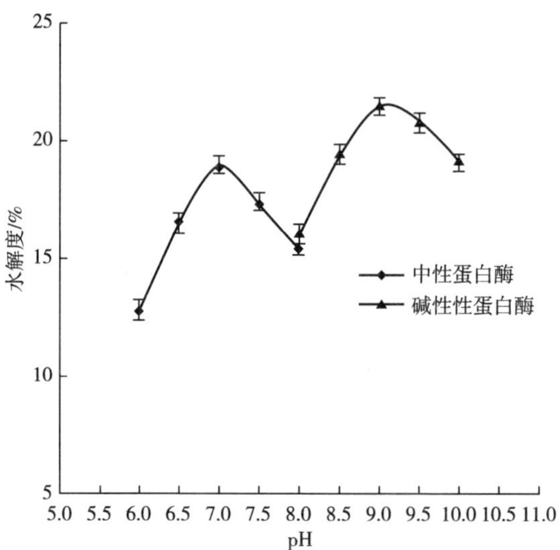

图 10-3　pH 对两种蛋白酶水解效果的影响

定程度时，蛋白酶与底物的接触已经达到饱和状态，因此继续添加酶量对水解度的影响较小，考虑到节约生产成本，宜选用 6000u/g 的加酶量为最佳条件。

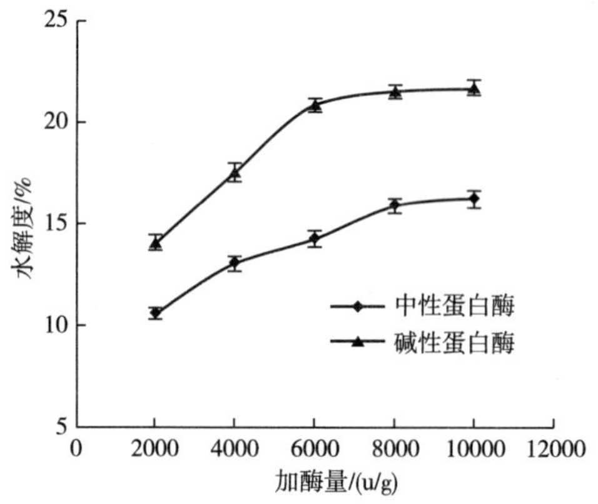

图 10-4　加酶量对两种蛋白酶水解效果的影响

3. 温度对核桃分离蛋白水解度的影响

温度对两种蛋白酶水解效果的影响如图 10-5 所示，由图 10-5 可知，两种酶有不同的最适温度，分别为：碱性蛋白酶 50℃，中性蛋白酶 45℃。温度对酶活性影响较大，只有在最适温度，才能达到最佳的酶解效果。在达到最佳温度前的升温，酶解反应会随温度升高而加速，当到达最适合的温度时，水解效果最好，水解度达到最大。此后，如果继续升高温度会使酶变性而失活，水解速度下降，水解效果变差。所以要达到最佳的水解效果，要使不同的蛋白酶都达到最佳水解温度。

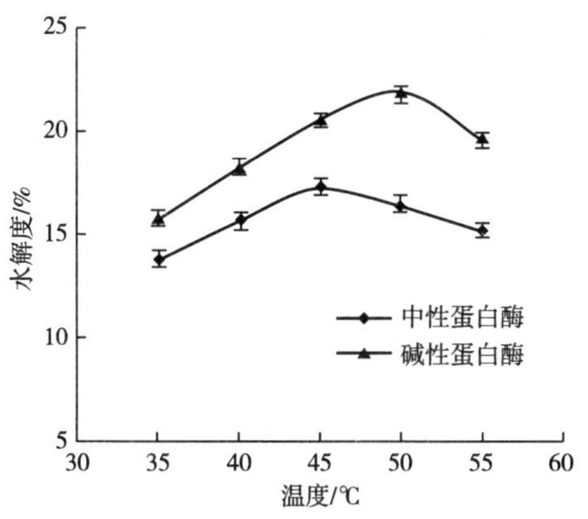

图 10-5　温度对两种蛋白酶水解效果的影响

4. 水解时间对核桃分离蛋白水解度的影响

时间对两种蛋白酶水解效果的影响如图 10-6 所示，由图 10-6 可知，两种蛋白酶的水解效果都是随着水解时间的延长，水解度呈现逐渐增大的趋势，在水解的前 3h 水解度变化较大，在 3h 之后曲线趋于平缓，表明随着水解时间的延长，酶活逐渐减弱。在酶解反应初期，此时酶活力较强并且底物浓度较大，酶的作用位点最多，这时反应速率高，水解度的提升比较快；随着时间的增加，产物浓度增加，底物浓度降低，酶分子的催化反应有反馈抑制作用，酶促反应达到某种动态平衡，使酶解反应趋于平缓。考虑到经济效益的关系，两种蛋白酶都应选用 3h 作为最佳水解时间。

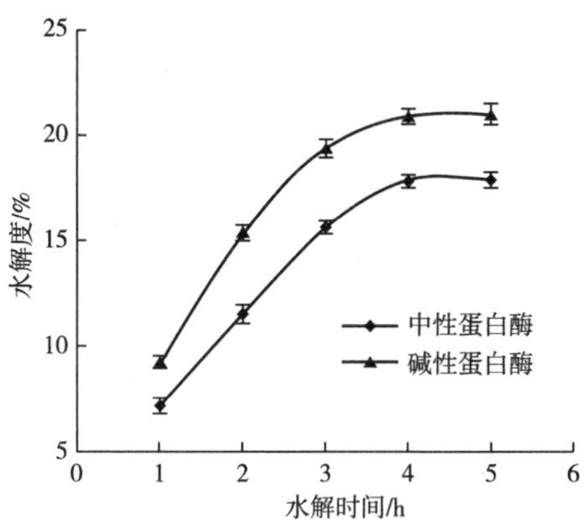

图 10-6　时间对两种蛋白酶水解效果的影响

六、两种蛋白酶酶解核桃蛋白工艺条件的优化

在单因素试验的基础上，以酶解温度（A）、酶解 pH（B）和酶解时间（C）作为试验 3 个因子，以水解度（Y）为指标，根据 Box-behnken 中心组合试验设计和响应面方法（RSM）优化核桃蛋白酶解条件。

（一）二次回归模型的拟合及方差分析

该模型的 $p<0.0001$，说明优化试验所选用的多元二次多项回归模型具有非常好的显著性，且失拟项 $p=0.1393>0.05$，证明失拟处理不显著。水解度的影响大小顺序为酶解时间>酶解温度>C 酶解 pH。

（二）响应面分析

应用响应面寻优分析方法对回归模型进行分析，寻找最优响应面结果为 pH 9.07，酶解温度 51.06℃，酶解时间 3.7h，理论响应面水解度最优值为 32.15%。考虑到实际操作，再综合双酶分步水解法的所有因素得到一个最优方案：在固定的底物浓度为 5%条件下，先以中性蛋白酶酶解 pH 7.0、酶解温度 45℃、酶解 3h、加酶量为 6000u/g 水解完成并灭酶后，再以碱性蛋白酶酶解 pH 9.1、酶解温度 51℃、加酶量为 6000u/g 酶解 3.7h，验证试验重复三次后，取平均值得到实际水解度为 34.03%。结果证明双酶分步水解法核桃蛋白的工艺条件优化具有可行性，最终达到的水解效果较好。

七、结论

最终得到最佳的双酶分步水解法制备核桃多肽的最佳工艺条件是：中性蛋白酶在 pH 为 7.0，温度为 45℃，加酶量为 6000u/g 的条件下先水解 3h，灭酶后，再以碱性蛋白酶 pH 9.1，酶解温度 51℃，加酶量为 6000u/g，酶解时间 3.7h。验证试验得到核桃多肽的水解度最高为 34%左右。

第二节　核桃多肽的分子质量分布

结构决定功能，多肽的功能特性取决于多肽的分子质量分布以及氨基酸的组成，测定多肽分子质量方法很多，如 HPLC、HPCE、质谱、凝胶电泳等。HPLC 法与其他方法相比较，主要的特点是肽的回收率很高，同时分辨率高于离子交换色谱和疏水作用色谱。本试验主要采用了高效液相色谱法（HPLC）来测定核桃多肽的分子质量分布及其氨基酸组成。

一、平均肽链长度（PCL）与平均相对分子质量（M_w）的测定

若一个蛋白质分子未被水解时肽链长度（即肽中的氨基酸的平均数目）为

PCL_0，则肽键总数目为 PCL_0-1，当被切开 $n-1$ 个肽键而水解成 n 个肽时，在DH较高的情况下，水解度与多肽段平均大小的关系大约表示如下。

1. 核桃多肽分子质量分布测定的条件

采用Tskgel 2000 SWXL 300mm×7.8mm的色谱柱对野生肽分子质量进行分析，流动相为乙腈/水/三氟乙酸（45/60/0.1体积比），检测波长为220nm，流速为0.5mL/min，柱温为30℃。

以细胞色素C（M_W 12384）、杆菌酶（M_W 1422）、乙氨酸-乙氨酸-酪氨酸-精氨酸（M_W 451）和乙氨酸-乙氨酸-乙氨酸（M_W 189）为相对分子质量标准品。

2. 样品的制备

取样品100mg左右于10mL容量瓶中，用流动相稀释至刻度，超声5min，离心后微孔过滤膜过滤后供进样。

3. 核桃多肽截留组分分子质量分布的测定

酶解产物用超滤膜超滤后（中空纤维超滤膜，切割分子质量 M_W=3000u）截留组分采用HPLC测其分子质量分布，测定条件及样品制备同上。

二、核桃多肽相对分子质量分布

超滤后核桃多肽相对分子质量测定的高效液相色谱图如图10-7所示。

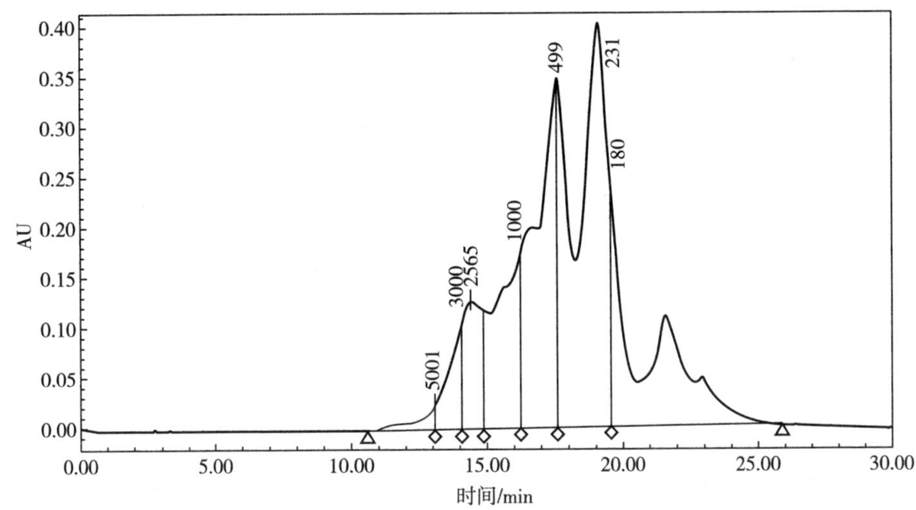

图10-7 超滤后核桃多肽相对分子质量测定的高效液相色谱图

标品的HPLC图谱如图10-8所示，其相对分子质量的标准曲线如下图10-9所示。

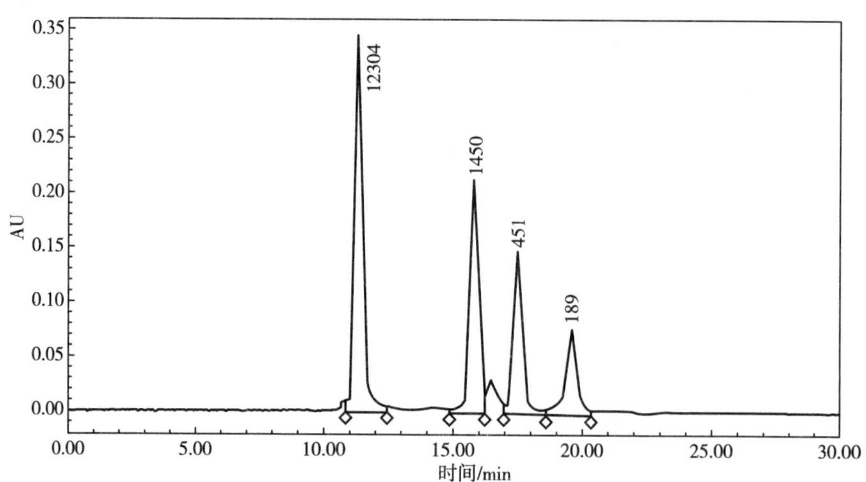

图 10-8　标品的 HPLC 图谱

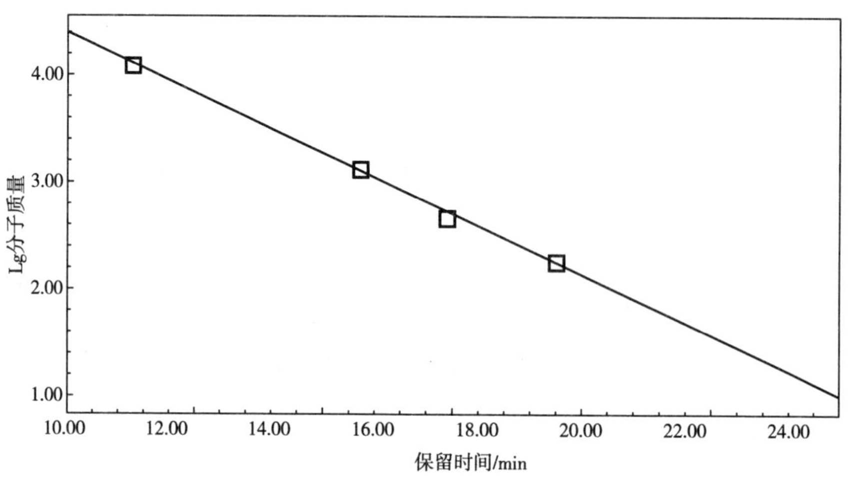

图 10-9　相对分子质量标准曲线

由图 10-8 和图 10-9 可得，相对分子质量的标准曲线为：Log = 6.63 - 0.225T，R=0.9977。表示了各相对分子质量对数和标品的洗脱时间线性相关性很高，可以准确地测定出核桃多肽的具体相对分子质量分布情况，超滤后核桃多肽相对分子质量分布见表 10-2。

核桃蛋白水解后得到不同相对分子质量的肽段，由表 10-3 中可以看出核桃多肽分子质量分布主要集中在 180~500u，占 36.39%，其次是分子质量为 500~1000u 和 180u 以下的多肽，大部分肽的分子质量分布在 2000u 以下，约占 88%。

表 10-2　　超滤后核桃多肽相对分子质量分布

相对分子质量范围	峰面积百分比（λ220nm）/%	相对分子质量范围	峰面积百分比（λ220nm）/%
>5000	1.31	1000～500	20.29
5000～3000	3.94	500～180	36.39
3000～2000	6.28	<180	19.81
2000～1000	11.98		

第三节　核桃多肽的生物活性

近年来，随着自由基生命科学研究的不断深入发展，抗氧化保护作用理论越来越受到重视和关注。癌症、衰老以及心血管等疾病被公认为与自由基代谢有密切关系。因而筛选一些具有抗氧化活性的天然资源是十分有必要的。已经发现一些肽类物质具有很多功能特性，例如抗氧化活性、免疫调节活性、抑制 ACE 活性、抗菌抗病毒活性、促微量元素吸收活性等。消化生理试验也证明，氨基酸不易被人体小肠吸收利用，而小分子肽（寡肽，不足 10 个氨基酸构成者称之）则易被吸收。

一、核桃多肽总还原能力的测定

（一）核桃多肽总还原能力的测定

将 2mL 一定浓度的样品与 2mL，0.2mol/L 磷酸缓冲液（PBS，0.2mol/L，pH 6.6）和 2mL 1%铁氰化钾溶液混合均匀后在 50℃水浴中反应 20min 后流水速冷，再加入 2mL10%的 TCA（三氯乙酸）溶液，在 3000r/min 离心 10min。吸取 2mL 上清液于试管中，并加入 2mL 去离子水和 0.4mL 0.1% $FeCl_3$，混合均匀，10min 后在 700nm 处测光值，以去离子水作为空白，吸光值越大表明还原能力越强。

（二）核桃多肽清除羟基自由基测定

OH 自由基的测定采用邻二氮菲-Fe^{2+}氧化法。取 0.75mmol/L 的邻二氮菲溶液 1mL 于试管中，依次加入磷酸盐缓冲液（pH 7.4，0.2mol/L）2mL 和蒸馏水 1mL、0.75mmol/L 硫酸亚铁液 1mL，充分混合后，向混合液中加入 1mL 体积分数 0.01%的 H_2O_2溶液，于 37℃下恒温反应 60min，于 536nm 测其吸光值记为 A_P；用 1mL 多肽溶液代替 H_2O 测得的吸光度记为 A_S；用 1mL 蒸馏水代替 H_2O_2测得的吸光度记为 A_0；·OH 自由基清除能力的计算公式如下：

$$\cdot\text{OH 自由基清除率}(\%) = \frac{A_S - A_P}{A_0 - A_P} \times 100\% \tag{10-3}$$

（三）核桃多肽清除 DPPH 自由基测定

DPPH 即 1,1-二苯基-2-三硝基苯肼，是一种稳定的自由基，因 DPPH 自由基有单电子，其醇溶液呈紫色并在 517nm 处有强吸收峰，当自由基清除剂存在时，由于与其单电子配对而使紫色减弱，其褪色程度与抗氧化剂的强度成反比，因而可用分光光度法进行快速的定量分析，DPPH 法广泛用于测定生物试样和食品的抗氧化能力。核桃蛋白肽清除 DPPH 自由基能力参照 He 等的方法。0.1mmol/L DPPH 溶液用 95%的乙醇溶液配制，向一定浓度的 2mL 样品液（多肽溶液、维生素 C 和 GSH）中加入 2mL 的 0.1mmol/L 的 DPPH 溶液，混合均匀后室温条件下在暗室中反应 30min，然后测定试样在 517nm 处的吸光值。清除率计算公式如下：

$$\cdot \text{DPPH 自由基清除率}(\%) = [1 - (A_S - A_0)/A_C] \times 100 \quad (10-4)$$

（四）核桃多肽清除超氧阴离子自由基测定

超氧阴离子自由基（$O_2^- \cdot$）的测定采用邻苯三酚自氧化法。准确吸取样品溶液（多肽、维生素 C 和 GSH）1mL，加入浓度为 0.05mmol/L，pH 8.2 的 Tris-HCl 缓冲液 4mL 于 25℃水浴 10min，之后加入 1mL 浓度为 6mmol/L 的邻苯三酚溶液计时 5min，每 30s 测定一次以确定最适反应时间，以 100μL HCl 终止反应，在 420nm 下测定吸光度，记为 A_S；对照组以蒸馏水替代样品液吸光值记为 A_0，以等体积的 pH 8.2 的 Tris-HCl 缓冲液为空白吸光值记为 A_C，同一实验重复 3 次。超氧阴离子自由基清除能力的计算公式如下：

$$\text{超氧阴离子自由基清除率}(\%) = (A_0 - A_S)/(A_0 - A_C) \times 100 \quad (10-5)$$

二、核桃多肽生物活性分析

（一）核桃多肽总还原能力

不同样品（核桃蛋白肽、维生素 C 和 GSH）在不同浓度下的 FRAP 活性测定结果见图 10-10。

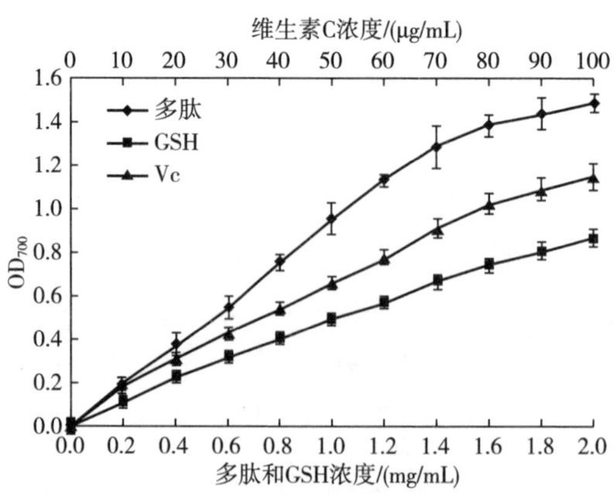

图 10-10 不同样品的 FRAP 活性

由图 10-10 可知：在一定范围内，样品的 FRAP 活性随着浓度的上升而加强，在 0~1.6mg/mL 范围内多肽和 GSH 的 FRAP 活性随浓度的增加几乎呈直线形式上升，但是 1.6~2.0mg/mL 范围内，其 FRAP 活性增加随浓度的增加趋势减弱，维生素 C 也有类似的结果。在同等浓度下多肽的活性明显高于 GSH，如在浓度为 1.0mg/mL 时，多肽的活性为 GSH 的 2 倍，但是与维生素 C 相比其抗氧化活性还有一定的差距，如在浓度为 0.1mg/mL 时，维生素 C 的 FRAP 活性约为多肽的 12 倍。

（二）羟基自由基清除能力

由图 10-11 可知，核桃蛋白肽的羟基自由基清除活性高于同等浓度下的 GSH，低于维生素 C，多肽和 GSH 的羟基自由基清除率在 0~3.0mg/mL 范围内呈现直线上升的趋势，在浓度为 3.0~4.0mg/mL 范围内上升趋势减弱，在浓度为 4.0mg/mL 时，其羟基自由基清除率分别达到 93.8%和 87%。维生素 C 的羟基自由基清除活性在浓度为 1.2mg/mL 时几乎接近 100%。三者的拟合方程分别为：

$$Y_{多肽}=24.644X+4.6528,\ R^2=0.9815$$

$$Y_{维生素C}=-50.687X^2+144.63X-2.8747,\ R^2=0.994$$

$$Y_{GSH}=2.245X+0.7016,\ R^2=0.9873$$

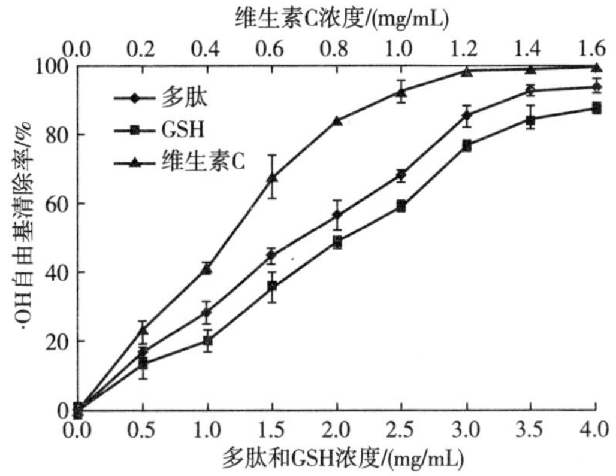

图 10-11 不同样品的羟基自由基的清除活性

计算三者对羟基自由基清除活性的 IC_{50}，分别为多肽 1.75mg/mL，维生素 C 0.45mg/mL，GSH 2.07mg/mL。通过比较，可以明显得出三者对 DPPH 自由基的清除活性效果：维生素 C>多肽>GSH。多肽的羟基自由基清除活性约为 1.18 倍，但是仅为维生素 C 的 25%。通过比较发现，多肽的羟基自由基清除活性明显优于同等浓度的 GSH，而 GSH 已经作为一种高效的抗氧化剂在食品、药品领域得以广泛应用，因此，核桃多肽作为一种新开发的天然抗氧化剂，在食品、药品领域也可能具有很好的应用价值。

（三）DPPH 自由基的清除

由图 10-12 可知，核桃蛋白多肽具有较好的 DPPH 自由基清除能力，在浓度为 0~0.6mg/mL 范围内，随着浓度的提高其清除活性呈现逐渐增强的趋势；在 0.6~1.6mg/mL 范围内，随浓度的提高其抗氧化活性变化不明显。GSH 和维生素 C 的 DPPH 自由基清除活性变化规律与之相似。在同等浓度下，多肽的 DPPH 自由基清除活性高于 GSH，但低于维生素 C，浓度为 0.6mg/mL 的多肽的 DPPH 自由基清除率与 60μg/mL 的维生素 C 相似，即维生素 C 的抗氧化活性大约为多肽的 10 倍左右。多肽在浓度为 1.0mg/mL 时对自由基的清除率达到 87.9%，略高于同等浓度的 GSH。对 3 种样品的 DPPH 自由基清除活性进行曲线拟合，得到如下方程：

$$Y_{多肽}=266.3X^3-534.74X^2+353.73X+5.1449,\ R^2=0.98$$

$$Y_{维生素C}=0.0001X^3-0.0345X^2+2.9219X+1.2776,\ R^2=0.9983$$

$$Y_{GSH}=-123.69X^2+202.95X+2.2473,\ R^2=0.9957$$

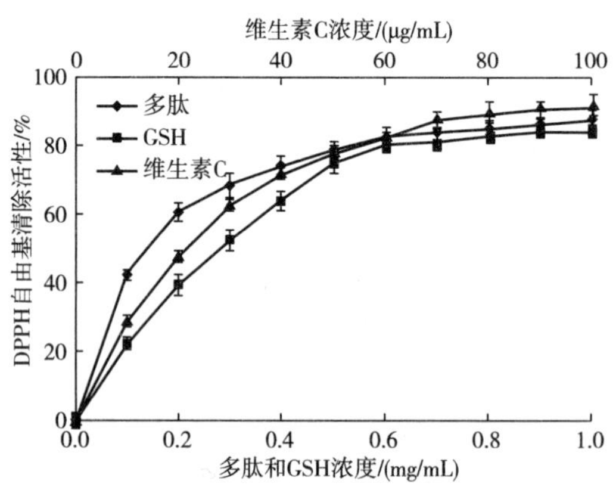

图 10-12　不同样品的 DPPH 自由基的清除活性

计算多肽对 DPPH 自由基清除活性的半抑制浓度 IC_{50} 为 145μg/mL，显著低于 GSH 的 IC_{50}710μg/mL，同时略低于 He 等制备的菜籽肽 IC_{50}159μg/mL。

核桃蛋白多肽作为一种天然的抗氧化剂，其抗氧化活性高，是一种潜在的用于食品或药品的天然抗氧化剂。

（四）超氧阴离子自由基清除能力

超氧阴离子自由基在人体内广泛存在，本身不发生化学变化，对人体无害，但是与羟基结合后的产物会导致细胞 DNA 损坏，破坏人类机体功能，在体内主要靠超氧化物歧化酶清除。由图 10-13 可知，不同样品的超氧阴离子自由基清除活性随浓度的不断上升呈现增加趋势，对 3 种物质的清除曲线拟合结果如下：

$$Y_{多肽} = 19.932X+4.7293,\ R^2 = 0.9767$$

$$Y_{维生素C} = 113.85X-1.5218,\ R^2 = 0.9935$$

$$Y_{GSH} = 20.02X-3.0122,\ R^2 = 0.9831$$

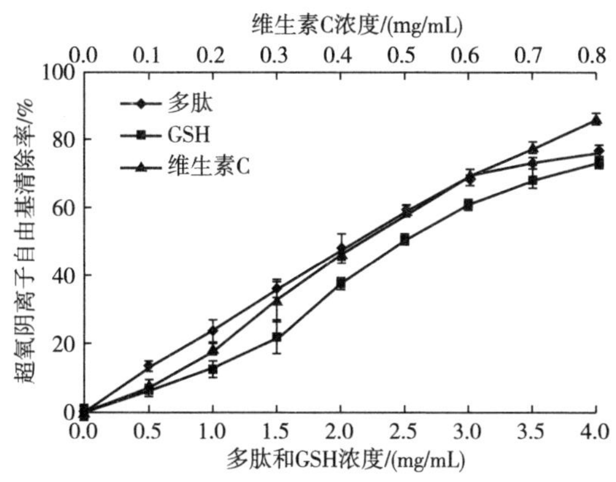

图 10-13 不同样品的超氧阴离子自由基清除活性

经计算，对超氧阴离子自由基清除活性的 IC_{50}分别为多肽 2.2mg/mL，维生素 C 0.45mg/mL，GSH 2.5mg/mL。多肽的超氧阴离子自由基清除率介于维生素 C 和 GSH 之间。王群等通过酶解法制备鲽鱼鱼皮胶原蛋白肽，对超氧阴离子自由基的 IC_{50}为 7.98mg/mL；孔令明采用碱性蛋白酶酶解核桃蛋白制备的多肽，在最佳的工艺条件下对超氧阴离子自由基的清除率为 47.85%；张敏等研究米糠蛋白水解液发现，M_w>10ku 的米糠多肽对超氧阴离子自由基的清除率为 50.42%；M_w 为 3~10ku 的多肽，清除率为 51.43%；M_w<3ku 的多肽，清除率为 63.03%。通过与相关多肽的超氧阴离子自由基清除活性对比发现，核桃多肽的超氧阴离子自由基清除率的 IC_{50}较小，即其抗氧化活性相对较高，具有较高的应用价值。

附录一　GB/T 20398—2006 《核桃坚果质量等级》

1　范围

本标准规定了核桃坚果的术语和定义、要求、试验方法、检验规则、分级、包装、标志、贮藏与运输。

本标准适用于核桃（*Juglans regia* Linne）和铁核桃（*J. sigillata* Dode）坚果的生产和销售。

2　规范性引用文件

下列文件中的条款通过本标准的引用而成为本标准的条款。凡是注日期的引用文件，其随后所有的修改单（不包括勘误内容）或修订版均不适用于本标准，然而，鼓励根据本标准达成协议的各方研究是否可使用这些文件的最新版本。凡是不注日期的引用文件，其最新版本适用于本标准。

GB/T 5009.3—2003　食品中水分的测定

GB/T 5009.5—2003　食品中蛋白质的测定

GB/T 5009.6—2003　食品中脂肪的测定

GB 16325　干果食品卫生标准

CB 16326　坚果食品卫生标准

3　术语和定义

下列术语和定义适用于本标准。

3.1　优种核桃　fine variety walnut

采用优良品种经无性繁殖所生产的核桃坚果。

3.2　实生核桃　seedling walnut

采用种子繁殖所生产的核桃坚果。

3.3　坚果横径　cross diameter of nut

核桃坚果中部缝合线之间的距离。

3.4　平均果重　single nut weight

核桃坚果的平均重量，以克（g）计。

3.5　出仁率　kernel percentage

核仁重占核桃坚果重的比率。

3.6 缝合线紧密度 shell seal scale

核桃坚果缝合线开裂的难易程度。

3.7 出油果率 oil-oozing nut rate

种仁内油脂氧化酸败，挥发出异味，并出现核桃坚果表面油化的果占共测果数的百分率。

3.8 空壳果率 no-kernel nut rate

无仁或种仁干瘪的核桃坚果数占共测果数的百分率。

3.9 破损果率 damaged nut rate

外壳破裂的核桃坚果数占共测果数的百分率。

3.10 黑斑果率 dirty nut rate

核桃坚果外壳上残留青皮或单宁氧化和病虫害造成的黑斑果数占共测果数的百分率。

3.11 含水率 water content rate

核桃坚果中水分占坚果总重量的比率。

4 产品分级

核桃坚果的质量分为四级，分级指标见表1。

表1 核桃坚果质量分级指标

项目		特级	Ⅰ级	Ⅱ级	Ⅲ级
基本要求		坚果充分成熟，壳面洁净，缝合线紧密，无露仁、虫蛀、出油、霉变、异味等果。无杂质，未经有害化学漂白处理			
感官指标	果形	大小均匀，形状一致	基本一致	基本一致	
	外壳	自然黄白色	自然黄白色	自然黄白色	自然黄白或黄褐色
	种仁	饱满，色黄白，涩味淡	饱满，色黄白，涩味淡	较饱满，色黄白，涩味淡	较饱满，色黄白或浅琥珀色，稍涩
物理指标	横径/mm	≥30.0	≥30.0	≥28.0	≥26.0
	平均果重/g	≥12.0	≥12.0	≥10.0	≥8.0
	取仁难易度	易取整仁	易取整仁	易取半仁	易取四分之一仁
	出仁率/%	≥53.0	≥48.0	≥43.0	≥38.0
	空壳果率/%	≤1.0	≤2.0	≤2.0	≤3.0
	破损果率/%	≤0.1	≤0.1	≤0.2	≤0.3
	黑斑果率/%	0	≤0.1	≤0.2	≤0.3
	含水率/%	≤8.0	≤8.0	≤8.0	≤8.0

续表

项目		特级	Ⅰ级	Ⅱ级	Ⅲ级
化学指标	脂肪含量/%	≥65.0	≥65.0	≥60.0	≥60.0
	蛋白质含量/%	≥14.0	≥14.0	≥12.0	≥10.0

5 要求

5.1 卫生指标

按国家食品卫生法规和GB 16325、GB 16326的规定执行。对产品检疫，按国家质量监督检验检疫总局有关规定执行。

6 试验方法

6.1 感官指标

在核桃样品中，随机取样1000g（±10g），铺放在洁净的平面上，目测观察核桃果壳的形状色泽，并砸开取仁，品尝种仁风味，涩味感觉不明显为涩味淡，涩味感觉明显但程度较轻为稍涩。观察记录种仁色泽及饱满程度。

6.2 物理指标

6.2.1 横径

在核桃初样中，按四分法取500g（±10g），用千分卡尺逐个测量横径并进行算术平均，按式（1）计算横径。

横径(D)= ∑样品中每个核桃坚果的横径(D_1)/样品核桃坚果个数(N) ……（1）

6.2.2 平均果重

在核桃初样中，按四分法取1000g（±10g），用感量为1/10的天平称重，并进行算术平均，按式（2）计算平均果重。

平均果重($\overline{G}$)= 样品核桃坚果总重量(G)/样品核桃坚果个数(N) ………（2）

6.2.3 取仁难易度

将抽取核桃砸开取仁，若内褶壁退化、能取整仁的为取仁极易；若内褶壁不发达、可取半仁的为取仁容易；若内褶壁发达，能取1/4仁为取仁较难。

6.2.4 出仁率

从核桃初样中，随机抽取样品1000g（±10g），逐个取仁，用感量为1/100的天平称取仁重和坚果重，计算仁重与坚果重之比，换算百分数，精确到为0.01，修约至一位小数。

出仁率(R)= 样品中所取仁重量(G_1)/样品核桃坚果总重量(G)×100% ……（3）

6.2.5 空壳果率

在核桃样品中，随机取样 1000g（±10g），铺放在洁净的平面上，将空壳果挑出记其数量，按式（4）计算空壳果数占共测果数的百分率。

$$空壳果率(K)=样品中的空壳果数(N_1)/样品核桃坚果个数(N)\times100\% \quad \cdots（4）$$

6.2.6 破损果率

在核桃样品中，随机取样 1000g（±10g），铺放在洁净的平面上，将破损果挑出记其数量，按式（5）计算破损果数占共测果数的百分率。

$$破损果率(P)=样品中的破损果数(N_2)/样品核桃坚果个数(N)\times100\% \quad \cdots（5）$$

6.2.7 黑斑果率

在核桃样品中，随机取样 1000g（±10g），铺放在洁净的平面上，将黑斑果挑出记其数量，按式（6）计算黑斑果数占共测果数的百分率。

$$黑斑果率(H)=样品中的黑斑果数(N_3)/样品核桃坚果个数(N)\times100\% \quad \cdots（6）$$

6.2.8 含水率

在核桃样品中，随机取样 1000g（±10g），按 GB/T 5009.3—2003 中直接干燥法执行。

6.3 化学指标

6.3.1 蛋白质含量

在核桃样品中，随机取样 1000g（±10g），按 GB/T 5009.5—2003 测定蛋白质含量。

6.3.2 脂肪含量

在核桃样品中，随机取样 1000g（±10g），按 GB/T 5009.6—2003 测定脂肪含量。

7 抽样与判定

7.1 组批

同批收购、调运、销售的同品种、同等级核桃坚果，作为同一批产品。

7.2 抽样

同一批产品的包装单位不超过 50 件时，抽取的包装单位不少于 5 件，多于 50 件时，每增加 20 件时应随机增抽一个包装单位。从包装单位抽取 500g 以上，作为初样，总量不小于 4000g，将所抽取的核桃初样充分混匀，用四分法从中抽取 1000g 作为平均样品，同时抽取备样。

7.3 判定

检验项目有一项不合格时，应加倍抽样进行复检，复检结果仍不合格时，则判定该产品不符合相应等级。

8 包装、标志、贮藏和运输

8.1 包装

核桃坚果一般应用麻袋包装，麻袋要结实、干燥、完整、整洁卫生、无毒、无污染、无异味。壳厚小于1mm的核桃坚果可用纸箱包装。

8.2 标志

麻袋包装袋上应系挂卡片，纸箱上要贴上标签，均应标明品名、品种、等级、净重、产地、生产单位名称和通讯地址、批次、采收年份、封装人员代号等。

8.3 贮藏

核桃坚果产品贮藏的仓库应干燥、低温（0~4℃）、通风，防止受潮。核桃坚果入库后要在库房中加强防霉、防污染、防虫蛀、防出油、防鼠等措施。

8.4 运输

核桃坚果在运输过程中，应防止雨淋、污染和剧烈碰撞。

附录二　GB/T 24307—2009《山核桃产品质量等级》

1　范围

本标准规定了山核桃（*Carya cathayensis* Sarg.）的产品分类、技术要求、检验方法、检验规则及包装、运输、贮藏要求。

本标准适用于山核桃产品。

2　规范性引用文件

下列文件中的条款通过本标准的引用而成为本标准的条款。凡是注日期的引用文件，其随后所有的修改单（不包括勘误的内容）或修订版均不适用于本标准，然而，鼓励根据本标准达成协议的各方研究是否可使用这些文件的最新版本。凡是不注日期的引用文件，其最新版本均适用于本标准。

GB 2760　食品添加剂使用卫生标准

GB 2762　食品中污染物限量

GB/T 4789.2　食品卫生微生物学检验　菌落总数测定

GB/T 4789.3　食品卫生微生物学检验　大肠菌群计数

GB/T 4789.4　食品卫生微生物学检验　沙门氏菌检验

GB/T 4789.10　食品卫生微生物学检验　金黄色葡萄球菌检验

GB/T 4789.15　食品卫生微生物学检验　霉菌和酵母计数

GB/T 5009.3　食品中水分的测定

GB/T 5009.5　食品中蛋白质的测定

GB/T 5009.11　食品中总砷及无机砷的测定

GB/T 5009.12　食品中铅的测定

GB/T 5009.23—2006　食品中黄曲霉毒素 B_1、B_2、G_1、G_2 的测定

GB/T 5009.34　食品中亚硫酸盐的测定

GB/T 5009.37　食用植物油卫生标准的分析方法

GB 7718　预包装食品标签通则

GB 16326　坚果食品卫生标准

GB 19300　烘炒食品卫生标准

3 山核桃原料产品质量等级

3.1 基本要求

山核桃坚果充分成熟，壳面洁净，缝合线紧密，无虫蛀、出油、异味等果，无杂质，未经有害化学漂白物处理。

3.2 等级指标

山核桃原料产品质量等级规格指标见表1。

表1 山核桃原料产品质量等级规格指标

等级指标	特 级	一 级	二 级	三 级
外观	壳面洁净，上手不着黑色。形态圆形	壳面洁净，上手不着黑色。形态圆形	壳面洁净，上手不着黑色。形态圆形	无果形要求
色泽	外壳呈自然黄白色，仁皮金黄色，无附着物	外壳呈自然黄白色，仁皮黄褐色，无附着物	外壳呈自然黄白色或黄褐色，仁皮褐色，有少量附着物	外壳颜色较深，仁皮深褐色，上有少量附着物
均匀度	大小均匀，外观整齐端正	大小均匀，外观整齐端正	大小均匀，外观较整齐端正	大小均匀，外观较整齐端正
破损率	无破损果、畸形果和霉变果	破损果、畸形果、霉变果不超过1%	破损果、畸形果、霉变果不超过5%	破损果、畸形果、霉变果不超过5%
饱满度	果仁饱满。无空籽，瘪籽率、半粒籽率≤1%	果仁饱满。无空籽，瘪籽率、半粒籽率≤2%	果仁较饱满。无空籽，瘪籽率、半粒籽率≤3%	果仁较饱满。无空籽，瘪籽率、半粒籽率≤3%
含油率	≥40%			
含水率	≤6%			
酸价（KOH）（以脂肪计）	≤4mg/g			
过氧化值（以脂肪计）	≤0.08g/100g			

3.3 外观尺寸分级

山核桃按照直径大小分级，见表2。

表 2 山核桃颗粒分级

大 小	坚果直径/cm
特大型	≥2.15
大型	1.95～2.15
中等型	1.75～1.95
小型	≤1.75

各等级中，小于本等级颗粒的最高含量为 3%（个数）。

3.4 卫生指标

卫生指标按 GB 19300 和 GB 16326 的要求执行，总砷、铅应符合 GB 2762 中的规定，二氧化硫应符合 GB 2760 中的规定。

4 山核桃带壳加工产品质量要求

4.1 感官指标要求

感官指标符合表 3 要求。

表 3 山核桃带壳加工产品感官指标要求

项目	椒盐山核桃	奶油山核桃	多味山核桃
色泽	外壳深棕色，色泽均匀，略有光泽，表面微带白色盐霜。	外壳深棕色，色泽均匀，泛有油光。	外壳深棕色，色泽均匀，泛有油光。
香气	具有山核桃特有的香气。	具有山核桃特有的香气。	具有山核桃特有的香气。
口味	仁松脆，无明显涩味，无异味。	仁松脆，咸甜适中，带奶油味。无异味。	仁松脆，咸甜适中，无异味。
形态	颗粒完整，多数有对开缝，大小基本均匀，无明显焦斑。		
饱满度	无空籽，瘪籽率≤3%，半粒籽率≤1%。		
杂质	无明显杂质。		

4.2 外观尺寸要求

外观尺寸要求符合表 2 的要求。

4.3 理化指标要求

理化指标符合表 4 要求。

表 4　山核桃加工产品理化指标要求

项　目	指标要求
净含量允差（500g 以内小包装）	±3%，平均净含量不得低于标明量
水分	≤6%
酸价（KOH）（以脂肪含量计）	≤4mg/g
过氧化值（以脂肪含量计）	≤0. 50g/100g

4. 4　卫生指标

卫生指标要求符合 3. 4 的要求

4. 5　食品添加剂

食品添加剂品种和使用量应符合 GB 2760 的规定。

5　山核桃仁加工产品质量等级分类

感官指标要求符合表 5 要求。

表 5　山核桃仁加工产品感官指标要求

主要指标	特　级	一　级	二　级	三　级
外观	淡黄色，微光亮，无碎仁末。	淡黄色，较光亮，少有碎仁末（碎仁率不大于3%）。	淡黄色，光亮，有碎仁末（碎仁率 3%～8%）。	淡黄色，光亮，有碎仁末（碎仁率超过 8%）。
口感	入口甜咸适中，口感酥爽。	入口甜咸适中，口感较酥爽。	入口偏甜或咸，口感脆。	入口偏甜或咸，口感脆。
加糖量/（g/100g）	7	9	11	13

其他理化指标和卫生指标要求同 4. 3、4. 4、4. 5。

6　山核桃产品品质指标的检验方法

6. 1　外观

取适量山核桃平摊于洁净瓷盘，在光线明亮处用肉眼观察其色泽、果面、果形和缺陷等，并砸开取仁观察仁皮色泽，记录观察结果。

6. 2　出仁率

随机取 100 个山核桃果实仁重与山核桃坚果重之比，换算成百分数，精度为 0. 01，修约成一位小数。

6. 3　含水量

按 GB/T 5009. 3 规定的方法检验。

6.4 粗脂肪含量

按 GB/T 5009.5 规定的方法检验。

6.5 酸价、过氧化值

按 GB/T 5009.37 中规定的方法检验。

6.6 重金属含量

按 GB/T 5009.11、GB/T 5009.12 中规定的方法测定铅、总砷。

6.7 SO_2 含量

按 GB/T 5009.34 规定的方法执行。

6.8 黄曲霉毒素 B_1

按 GB/T 5009.23—2006 中黄曲霉毒素 B_1 规定的方法执行。

6.9 微生物指标

定型包装样品用无菌操作开封取样，带壳样品先用75%酒精消毒表面，再用无菌剪刀剪去外壳，取出果肉，称取 25g 样品；不带壳样品无菌操作直接取样25%检样，放入含有 225mL 无菌生理盐水中，制成 1∶10 稀释液。

菌落总数测定按 GB/T 4789.2 执行，大肠菌群测定按 GB/T 4789.3 执行，沙门氏菌检验按 GB/T 4789.4 执行，金黄色葡萄球菌检验按 GB/T 4789.10 执行，霉菌和酵母计数按 GB/T 4789.15 执行。

7 检验规则

7.1 出厂规则

产品出厂须工厂检验部门逐批检验，并签发合格证。

出厂检验项目包括：感官要求、理化指标、卫生指标。

7.2 组批

同一产地、同一品种、同一等级、同一批采收的山核桃坚果作为一个检验批次。

7.3 抽样

一批产品的包装单位不超过 50 件时，抽取的包装单位不少于 5 个，多于 50 件时，每增加 20 件增抽一个单位，应随机抽取。从包装单位抽取核桃样品时，应从不同部位取，每个包装单位取 500g 以上，作为初样。将所取的核桃初样充分混匀，从中随机分取 2.5kg 作为平均样品。将平均样品平铺一层呈正方形，按对角线法分成四等份，从每份中随机取 250g，共计 1000g 山核桃作为检测样品。

8 判定规则

产品检验项目全部符合本标准，判定为合格品。如有一项或一项以上不符合本标准，须加倍抽样复验不合格项目；复验后仍不符合本标准时，判定该产品为不合格品。微生物项目不合格时不得进行复验，直接判该批产品不合格。验货中如有争议，可进行重新抽样检验，以重检的结果为准。

9 包装、运输、贮存

9.1 包装

小包装执行 GB 7718 中的规定。

大包装用专用纸箱或木箱包装，包装物应坚固耐用、清洁卫生、干燥、无异味。通常，每箱山核桃净重 10kg。装箱应避免潮湿，箱底和箱壁均应衬垫硫酸纸等防潮材料。每一包装袋只能装同一品种、同一等级的山核桃，不得混淆。装箱后应封严捆牢，并在包装箱规定位置贴上标签，标明品名、规格、等级、净重、产地、包装日期、保质期、封装人员姓名或代号等。

9.2 运输

运输产品时应避免日晒、雨淋，注意防潮。运输工具应清洁卫生、无异味，不应与有毒、有害、有异味或影响产品质量的物品混装运输。

9.3 贮存

产品应贮存在干燥、通风良好的场所，有条件的宜进行低温贮藏。不得与有毒、有害、有异味、易挥发、易腐蚀的物品同处贮存，山核桃入库后要在库房中加强防霉、防虫蛀、防出油、防鼠等措施。

附录三　GB/T 22327—2008《核桃油》

1　范围

本标准规定了核桃油的术语和定义、分类、质量要求、检验方法、检验规则、标签、标识以及包装、储存和运输等要求。

本标准适用于以核桃为原料加工的供人食用的商品核桃油。

2　规范性引用文件

下列文件中的条款通过本标准的引用而成为本标准的条款。凡是注日期的引用文件，其随后所有的修改单（不包括勘误的内容）或修订版均不适用于本标准，然而，鼓励根据本标准达成协议的各方研究是否可使用这些文件的最新版本。凡是不注日期的引用文件，其最新版本适用于本标准。

GB 2716　食用植物油卫生标准

GB/T 5009.13　食品中铜的测定

GB/T 5009.37　食用植物油卫生标准的分析方法

GB/T 5009.90　食品中铁、镁、锰的测定

GB/T 5490　粮食、油料及植物油脂检验　一般规则

GB/T 5524　植物油脂检验　扦样、分样法

GB/T 5525　植物油脂　透明度、气味、滋味鉴定法

GB/T 5526　植物油脂检验　比重测定法

GB/T 5527　植物油脂检验　折光指数测定法

GB/T 5528　植物油脂水分及挥发物含量测定法

GB/T 5530　动植物油脂　酸值和酸度测定（GB/T 5530—2005，ISO 660：1996，IDT）

GB/T 5532　植物油碘价测定（GB/T 5532—1995，neq ISO 3961：1989）

GB/T 5533　植物油脂检验　含皂量测定法

GB/T 5534　动植物油脂皂化值的测定（GB/T 5534-1995，idt ISO 3657：1988）

GB/T 5535.1　动植物油脂　不皂化物测定　第1部分：乙醚提取法（GB/T 5535.1—2008，ISO 3596：2000，IDT）

GB/T 5535.2　动植物油脂　不皂化物测定　第2部分：己烷提取法（GB/T 5535.2—2008，ISO 18609：2000，IDT）

GB/T 5538　动植物油脂　过氧化值测定（GB/T 5538—2005，ISO 3960：2001，IDT）

GB 7718　预包装食品标签通则

GB/T 15688　动植物油脂中不溶性杂质含量的测定（GB/T 15688—1995，eqv ISO 663：1992）

GB/T 17374　食用植物油销售包装

GB/T 17376　动植物油脂　脂肪酸甲酯制备（GB/T 17376—1998，eqv ISO 5509：1978）

GB/T 17377　动植物油脂　脂肪酸甲酯的气相色谱分析（GB/T 17377—1998，eqv ISO 5508：1990）

GB/T 22460　动植物油脂　罗维朋色泽的测定（GB/T 22460—2008，ISO 15305：1998，IDT）

3　术语和定义

下列术语和定义适用于本标准。

3.1　核桃油　walnut oil

采用核桃仁为原料制成的油脂。

3.2　压榨核桃油　pressing walnut oil

核桃仁经压榨工艺制取的油脂。

3.3　浸出核桃油　solvent extraction walnut oil

核桃仁经浸出工艺制取的油脂。

3.4　核桃原油　crude walnut oil

未经任何处理的不能直接供人类食用的核桃油。

3.5　折光指数　refractive index

光线从空气中射入油脂时，入射角与折射角的正弦之比值。

3.6　相对密度　relative density

规定温度下植物油的质量与同体积 20 ℃蒸馏水的质量之比值。

3.7　碘值　iodine value

在规定条件下与 100 g 油脂发生加成反应所需碘的克数。

3.8　皂化值　saponification value

皂化 1g 油脂所需的氢氧化钾毫克数。

3.9　不皂化物　unsaponifiable matter

油脂中不与碱起作用、溶于醚、不溶于水的物质，包括甾醇、脂溶性维生素和色素等。

3.10 脂肪酸 fatty acid

脂肪族一元羧酸的总称，通式为 R—COOH。

3.11 水分及挥发物 moisture and volatile matter

油脂在一定温度条件下加热，导致质量损失的物质。

3.12 不溶性杂质 insoluble impurity

油脂中不溶于石油醚等有机溶剂的物质。

3.13 酸值 acid value

中和 1g 油脂中所含游离脂肪酸需要的氢氧化钾毫克数。

3.14 过氧化值 peroxide value

1kg 油脂中过氧化物的毫摩尔数。

3.15 溶剂残留量 residual solvent content in oil

1kg 油脂中残留的溶剂毫克数。

3.16 含皂量 saponified matter content

经过碱炼后的油脂中皂化物的质量百分数（以油酸钠计）。

4 分类

核桃油分为核桃原油和压榨核桃油、浸出核桃油三类。

5 质量要求

5.1 特征指标

特征指标见表 1。

表 1 核桃油特征指标

项 目		范 围
折光指数（n^{20}）		1.467～1.482
相对密度（d_{20}^{20}）		0.902～0.929
碘值（以 I 计）/(g/100g)		140～174
皂化值（以 KOH 计）/(mg/g)		183～197
不皂化物/(g/kg)	≤	20
脂肪酸组成/%		
棕榈酸	C16∶0	6.0～10.0
棕榈油酸	C16∶1	0.1～0.5
硬脂酸	C18∶0	2.0～6.0
油酸	C18∶1	11.5～25.0
亚油酸	C18∶2	50.0～69.0
亚麻酸	C18∶3	6.5～18.0

5.2 质量指标

5.2.1 核桃原油质量指标见表2。

表2 核桃原油质量指标

项 目		质量指标
水分及挥发物/%	≤	0.20
不溶性杂质/%	≤	0.20
酸值（以KOH计）/(mg/g)	≤	4.0
过氧化值/(mmol/kg)	≤	10.0
溶剂残留量/(mg/kg)	≤	100

5.2.2 压榨核桃油质量指标见表3。

表3 压榨核桃油质量指标

项 目		质量指标
色泽（罗维朋比色槽25.4mm）	≤	黄30 红4.0
气味、滋味		正常、无异味
透明度		澄清、透明
水分及挥发物/%	≤	0.10
不溶性杂质/%	≤	0.05
酸值（以KOH计）/（mg/g）	≤	3.0
过氧化值/（mmol/kg）	≤	6.0
铁/（mg/kg）	≤	5.0
铜/（mg/kg）	≤	0.4
溶剂残留量/(mg/kg)		不得检出

注：溶剂残留量检出值小于10mg/kg时，视为未检出。

5.2.3 浸出核桃油分级质量指标见表4。

表4 浸出核桃油质量指标

项 目			质量指标	
			一级	二级
色泽	（罗维朋比色槽25.4mm）	≤	—	黄30 红4.0
	（罗维朋比色槽133.4mm）	≤	黄20 红2.0	—
气味、滋味			气味、口感好	
透明度			澄清、透明	

续表

项目		质量指标	
		一级	二级
水分及挥发物/%	≤	0.10	
不溶性杂质/%	≤	0.05	
酸值（以 KOH 计）/（mg/g）	≤	0.6	3.0
过氧化值/（mmol/kg）	≤	6.0	
含皂量/%	≤	0.03	
溶剂残留量/（mg/kg）		50	
铁/（mg/kg）	≤	1.5	
铜/（mg/kg）	≤	0.1	

注：溶剂残留量检出值小于 10mg/kg 时，视为未检出。

5.3 卫生要求

按 GB 2716 和国家有关标准、规定执行。

5.4 添加剂使用限制

不得添加任何香精和香料。

5.5 真实性要求

核桃油中不得掺有其他食用油和非食用油。

6 检验方法

6.1 扦样、分样

按 GB/T 5524 执行。

6.2 透明度、气味、滋味检验

按 GB/T 5525 执行。

6.3 色泽检验

按 GB/T 22460 执行。

6.4 相对密度检验

按 GB/T 5526 执行。

6.5 折光指数检验

按 GB/T 5527 执行。

6.6 水分及挥发物检验

按 GB/T 5528 执行。

6.7 不溶性杂质检验

按 GB/T 15688 执行。

6.8 酸值测定

按 GB/T 5530 执行。

6.9 碘值测定

按 GB/T 5532 执行。

6.10 皂化值测定

按 GB/T 5534 执行。

6.11 不皂化物测定

按 GB/T 5535.1，GB/T 5535.2 执行。

6.12 过氧化值测定

按 GB/T 5538 执行。

6.13 含皂量测定

按 GB/T 5533 执行。

6.14 溶剂残留量测定

按 GB/T 5009.37 执行。

6.15 脂肪酸组成测定

按 GB/T 17376，GB/T 17377 执行。

6.16 铜含量测定

按 GB/T 5009.13 执行。

6.17 铁含量测定

按 GB/T 5009.90 执行。

7 检验规则

7.1 检验一般规则

按 GB/T 5490 执行。

7.2 产品组批

同原料、同工艺、同设备、同批次加工的产品为一批。

7.3 出厂检验

除铁、铜项目外，按 5.2 规定的项目检验。

7.4 型式检验

7.4.1 当原料、设备、工艺有较大变化时，均应进行型式检验。

7.4.2 按本标准第 5 章的规定检验。

7.5 判定规则

7.5.1 产品的各等级指标中有一项不合格时，即判定为不合格产品。

7.5.2 产品未标注质量等级时，按不合格判定。

8 标签、标识

8.1 产品要求

应符合 GB 7718 的要求。

8.2 加工工艺

应标注加工工艺。

8.3 原产国

应注明产品原料的生产国名。

9 包装、储存和运输

9.1 包装

符合 GB/T 17374 及国家的有关规定和要求。

9.2 储存

应储存于阴凉、干燥及避光处。不得与有害有毒物质一同存放。

9.3 运输

运输车辆和器具应保持清洁、卫生。运输过程中应注意安全，防止日晒、雨淋、渗漏、污染和标签脱落。不得与有害有毒物质同车运输。

附录四 GB/T 31325—2014《植物蛋白饮料 核桃露（乳）》

1 范围

本标准规定了核桃露（乳）的术语和定义、技术要求、试验方法、检验规则和标志、包装、运输和贮存。

本标准适用于3.1所定义的核桃露（乳）。

2 规范性引用文件

下列文件对于本文件的应用是必不可少的。凡是注日期的引用文件，仅注日期的版本适用于本文件。凡是不注日期的引用文件，其最新版本（包括所有的修改单）适用于本文件。

GB 5009.5 食品安全国家标准 食品中蛋白质的测定

GB/T 5009.6—2003 食品中脂肪的测定

GB 7718 食品安全国家标准 预包装食品标签通则

GB 10789 饮料通则

GB 23350 限制商品过度包装要求 食品和化妆品

3 术语和定义

GB 10789界定的以及下列术语和定义适用于本文件。

3.1 核桃露（乳） Walnut Beverage

以核桃仁为原料，可添加食品辅料、食品添加剂，经加工、调配后制得的植物蛋白饮料。

4 技术要求

4.1 原辅材料要求

4.1.1 核桃仁及其他食品轴料应符合相应的国家标准、行业标准和（或）有关规定。其中核桃仁应选用成熟、饱满、断面呈乳白色或微黄色，无哈喇味，无霉变，无虫蛀的果仁。

4.1.2 核桃露（乳）原料中去皮核桃仁的添加量在产品中的质量比例应大于3%。

4.1.3 不得使用除核桃仁外的其他核桃制品及含有蛋白质和脂肪的植物果实、种子、果仁及其制品。

4.2 感官要求

应符合表1的规定。

表1 感官要求

项目	要 求
色泽	乳白色、微黄色，或具有与添加成分相符的色泽
滋味与气味	具有核桃应有的滋味和气味，或具有与添加成分相符的滋味和气味；无异味
组织状态	均匀液体，无凝块，允许有少量蛋白质沉淀和脂肪上浮，无正常视力可见外来杂质

4.3 理化要求

应符合表2的规定。

表2 理化要求

项 目		指 标
蛋白质/(g/100g)	≥	0.55
脂肪/(g/100g)	≥	2.0
油酸/总脂肪酸/%	≤	28
亚油酸/总脂肪酸/%	≥	50
亚麻酸/总脂肪酸/%	≥	6.5
(花生酸+山嵛酸)/总脂肪酸/%	≤	0.2

4.4 食品安全要求

应符合相应的食品安全国家标准的规定。

5 试验方法

5.1 感官检查

取约50mL混合均匀的被测样品于无色透明的容器中，置于明亮处，迎光观察其组织状态及色泽，并在室温下，嗅其气味，品尝其滋味。

5.2 理化检验

5.2.1 蛋白质

按GB 5009.5规定的方法测定，蛋白质换算系数为6.25。

5.2.2 脂肪

按GB/T 5009.6—2003规定的“第二法 酸水解法”测定。

5.2.3 脂肪酸

按附录A规定的方法测定。

5.3 食品安全指标

按照食品安全标准规定的方法进行测定。

6 检验规则

6.1 组批

由生产企业的质量管理部门按照其相应的规则确定产品的批次。

6.2 出厂检验

6.2.1 产品出厂前由企业检验部门按本标准进行检验，符合标准要求方可出厂。

6.2.2 出厂检验项目：感官要求、蛋白质、菌落总数和大肠菌群。

6.3 型式检验

6.3.1 型式检验项目：本标准 4.2~4.4 规定的全部项目。

6.3.2 一般情况下，每年需对产品进行一次型式检验。发生下列情况之一时，应进行型式检验。

原料、工艺发生较大变化时；

停产后重新恢复生产时；

出厂检验结果与平常记录有较大差别时。

6.4 判定规则

6.4.1 检验结果全部合格时，判定整批产品合格。若有三项以上（含三项）不符合本标准，直接判定整批产品为不合格品。

6.4.2 检验结果中有不超过两项（含两项）不符合本标准时，可在同批产品中加倍抽样进行复检，以复检结果为准。若复检结果仍有一项不符合本标准，则判定整批产品为不合格品。

7 标志、包装、运输和贮存

7.1 标志

预包装产品标签应符合 GB 7718 以及国家相关标准和法规。

7.2 包装

包装材料和容器应符合国家相关标准和 GB 23350 的有关规定。不应采用过度包装和使用过多的防护隔板。金属罐包装的产品，若使用防护隔板，最小独立包装产品与最大外包装容器的内壁之间隔板，以及最小独立包装的产品间的隔板的厚度之和，应小于产品最小独立包装的容器直径的四分之三。

7.3 运输和贮存

产品在运输过程中应避免日晒、雨淋、重压；产品应在清洁、避光、干燥、通风、无虫害、无鼠害的仓库内贮存；不应与有毒、有害、有异味、易挥发、易腐蚀的物品混装运输或贮存。需冷链运输贮藏的产品，应符合产品标示的贮运条件。

附录 A
(规范性附录)
核桃露(乳)脂肪酸的测定方法

A.1 方法提要

用正己烷提取核桃露(乳)中的脂肪,经离心分离得到的正己烷-脂肪液,用氢氧化钾-甲醇溶液在室温下甲酯化,形成挥发性甲酯衍生物,进入气相色谱仪,用面积归一化法测定其组分。

A.2 试剂

A.2.1 99%甲醇(分析纯)。

A.2.2 氢氧化钾(分析纯)。

A.2.3 脂肪酸甲酯标准品(纯度不低于99%):棕榈酸甲酯、硬脂酸甲酯、油酸甲酯、亚油酸甲酯、亚麻酸甲酯、花生酸甲酯、山嵛酸甲酯。

A.2.4 正己烷(色谱纯)。

A.3 溶液

A.3.1 0.5%氢氧化钾-甲醇溶液:称取0.5g氢氧化钾,溶于100mL 99%甲醇中,置于冰箱保存。此溶液应每个月重新配置。

A.3.2 脂肪酸甲酯标准品混合溶液(视气相色谱仪的灵敏度配制)

参考浓度:分别称取棕榈酸甲酯0.2g、硬脂酸甲酯0.1g、油酸甲酯0.3g、亚油酯甲酯0.6g、亚麻酸甲酯0.2g、花生酸甲酯0.05g、山嵛酸甲酯0.05g(精确至0.001g),用正己烷定容至10mL,得到混合溶液。

A.3.3 盐酸溶液(分析纯):1+1。

A.4 仪器

A.4.1 气相色谱仪:带氢火焰离子化检测器(FID)。

A.4.2 色谱柱:聚乙二醇(PEG)毛细管柱(WAX毛细管柱)或同等极性色谱柱。

A.4.3 高速离心机:额定转速大于7000r/min。

A.4.4 漩涡混合器。

A.4.5 具塞刻度试管:10mL、100mL。

A.5 色谱参考条件

A.5.1 检测器温度：250℃。

A.5.2 进样口温度：250℃。

A.5.3 载气（氮气，99.999%）；燃气（氢气，99.9%）；助燃气（空气）；分流比约：20∶1。

A.5.4 进样量：1μL。

A.5.5 柱温：初始温度150℃，以8℃/min程序升温至190℃，保持3min，再以10℃/min程序升温至230℃，保持8min。

载气、燃气、助燃气的流速等色谱条件随仪器而异，应通过试验选择最佳条件，以获得完全分离为准。

A.6 分析步骤

A.6.1 试液的制备

将待检核桃露（乳）样品充分振摇，使其均匀一致，没有明显分层后，迅速量取30.0mL样品，置于100mL具塞试管内，加入0.1mL盐酸（A.3.3），20mL正己烷（A.2.4）、充分振摇3min（上下振摇，并小心开塞放出气体），将处理后的样品倒入离心管中，置于高速离心机中，离心10min（如果样品分层不充分，则需要再次离心10min），用胶头滴管小心吸取上清液（正已烷相）于具塞试管中，备用。

A.6.2 脂肪酸甲酯溶液的制备

取2.0mL试液（A.6.1）于10mL具塞刻度试管中，加入0.8mL氢氧化钾-甲醇溶液（A.3.1），在漩涡混合器中充分振荡1min，静置10min，用胶头滴管小心吸取上层澄清液，将其转移到具塞样品瓶中备用，制备好的溶液应在24h内完成分析。

A.6.3 测定

A.6.3.1 吸取脂肪酸甲酯标准品混合液（A.3.2）1μL注入色谱仪，得到7种标准品的出峰次序和保留时间（参考图谱见图A.1）。

A.6.3.2 吸取样品脂肪酸甲酯溶液（A.6.2）1.0μL注入气相色谱仪，得到各脂肪酸的色谱图。

A.7 结果计算

将测定得到的脂肪酸组成色谱图与图A.1对比定性，并进行面积归一化处理，用气相色谱数据处理软件计算各种脂肪酸占总脂肪酸的百分含量。或者按式（A.1）计算各种脂肪酸占总脂肪酸的百分含量。

$$DP_i = \frac{A_i}{\sum A_i} \times 100\% \quad \cdots\cdots\cdots\cdots \text{(A.1)}$$

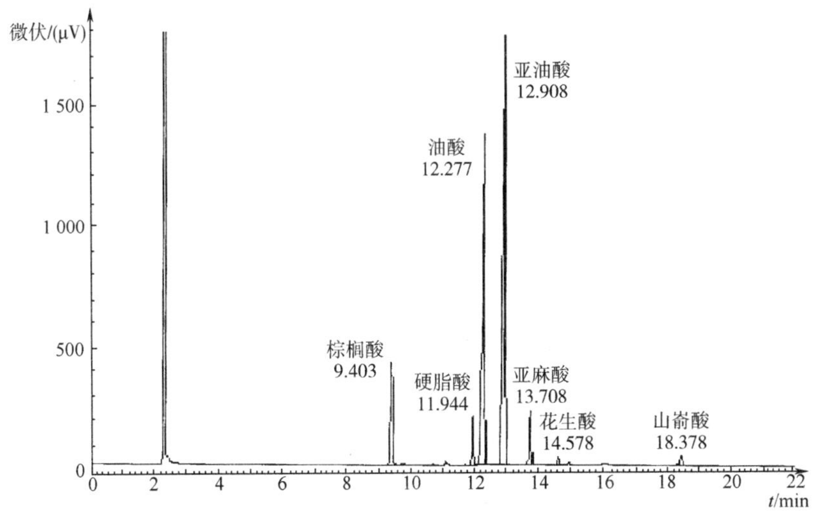

图 A.1 脂肪酸甲酯标准图谱

式中：

DP_i——某脂肪酸占总脂肪酸的百分含量，%；

A_i——某脂肪酸甲酯衍生物的峰面积；

$\sum A_i$——所有脂肪酸甲酯衍生物的峰面积。

测定结果保留至两位小数。

A.8 允许差

某脂肪酸占总脂肪酸的百分含量大于5%时，在重复性条件下获得的两次独立测定结果与算术平均值的绝对差值不超过10%。

某脂肪酸占总脂肪酸的百分含量小于或等于5%时，在重复性条件下获得的两次独立测定结果与算术平均值的绝对差值不超过20%。

附录五　其他核桃及核桃油产品相关标准

LY/T 1922—2010
《核桃仁》

团体标准
《特级核桃油》
（报批稿）

中华人民共和国
粮食行业标准
《核桃饼粕》（报批稿）

DB 140400/T 023—2004
《绿色农产品
核桃生产操作规程》

参考文献

[1] 何东平，闫子鹏主编. 油脂精炼与加工工艺学［M］. 北京：化学工业出版社，2012.

[2] 谷克仁，梁少华主编. 植物油料资源综合利用［M］. 北京：中国轻工业出版社，2001.

[3] K. 霍斯泰特曼等著，赵维民等译. 制备色谱技术在天然产物分离中的应用［M］. 北京：科学出版社，2000：265-267.

[4] 顾季寅，谢安君，袁鹤吟等. 工业油化学基础-天然油脂技术综论［M］. 北京：中国轻工业出版社，1995.

[5] D. 思沃恩著，秦洪万主译. 贝雷：油脂化学与工艺学［M］. 北京：轻工业出版社，1989.

[6] 张兴灿. 核桃蛋白多肽新型酶解制备工艺的研究［D］. 昆明理工大学，2012.

[7] 沈敏江. 核桃蛋白粉的制备及其溶解性研究［D］. 中国农业科学院，2014.

[8] 王丁丁，张润光，王小纪，等. 冷榨核桃油精炼工艺及其有效成分分析［J］. 陕西师范大学学报（自科版），2015，43（4）：103-108.

[9] 王婷，阙欢. 核桃油生产工艺研究［J］. 粮食流通技术，2017，11（22）：108-111.

[10] 王丰俊，杨朝晖，马磊，等. 响应面法优化核桃蛋白提取工艺研究［J］. 中国油脂，2011，36（3）：33-37.

[11] 徐效圣，潘俨，傅力，等. 响应面法优化水酶法提取核桃油的工艺条件［J］. 食品与机械，2010，26（2）：92-96.

[12] 颜小捷，刘幼娴，郑立浪，等. 胃蛋白酶和木瓜蛋白酶水解核桃蛋白工艺研究［J］. 广西植物，2014（2）：183-188.

[13] 温风亮，龚琴，胡兵. 水酶法提取核桃油工艺［J］. 食品研究与开发，2010，31（10）：104-107.

[14] 付慧彦，刘新旗，郭际，等. 核桃肽酶解条件的研究［J］. 食品安全导刊，2016（7X）：90-92.

[15] 刘胜利，胡兵. 核桃蛋白的制备工艺［J］. 食品研究与开发，2010，31（10）：107-110.

[16] 王文杰. 酶法核桃蛋白饮料的工艺研究［D］. 新疆农业大学，2016.

[17] 程晓明，陈研韬. 核桃多肽饮料的技术研究［J］. 粮食流通技术，2016，5（9）：74-75.

[18] 刘亚斌，陈树俊，张海英，等. 核桃肽乳营养饮料的研制［J］. 农产品加工·创新版，2011（3）：56-62.

[19] 陈树俊，刘亚斌，张海英，等. 核桃乳饮料制备及核桃油同步提取工艺［J］. 食品科学，2012，33（2）：102-106.

[20] 颜小捷，蒋周田，杨子明，等. 核桃多肽的制备及其体外抗氧化性研究 [J]. 食品研究与开发，2016，37 (2)：40-43.

[21] 贾靖霖，陆健康，汪莉莉，等. 核桃多肽体外抗氧化活性研究 [J]. 中国酿造，2014，33 (5)：109-112.

[22] 徐效圣. 核桃乳生产工艺研究 [D]. 新疆农业大学，2010.

[23] 徐素云. 复合型核桃乳工艺及其品质特性研究 [D]. 贵州大学，2015.

[24] 宗玉霞. 核桃粕制备多肽营养液的工艺研究 [D]. 新疆农业大学，2013.

[25] 孙一. 核桃多肽的抗氧化活性研究 [D]. 长春中医药大学，2013.

[26] 李婷. 核桃粕蛋白提取工艺研究 [D]. 新疆农业大学，2015.

[27] 李艳伏. 核桃粕多肽提取分离及功能特性研究 [D]. 西北农林科技大学，2008.

[28] 郝常艳. 核桃多肽的制备条件优化及其抗氧化活性研究 [D]. 山西大学，2014.

[29] 李彦玲，邵志凌，薛冰. 云南核桃油的特征指标及脂肪酸组成分析研究 [J]. 粮油食品科技，2012，20 (6)：30-32.

[30] 周鸿升，王希群，郭保香，等. 核桃油间歇式物理精炼工艺和设备选型 [J]. 林业工程学报，2010，24 (5)：94-96.

[31] Zhou D，Pan Y，Ye J，et al. Preparation of walnut oil microcapsules employing soybean protein isolate and maltodextrin with enhanced oxidation stability of walnut oil [J]. LWT - Food Science and Technology，2017，83：292-297.

[32] Su S，Wang R，Guo S，et al. Walnut phenolic compounds：Binding with proteins and antioxidant activities [J]. Transactions of the Chinese Society of Agricultural Engineering，2016.

[33] Smt G，Mousavi S M，Hamedi M，et al. Evaluation of physicochemical properties and antioxidant activities of Persian walnut oil obtained by several extraction methods [J]. Industrial Crops & Products，2013，45 (45)：133-140.

[34] Wang X，Chen H，Li S，et al. Physico-chemical properties，antioxidant activities and antihypertensive effects of walnut protein and its hydrolysate [J]. Journal of the Science of Food & Agriculture，2016，96 (7)：2579-2587.

[35] Gu M，Chen H P，Zhao M M，et al. Identification of antioxidant peptides released from defatted walnut (Juglans Sigillata Dode) meal proteins with pancreatin [J]. LWT-Food Science and Technology，2015，60 (1)：213-220.

[36] Martínez M L，Curti M I，Roccia P，et al. Oxidative stability of walnut (Juglans regia，L.) and chia (Salvia hispanica，L.) oils microencapsulated by spray drying [J]. Powder Technology，2015，270：271-277.

[37] Mina H，Faramarz K，Mohammad M. Modelling and optimising of physicochemical features of walnut-oil beverage emulsions by implementation of response surface methodology：effect of preparation conditions on emulsion stability [J]. Food Chemistry，2015，174：649-59.

[38] Martínez M L，Penci M C，Ixtaina V，et al. Effect of natural and synthetic antioxidants on the oxidative stability of walnut oil under different storage conditions [J]. LWT-Food Science and Technology，2013，51 (1)：44-50.

[39] Gharibzahedi S M, Mousavi S M, Khodaiyan F, et al. Optimization and characterization of walnut beverage emulsions in relation to their composition and structure. [J]. International Journal of Biological Macromolecules, 2012, 50 (2): 376-384.

Anjum S , Gani A , Ahmad M , et al. Antioxidant and Antiproliferative Activity of Walnut Extract (\ r, Juglans regia \ r, L.) Processed by Different Methods and Identification of Compounds Using GC/MS and LC/MS Technique [J]. Journal of Food Processing and Preservation, 2016.

[40] 于敏，徐宏化，等. 薄壳山核桃油成分及抗氧化性研究 [J]. 中国粮油学报，2016，31 (9)：86-90.

[41] 蔡达，刘红芝，刘丽，等. 不同工艺制备核桃油品质比较及相关性分析 [J]. 中国油脂，2014，39 (3)：80-84.

[42] 朱冉，周杰，詹祎捷，等. 不同温度和时间热加工处理对核桃油品质的影响 [J]. 保鲜与加工，2015，(5)：47-51.

[43] 王丰俊，王建中，王宪昌，等. 超临界 CO_2 流体萃取核桃油工艺条件的研究 [J]. 北京林业大学学报，2004，26 (3)：67-70.

[44] 王文琼，包怡红，蔡秋红，等. 超声波辅助法提取山核桃油的研究 [J]. 中国粮油学报，2012，27 (12)：47-53.

[45] 王予沁，李桂华，张文，等. 河南省核桃仁及核桃油组成成分分析的研究 [J]. 粮油加工，2009，(8)：47-50.

[46] 杨书民. 核桃剥壳及核桃仁制取油脂工艺的研究 [J]. 食品科技，2016，(10)：156-159.

[47] 韩翠萍. 核桃加工产业的生产现状与发展趋势 [J]. 现代园艺，2014，(6)：19.

[48] 张郁松，陈俊真. 核桃油不同提取方法的比较研究 [J]. 粮油加工（电子版），2010，(6)：6-7.

[49] 刘广，陶长定. 核桃油的生产工艺探讨 [J]. 粮食与食品工业，2010，17 (4)：11-12.

[50] 万本屹，董海洲，李宏，等. 核桃油的特性及营养价值的研究 [J]. 西部粮油科技，2001，26 (5)：18-20.

[51] 姚英政，董玲，陈开燕，等. 核桃油加工技术 [J]. 四川农业科技，2017，(9)：41-42.

[52] 李劲，张国权，欧阳韶晖，等. 核桃油提取工艺研究进展 [J]. 粮油加工，2007，(8)：75-77.

[53] 朱振宝，刘梦颖，易建华. 核桃油微量组分对其氧化稳定性的影响 [J]. 食品与发酵工业，2014，40 (11)：70-75.

[54] 施显赫，王丰俊，欧阳杰. 核桃油制取方法和质量评价研究进展 [J]. 食品工业科技，2013，34 (8)：395-399.

[55] 徐飞，石爱民，刘红芝，等. 核桃油中脂肪酸和内源抗氧化物质含量及其氧化稳定性相关性分析 [J]. 中国粮油学报，2016，31 (3).

[56] 夏辉，张骊. 冷榨核桃油氧化稳定性研究 [J]. 粮食与食品工业，2012，19 (5)：31-34.

[57] 李进伟，方云，刘元法. 浓香核桃油生产新工艺研究 [J]. 中国油脂，2013，38

(9)：7-10.

[58] 郭兴峰，陈计峦，林 燕，等. 热榨和冷榨核桃饼粕中蛋白质提取及其性质研究 [J]. 农业工程学报，2012，28（18）：287-292.

[59] 张艳宜，李芳芳，徐菊英，等. 微波在提取核桃油过程中作用的研究 [J]. 中国酿造，2010，29（9）：77-80.

[60] 赵见军，王丁丁，张亮，等. 我国核桃综合利用与发展前景 [J]. 陕西农业科学，2014，60（4）：56-59.

[61] 凌子，朱广飞，夏鹏，等. 新型核桃综合利用加工工艺技术 [J]. 粮油加工（电子版），2014（12）：48-52.

[62] 吴凤智，周鸿翔，柳荫，等. 液压冷榨提取核桃油工艺研究 [J]. 食品科技，2014（1）：182-186.

[63] 李彦玲，邵志凌，薛冰. 云南核桃油的特征指标及脂肪酸组成分析研究 [J]. 粮油食品科技，2012，20（6）：30-32.

[64] 叶晶晶，曹宁宁，殷浩，等. 植物蛋白的研究进展 [J]. 安徽农业科学，2011，39（31）：19046-19047.

[65] 陈贵堂，赵霖. 植物蛋白的营养生理功能及开发利用 [J]. 食品工业科技，2004（9）.

[66] 李劲. 核桃提油工艺条件优化及其蛋白特性分析 [D]. 西北农林科技大学，2008.